AF548434

SCHÄFFER
POESCHEL

Kathrin Adamski/Katrin Prüfig/Stefan Klager

Workbook Medientraining

Wie Sie Ihren öffentlichen Auftritt erfolgreich gestalten

2018
Schäffer-Poeschel Verlag Stuttgart

Bibliografische Information der Deutschen Nationalbibliothek
Die Deutsche Nationalbibliothek verzeichnet diese Publikation in der Deutschen Nationalbibliografie; detaillierte bibliografische Daten sind im Internet über <http://dnb.d-nb.de> abrufbar.

Print: ISBN 978-3-7910-4155-1 Bestell-Nr. 10268-0001
ePDF: ISBN 978-3-7910-4157-5 Bestell-Nr. 10268-0150
ePub: ISBN 978-3-7910-4156-8 Bestell-Nr. 10268-0100

Dieses Werk einschließlich aller seiner Teile ist urheberrechtlich geschützt. Jede Verwertung außerhalb der engen Grenzen des Urheberrechtsgesetzes ist ohne Zustimmung des Verlages unzulässig und strafbar. Das gilt insbesondere für Vervielfältigungen, Übersetzungen, Mikroverfilmungen und die Einspeicherung und Verarbeitung in elektronischen Systemen.

© 2018 Schäffer-Poeschel
Verlag für Wirtschaft · Steuern · Recht GmbH
www.schaeffer-poeschel.de
service@schaeffer-poeschel.de

Umschlagentwurf: Goldener Westen, Berlin
Umschlaggestaltung: Kienle gestaltet, Stuttgart
(Bildnachweis: Kathrin Adamski)
Satz: Marianne Wagner
April 2018

Schäffer-Poeschel Verlag Stuttgart
Ein Unternehmen der Haufe Group

SCHÄFFER
POESCHEL **myBook**

Ihr Online-Material zum Buch

Für Ihren Alltag als Kommunikator und den praktischen Einsatz finden Sie online kostenloses Zusatzmaterial wie z.B. alle Checklisten, den BotschaftenBaum®, die Fallschirme für schwierige Gespräche sowie Video- und Audiobeispiele.

So funktioniert Ihr Zugang

- Gehen Sie auf das Portal sp-mybook.de und geben Sie den Buchcode ein, um auf die Internetseite zum Buch zu gelangen.
- Wählen Sie im Online-Bereich das gewünschte Material aus.
- Alternativ scannen Sie die QR-Codes mit Ihrem Smartphone oder Tablet, um einzelne Beispiele direkt abzurufen.

www.sp-mybook.de
Buchcode: 4155-medien

Inhalte zum Download

Checklisten

Zu Kapitel 8: Checkliste »So werden Sie verstanden«
Zu Kapitel 21: Der BotschaftenBaum® Entwicklungsformular
Zu Kapitel 25: Checkliste: Fehler vor dem Auftritt – und wie Sie sie vermeiden
Zu Kapitel 30: Fallschirme für schwierige Gespräche
Zu Kapitel 31: Checkliste O-Ton
Zu Kapitel 35: Drei Fotos für die Übung »Stimmung in der Stimme«
Zu Kapitel 35: Checkliste Telefon-Interview
Zu Kapitel 39: Checkliste Radio-Interview
Zu Kapitel 41: Checkliste TV-Interview
Zu Kapitel 44: Checkliste Talk- und Diskussionsrunden
Zu Kapitel 45: Checkliste Schaltgespräch
Zu Kapitel 46: Checkliste Überfall-Interview
Zu Kapitel 47: Checkliste Messe-Interview

Videos und Audios

Zu Kapitel 2: Der Journalist – das unbekannte Wesen
Video: Die Meute – Dokumentation (Ausschnitte) von Herlinde Koelbl, 2001.

Zu Kapitel 4: Wenn es brenzlig wird
Video: Schaltgespräch DFB mit Rainer Koch

Zu Kapitel 12: Lügendetektor der Kommunikation
Video: »Krisenstatement Dieselaffäre« Martin Winterkorn

Zu Kapitel 16: Aufgezappt: Die Kraft guter Vergleiche
Video: Nanotechnologie – anschaulich erklärt

Zu Kapitel 25: Gut gestimmt
Videos: Vorbereitung/Stimmentfaltung/Artikulation/Haltung

Zu Kapitel 25: Aufgezappt: Wer es mit Druck versucht …
Video: Cem Özdemir (Die Grünen) auf dem Parteitag

Zu Kapitel 28: Aufgezappt: Einfache Frage – schwere Antwort
Video: Deutsch-Russisches Forum

Zu Kapitel 30: Aufgezappt: Kritische Fragen – Souveräne Antworten
Video: Ralf Stegner (SPD) im Brennpunkt

Zu Kapitel 39: Auf die Stimm(ung)en kommt es an
Audio: Friedrich Schorlemmer zur Flüchtlingsfrage

Zu Kapitel 45: Der Mensch-Maschine-Dialog
Video: Lufthansa-Chef Carsten Spohr zum Germanwings-Absturz

Zu Kapitel 46: Aufgezappt: Getroffene Hunde bellen
Video: Abgeordnetengehälter in der Kritik

Zu Kapitel 48: Im Angesicht der »Meute«
Video: Die Meute – Dokumentation (Ausschnitte) von Herlinde Koelbl, 2001.

Weitere Informationen der Autoren finden Sie auch unter:
www.workbook-medientraining.de

Inhaltsverzeichnis

Einführung

Fünf Fragen an die Autoren

In diesem Kapitel erfahren Sie, warum Sie dieses Buch nicht nur lesen sollten.

Journalisten stellen Fragen. Fiese, dumme, hinterhältige, emotionale, unsachliche, zugespitzte, provokante, verquaste, suggestive, unklare, nervige, »falsche« Fragen. Das ist ein wesentlicher Teil ihres Jobs. Die wenigsten stehen allerdings morgens auf und nehmen sich vor, an diesem Tag besonders fiese, dumme, hinterhältige, emotionale, unsachliche, zugespitzte, provokante, verquaste, suggestive, unklare oder nervige Fragen zu stellen. Sie wollen einfach ihren Job gut machen und ihren Gesprächspartnern inhaltlich auf den Zahn fühlen. Als Autorenteam bringen wir gemeinsam mehr als 60 Jahre journalistische Erfahrung in dieses Buch ein. Und stellen uns hier am Anfang einfach mal selbst die unsachlichsten und zugleich sachdienlichsten Fragen zur Einstimmung.

Oh je, schon wieder ein Buch zum Thema Kommunikation. Gibt es davon nicht genug?
Es stimmt, zum Thema Kommunikation ist schon das eine oder andere Buch auf dem Markt. Die entscheidenden Unterschiede sind: In diesem Buch geht es nicht nur allgemein um Kommunikation, sondern speziell um die Kommunikation mit Medienvertretern und den kommunikativen Auftritt in Medien und Öffentlichkeit. Außerdem ist es nicht einfach nur ein Buch zum Lesen. Es ist ein Buch aus der Praxis für die Praxis. Ein Workbook! Der Leser bekommt gut strukturiert das Wissen dreier erfahrener Trainer vermittelt, mit konkreten Beispielen und vielen wertvollen Tipps. Noch besser: Zu vielen Aspekten des Medienauftritts gibt es individuelle Übungen. Das heißt, es ist ein Arbeitsbuch im besten Sinne. Die eigenen Botschaften zu erarbeiten, mögliche Zielgruppen vorab zu definieren, Frage-Antwort-Situationen im Voraus zu durchdenken und vieles mehr – dazu ist dieses Buch Anregung und Anleitung in einem.

Ein Arbeitsbuch also und wenn man es durchgearbeitet hat – was dann? Weg damit – ins Regal als Staubfänger?
Das wäre echt schade. Denn wer das Buch durchgearbeitet hat, findet dort ja zum Beispiel seine eigenen Kernbotschaften. Wenn derjenige sich dann vor einem Interview mit Hilfe dieses Workbooks noch einmal vergegenwärtigt, was wichtig ist, was er bedenken möchte, dann kann das Buch ein echter Helfer sein: Als Vorbereiter und Begleiter in einer ungewohnten Situation: Hineingucken, das Wesentliche für sich herausziehen und sich anschließend gestärkt und selbstbewusst der (medialen) Herausforderung stellen.

Weihnachtsbaum treten manche Gesprächspartner vor die Kamera. Und wundern sich, warum die Zuschauer nichts von ihren Inhalten mitbekommen, sondern sich an Ketten, Pins, Ohrringen oder Schals festgucken. Kommt dann noch eine markante Brille dazu, hat der Auftritt nur einen Effekt: Der Zuschauer ist optisch erschlagen. Und inhaltlich nicht schlauer als zuvor. Welches Outfit passt insbesondere zum Fernsehauftritt? Dazu mehr in *Kapitel 27 – Das Auge guckt mit.*

Platz Nummer 7: Gegenfragen. Wer fragt, der führt. Und im Interview oder in der Talkshow ist das nun mal der Journalist. Wer diese Regel bricht, macht es mitunter für den Zuschauer spannend, für sich selbst aber gefährlich. Denn kaum etwas hassen Journalisten mehr als Gegenfragen ihrer Gesprächspartner. Der verstorbene FPÖ-Chef Jörg Haider hat mal ein Live-Interview über Sozialreformen in der Hauptnachrichtensendung Österreichs komplett gedreht und den Moderator in ein Gespräch darüber verwickelt, wie er denn krankenversichert ist und warum. Das werden gute Journalisten nicht zulassen. Gegenfragen sind eher dazu angetan, das Interviewklima zu verschärfen. Und sie sind eine verpasste Chance, die eigene Kernbotschaft zu platzieren. Einzige Ausnahme: die Verständnis-Gegenfrage. »Worauf wollen Sie hinaus?« oder »Habe ich Sie richtig verstanden, dass…?« sind völlig in Ordnung.

Platz Nummer 6: Das »Phänomen Doktorarbeit«. »Ach wissen Sie, über mein Fachgebiet könnte ich stundenlang reden, das ist so interessant!« Wie schön. Vielleicht dürfen Sie das ja auf einem Fachkongress tatsächlich tun. Aber bitte nicht im Medienkontakt. Ein Interview ist keine verbalisierte Doktorarbeit. Das Thema muss nicht vollständig und umfassend abgearbeitet werden. Vielmehr geht es um Kürze, Klarheit und Prägnanz. D.h. referieren Sie nicht, sondern beschränken Sie sich auf einige, wenige Kernbotschaften. In den Medien geht es darum, die Welt – und vor allem Ihr Thema – in 30 Sekunden erklären zu können. Siehe *Kapitel 7 – In 30 Sekunden die Welt erklären.*

Platz Nummer 5: Inflation von Fachchinesisch. Die geht häufig einher mit dem Phänomen Doktorarbeit. »Meine Botschaft in Alltagssprache übersetzen? Nein, das geht ja gar nicht. Was sollen denn dann meine Kollegen denken?« Gegenfrage: Sind Ihre Kollegen die Zielgruppe, wenn Sie z. B. einem Inforadio ein Interview geben? Oder möchten Sie von einer breiteren Öffentlichkeit verstanden werden? Möchten Sie es Ihrem Publikum nicht eher leicht machen, Ihnen zu folgen? Es gibt in den deutschen Medien eine immer größere Zahl von Experten, die genau das wollen: Verstanden werden. Und möglichst immer wieder für ein Interview angefragt werden. Wie hörverständliches Formulieren geht, lesen Sie in *Kapitel 8 – So werden Sie verstanden.*

Platz Nummer 4: Anglizismen. »Unsere Branche braucht einen Mind Change, das wurde mir in den Innovation Labs ganz klar. Was wir brauchen, ist eine Always-on-Mentalität.« Und einen guten Dolmetscher… Denn für die wenigsten Ohren klingt das wirklich hip und cool. Selbst wer ohne Wörterbuch damit klarkommt, fragt sich vermutlich: Brauchen wir dieses Denglisch wirklich? Klar, in vielen Branchen dominiert Englisch längst. Und im internen Sprachgebrauch ist das für die meisten völlig in Ordnung. Wer aber nach außen, also über die Medien, kommuniziert, der möchte doch vor allem eins: verstanden werden und nach Möglichkeit auch noch sympathisch rüberkommen. Dafür lohnt sich in vielen Fällen die Übersetzung.

Platz Nummer 3: Schriftliche Ausarbeitungen vortragen. Manche Gesprächspartner haben doppeltes »Glück«: Der Journalist hat netterweise seine Fragen zum Thema vorab geschickt. Und dann hat ein fleißiger Mitarbeiter in der Pressestelle auch noch mögliche Antworten ausgearbeitet. Die sind inhaltlich umfassend, juristisch wasserdicht – nur leider will der Text nicht in Ihren Kopf! Es sind vielleicht nicht Ihre eigenen Worte, und entsprechend fehlt die eigene, innere Haltung dazu. Wie kontraproduktiv das in der Außenwirkung sein kann, haben wir am Beispiel Martin Winterkorn, Ex-Vorstandsvorsitzender von VW, gesehen: Er hatte von seiner Pressestelle einen wirklich brauchbaren Text für eine Videobotschaft im Zuge der Abgasaffäre geschrieben bekommen. Darin war von »Entschuldigung« die Rede, von »Fehlern«, die gemacht wurden, und dass so etwas »nie wieder vorkommen« dürfe. Sachlich und fachlich alles prima. Diesen Text aber mit Überzeugung vom Teleprompter zu lesen, ist Winterkorn nicht gelungen. Um mit Goethes Faust zu sprechen: Die Worte hören wir wohl, allein uns fehlt der Glaube!

Warum abgelesene Inhalte Teflon-Kommunikation sind, die nicht hängen bleibt, erklärt *Kapitel 12 – Lügendetektor der Kommunikation*. Und Tipps, wie sie sich vorgegebene Inhalte besser merken und frei wiedergeben können, finden Sie in *Kapitel 13 – Erzähl doch mal!*.

Platz Nummer 2: Zahlensalat. »Von 2005 bis 2010 hatten wir einen Anstieg der Zahl der Pflegeplätze von 20.570 auf 22.480. Also ein Plus von etwa 9 Prozent. Von 2008 an bis heute haben wir noch einmal um fast 13 Prozent zugelegt, wir kommen derzeit also auf…« Moment mal. Sind wir hier im Mathe-Unterricht? Wer soll sich das denn merken? Natürlich spielen Zahlen in vielen Branchen eine zentrale Rolle, häufig fragen Journalisten auch nach Umsatzzielen, Mitarbeiterzuwachs, erwartetem Gewinnrückgang. Klar dürfen wichtige Kennzahlen im Interview platziert werden. Aber eben nur die wichtigsten und die aussagekräftigsten. Für den richtigen Umgang mit Zahlen lohnt sich ein Blick in *Kapitel 15 – Gut gezählt ist halb gewonnen*.

Platz Nummer 1: Sich wegducken. Die Regionalzeitung schreibt einen Bericht über interessante Ausbildungsplätze. Aber doch nicht in unserem Unternehmen! Das Manager Magazin stellt führende Köpfe der sogenannten »Hidden Champions« vor. Da machen wir nicht mit! Ein Radiosender möchte von Ihnen eine Bewertung der neusten politischen Reform. Auf keinen Fall, das haben wir ja noch nie gemacht! Schade eigentlich. Denn obwohl »die Medien« ihre eigenen Gesetzmäßigkeiten haben, obwohl dort das eine oder andere Fettnäpfchen herumsteht, sind die Chancen eines Medienauftritts größer als die Risiken.

Fazit: Sie müssen nicht alle Fehler selbst machen. Lassen Sie auch anderen eine Chance! Nach dem Durcharbeiten dieses Buches werden Ihnen diese zehn häufigsten Fehler (und viele andere auch) garantiert nicht unterlaufen.

2 Der Journalist, das unbekannte Wesen

In diesem Kapitel erfahren Sie, warum Journalisten so fragen, wie sie fragen.

Was haben Journalisten und Feuerwehrleute gemeinsam? Sie tauchen häufig zeitgleich an einem Unglücksort auf. Mit einem gewaltigen Unterschied: Während die einen Feuer löschen und Leben retten, zücken die anderen nur ihre Kameras und ihre Notizblöcke. Manchmal stehen sie sogar im Weg.

Die Rolle der Journalisten war schon immer umstritten, derzeit allerdings findet der Berufsstand so wenig Anerkennung wie lange nicht. Die Gesellschaft für Konsumforschung (GfK) hat im Jahr 2014 Bürger aus 15 Ländern zum Ansehen verschiedener Jobs befragt.

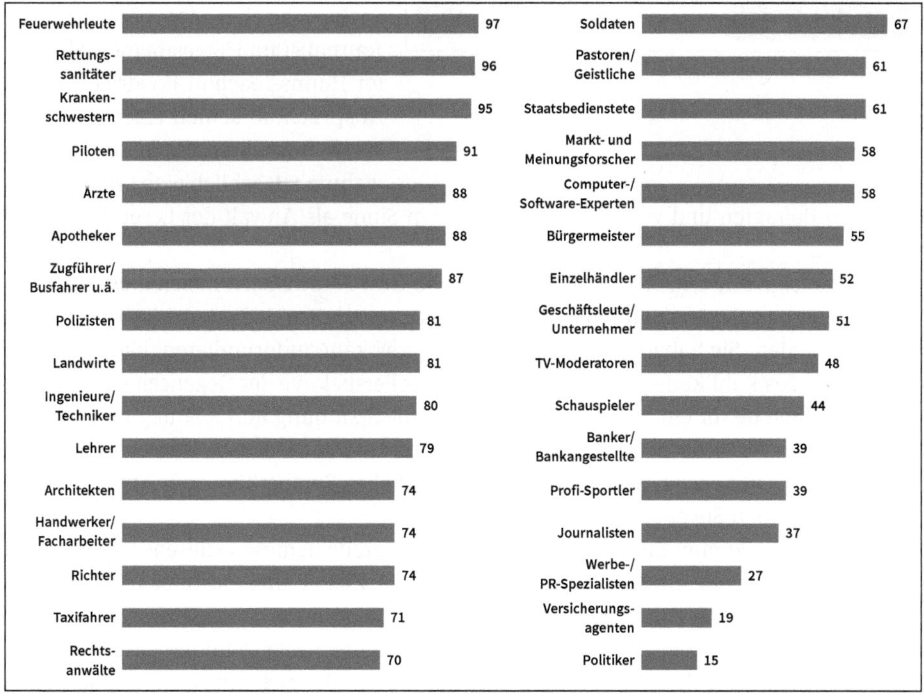

Quelle: GFK

Abb. 2.1: Vertrauen in Berufe 2014, 2039 Befragte

Das Ergebnis für Deutschland: Feuerwehrleute stehen ganz oben. 97 Prozent der Befragten vertrauen diesem Berufsstand und zollen ihm Anerkennung. Journalisten dagegen rangieren am unteren Ende der Skala und genießen noch weniger Vertrauen als Bankangestellte. Schwacher Trost: Sie stehen im Ranking immerhin höher als Versicherungsverkäufer und Politiker. Die Gründe sind vielfältig: einseitige Berichterstattung beispielsweise zum Ukraine-Konflikt, Sparmaßnahmen in Verlagen und Sendern, Skandalisierung, Zeitdruck mit dem Ergebnis falscher Recherche. So weit, so beunruhigend. Und dennoch haben wir aus gutem Grund im *Kapitel 3 – Reden ist Gold* dargelegt, warum sich ein guter Medienkontakt lohnt.

Nähern wir uns also einmal dem unbekannten Wesen, dem Journalisten. Er oder sie ist zwar im Interview Ihr direktes Gegenüber. Aber was nach einem Dialog aussieht, ist in Wahrheit ein »Trialog«, ein Gespräch ausgerichtet auf die Information oder auch Unterhaltung des Publikums.

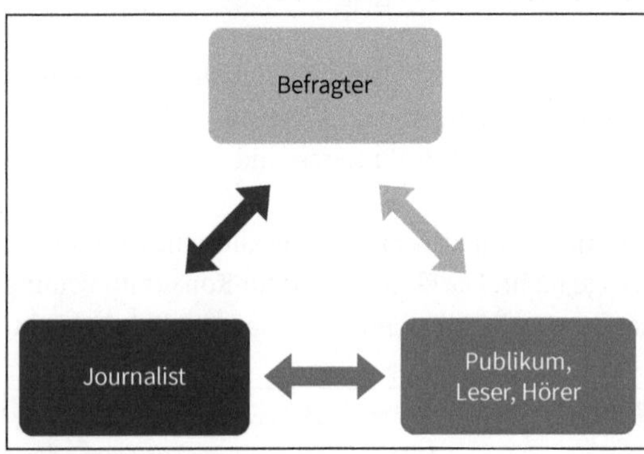

Quelle: Die Medientrainer, Hamburg

Abb. 2.2: Der Medien-Trialog

Aus dieser Dreiecksbeziehung ergeben sich viele Besonderheiten des Medienkontakts. So wird ein Journalist oder eine Journalistin, die ihr Handwerk ernsthaft betreibt, immer aus der Opposition heraus fragen. »Sich nie gemein zu machen mit einer Sache«, so hat der herausragende Journalist und Tagesthemen-Moderator Hanns-Joachim Friedrichs seinen Anspruch an seinen eigenen Berufsstand formuliert. Viele Journalisten wahren tatsächlich eine kritische Distanz zum Befragten und verstehen sich im besten Sinne als Anwalt der Leser, Hörer und Zuschauer.

Daraus folgt eine entsprechende Fragetechnik: Gute Journalisten haben meist schon in der Ausbildung gelernt, mit ihren Fragen zuzuspitzen und dem Befragten wirklich »auf den Zahn« zu fühlen. Sie haben gelernt, ihre Fragen provokant zu formulieren, häufig aus der Perspektive des Publikums oder zumindest aus der Perspektive der Gegenseite. Sie suchen in ihrer Recherche für ein Interview die Aspekte, die Spannung und Reibung im Gespräch erzeugen. Das ist zunächst gutes Handwerk, so sollten Journalisten ihren Job machen. Und es hat in den meisten Fällen nichts mit persönlichen Sympathien oder Antipathien zu tun. Also, nehmen Sie es nicht persönlich.

So – und nun kommt unsere provokante These: Gerade in diesen »fiesen« Fragen steckt für den Befragten eine großartige Chance! Gerade die Zuspitzung macht es möglich, dass Sie als Gegenüber glänzen können und Ihre Botschaften auf den Punkt bringen können. Gerade diese Reibung zwischen Fragendem und Befragten macht es für die Zuschauer interessant. Stellen Sie sich umgekehrt die Situation vor, in der sich ein Journalist so richtig heranschleimt, Ihr Produkt lobt, Ihren Führungsstil, Ihr soziales Engagement. Er wäre damit nur Stichwortgeber, und dem Zuschauer käme sicher schnell der Verdacht, dass für dieses Gespräch Geld geflossen ist.

Nehmen Sie die Herausforderung an! Jede Frage ist eine Chance auf gute Kommunikation. Auch die blödeste, unsachlichste, dümmste, emotionalste Frage. Die Leser, Hörer und Zuschauer werden mit großen Augen und offenen Ohren verfolgen, wie Sie damit umgehen. Und sie werden dranbleiben, denn ein spannungsreiches Interview ist attraktiv und unterhaltsam.

In den folgenden Kapiteln schauen wir uns verschiedene Medienformate an und sagen Ihnen, worauf es jeweils ankommt. Für alle Formate und Auftritte gilt der folgende Tipp:

TIPP

Sportliche Gelassenheit

Sportliche Gelassenheit – das ist die Grundhaltung, zu der wir im Medienkontakt dringend raten. Sportlich – denn es geht um einen dynamischen Austausch, Sie wollen Ihre Punkte machen und es ist wichtig für Ihr Unternehmen oder Ihre Institution. Mit Gelassenheit sollten Sie herangehen, weil der Journalist häufig einfach seine Rolle ausfüllt und seiner Zielgruppe verpflichtet ist. In vielen Fällen geht es zwar hart zur Sache, ist aber nicht persönlich gemeint.

VIDEO

Zu diesem Kapitel finden Sie auch ein Video im Online-Bereich. Folgen Sie einfach dem QR-Code am Anfang dieses Buches.

Die Meute – Dokumentation (Ausschnitte) von Herlinde Koelbl

Der Ausschnitt der Dokumentation aus dem Jahr 2001 zeigt mit dichten, teils bedrohlichen Bildern die Arbeit der Hauptstadtjournalisten. Wer sich hier vor die Kameras und Mikrofone wagt, braucht starke Nerven.

3 Reden ist Gold

In diesem Kapitel erfahren Sie, warum Medienkontakte Chancen sind.

Ein Blick in den Alltag eines TV-Journalisten: Wieder einmal steigen die Benzinpreise. Ein Kollege aus der Wirtschaftsredaktion plant einen Bericht, in dem Autofahrer zu Wort kommen sollen. Aber er möchte auch einen Tankstellenbetreiber zum Preisanstieg befragen. Und holt sich in der Pressestelle eine klare Abfuhr. Das Thema sei zu komplex, das könne man im Fernsehen nicht angemessen darstellen. Kein Interview. Basta. Der Journalist versucht es noch einmal: Ob das Unternehmen vielleicht dem Autofahrer erklären könne, warum die Preise steigen? Nein, auch das ginge nicht. Zu viele Termine…

Schade eigentlich. Zwar ist der Anlass für den Medienkontakt ein kritischer: Benzin ist teurer geworden. Dennoch sind auch solche Anfragen eine Chance auf gute Kommunikation. Vielleicht gerade SOLCHE Anfragen. Denn dann kann ein Unternehmen mit guter Kommunikation glänzen, auch wenn es zunächst so aussieht, als könne man keinen Blumentopf gewinnen.

Nehmen wir ein anderes Beispiel: Die Lokalzeitung möchte im Sommerloch eine Serie über Traditionsunternehmen in der Region veröffentlichen. Die Anfrage geht an einen Hersteller von Kugellagern, der gerade sein 75-jähriges Bestehen gefeiert hat. Leider ist der Chef derzeit im Urlaub, sein Stellvertreter beschäftigt und einen Zuständigen für Öffentlichkeitsarbeit gibt es in dem 50-Mann-Betrieb sowieso nicht. Der Redakteur könne Ende August noch einmal anrufen… Kann er natürlich nicht, denn dann ist die Serie längst geschrieben und das Sommerloch vorbei.

Sehr schade! Denn gerade im zweiten Beispiel werden viele Chancen auf gute Kommunikation vertan. Nie waren die Zeiten so gut, – gerade für kleine und mittelständische Unternehmen – in Zeitungen, Radio, Online, im Fernsehen, aber auch auf Messen und Podiumsdiskussionen Gehör zu finden. Warum es sich lohnt, diese Chance zu ergreifen? Weil Ihr Unternehmen gleich mehrfach profitiert.

Chance Nummer 1 – Sie sind gut! Zeigen Sie es.
Unternehmen, die bekannt sind, die ihre Unternehmenskultur aktiv nach außen zeigen und kommunizieren, sind attraktiver für Kunden, Partner und mögliche Investoren. Nur wer sich präsentiert, bleibt im Gespräch! Medienkontakte und Medienpräsenz sind dabei ein wichtiger Baustein für die Imagepflege.

Umgekehrt gilt: Die Redaktionen suchen immer interessante Themen. Die können unternehmensnah sein wie z. B. originelle Produkte, neue Trends oder neue Wege der Mitarbeitergewinnung. Interessant sind aber auch Ihre Positionen zu aktuellen Themen wie Integration von Flüchtlingen in den Arbeitsmarkt, Steuerpläne, Folgekosten von Gesetzen für Unternehmen, Beispiele für absurde Bürokratie.

Chance Nummer 2 – Gute Kommunikation lindert Fachkräftemangel.
Viele deutsche Mittelständler sind sehr erfolgreich, einige sogar Weltmarktführer. Die sogenannten Hidden Champions. »Hidden«, also versteckt, weil sie sehr zurückhaltend in der Selbstdarstellung sind und deshalb in der Öffentlichkeit kaum bekannt. Das kann langfristig ein Nachteil sein, wenn Fachkräfte fehlen und neu angeworben werden sollen. Junge Leute bilden sich ihr Urteil über die sozialen Netzwerke. Auch wer bei Twitter, Facebook oder Xing und Co. interessant und auf Augenhöhe kommuniziert, sammelt wichtige Punkte im Kampf um die besten Köpfe.

Darüber hinaus findet Imagebildung in erster Linie über regionale und überregionale Medien statt. Veröffentlichungen in der Fachpresse sind in diesem Zusammenhang nur ein kleiner Baustein wirkungsvoller Medienpräsenz. Selbst Manager bilden sich ihre Meinung vor allem aus Berichten in der regionalen und überregionalen Presse. Unser oben genannter Kugellager-Hersteller hätte also auch aus diesem Grund gut daran getan, für einen Bericht zur Verfügung zu stehen. Und sei es per Telefon aus dem Urlaub.

Chance Nummer 3 – In guten wie in schlechten Zeiten…
Es lohnt sich doppelt, einen entspannten Umgang mit Journalisten zu üben und ein mediales Netzwerk in »guten Zeiten« aufzubauen. Die Zeiten dafür sind denkbar günstig. Wirtschaftsthemen sind in den vergangenen Jahren für die meisten Medien immer wichtiger geworden. Viele Bürger wollen, dass sich auch Unternehmensvertreter zu wichtigen wirtschaftspolitischen oder branchenspezifischen Fragen äußern. Und eben nicht nur die üblichen »Verdächtigen«, die sowieso in jeder Talkshow auftreten.

Gute Kontakte – von der Lokalpresse über das Radio bis hin zu regionalen oder überregionalen TV-Sendern – sind auch strategisch wichtig: Als vertrauensbildende Maßnahme – auch für »schlechte Zeiten«. Wenn die Krise erst da ist (Produktfehler, Entlassungen, Fehlentscheidungen), muss schnell reagiert werden. Dann ist es Gold wert, wenn der Draht zu den Medien schon besteht und vertrauensvoll ist. »Reden ist Gold, Schweigen ist Blech« – so müsste das Sprichwort heute eigentlich lauten. Gerade in schwierigen Situationen erwarten Mitarbeiter, Kunden und das Umfeld zu Recht, dass die Unternehmen Flagge zeigen.

Aufgezappt
Wegducken ist die falsche Strategie – Meisterstück politischer Kommunikation?

Für ein »Meisterstück der politischen Kommunikation« hält die SZ-Autorin Lara Fritzsche das Verhalten von Volker Beck, nachdem er 2016 mit harten Drogen in eine Polizeikontrolle geraten war. Einspruch, Lara Fritzsche!
Im SZ-Magazin (Nr. 9/2017) portraitiert Lara Fritzsche Volker Beck, den Bundestagsabgeordneten der Grünen und früheren innenpolitischen Sprecher. Ein Jahr zuvor wurde Beck mit harten Drogen von der Polizei festgehalten. Beck stellt sich den Behörden, aber nicht der Öffentlichkeit. Er taucht ab, lässt sich krankschreiben und kehrt erst nach sechs Wochen in den Bundestag zurück. In einer Presseerklärung gibt er sich wortkarg. Nein, es ist kein kommunikatives Meisterstück, einfach abzutauchen, der Öffentlichkeit eine Erklärung vorzuenthalten, die Licht ins Dunkel bringt. Er setzt hiermit seine Glaubwürdigkeit und Integrität aufs Spiel.
Genau mit diesem Vorurteil hat die Zunft der Kommunikationstrainer immer wieder zu kämpfen. Wie oft wird ihr unterstellt, dass sie ihren Klienten rät, sich so zu verhalten, dass es ausschließlich den eigenen Vorteilen – denen des Klienten – nutzt. Die Losung »Keine Rücksicht auf andere – weder auf Kollegen noch die Öffentlichkeit«, also »Me first« ist keine gute Kommunikationsstrategie.
Beck betrieb Vogel-Strauß-Politik: Er steckte den Kopf in den Sand, hörte und sah nichts, wartete ab. Eine Art von Kommunikation, die keinem hilft. Beck am wenigsten. *»Abtauchen ist eine aufwendige Sache.«*, konstatiert Fritzsche. Regungslos zu bleiben, tatenlos und unbemerkt, sei eine große Anstrengung. Warum hat Beck sich denn dann versteckt, statt in die Offensive zu gehen und die Kommunikation als aktiv Handelnder zu steuern?
»Er hat keine Parteikollegen eingeweiht, schon gar nicht die Fraktionsspitze.«, heißt es. Kommunikationsfehler Nummer zwei: Nicht nur bei eitel Sonnenschein sollte geredet, sondern gerade in einer Krisensituation muss zielorientiert kommuniziert werden. Und zwar zum Schutz des Betroffenen! Dass diejenigen, die Beck nicht eingeweiht hat, heute noch mit ihm zusammenarbeiten, grenzt an ein Wunder.
Die SZ-Analyse der Kommunikationsstrategie gipfelt in der Formulierung, Beck »habe neben aller Strategie er selbst sein wollen«. Wie kann ich glaubwürdig bleiben und mir treu sein, wenn ich anderen die Möglichkeit nehme, sich ein annähernd objektives Bild der Wahrheit zu machen?
»Becks Strategie im Drogenskandal funktionierte deshalb so gut, weil er sich nicht so verhält, wie er ist, also nicht laut, nicht spitzfindig, sondern er verhält sich gar nicht.« Das ist Kommunikation von vorgestern und Wasser auf die Mühlen all derer, die à la Trump und Erdogan kommunizieren: Sie schaffen sich ihre (eigenen) »alternativen Fakten«, indem sie sich gar nicht verhalten, die Fragen anderer ignorieren und ein Miteinander torpedieren.
Ein guter Kommunikationsberater hätte Beck geraten, sich sofort zu erklären und die Öffentlichkeit sowie Partei- und Abgeordneten-Kollegen zu informieren, was passiert ist, wie er damit umzugehen und welche Konsequenzen er zu ziehen gedenkt. Sachlich, nüchtern, vielleicht auch emotional – und zwar so, dass der Betroffene sich selbst dabei gut fühlt.
Und die andere Seite weiß, was Sache ist.

4 Wenn es brenzlig wird

In diesem Kapitel erfahren Sie, warum Medienkompetenz in der Krise ein Muss ist.

Dieses Workbook richtet sich an jeden, der an der Professionalisierung seiner Kommunikation interessiert ist, auch an Führungskräfte, die sich im Bereich ihres beruflichen Kommunizierens weiterentwickeln wollen.

Deshalb haben wir dieses Kapitel als kleinen Exkurs mit aufgenommen, wohl wissend, dass dieses Themenfeld so umfangreich ist, dass es ein eigenes Workbook verdient. Insofern können wir diesen besonderen Fall professioneller Kommunikation nur kurz anreißen.

Was ist Krisenkommunikation? Wie gehen Unternehmen und Konzerne mit Störfällen um, mit Unfällen, unvorhergesehenen (und vielleicht sogar unvorhersehbaren) Katastrophen?

Es ist immer wieder verwunderlich, dass selbst ein Bundespräsident oder einer der mächtigsten Konzernbosse über Kommunikationsprobleme stolpert. Mit einem professionellen Krisenmanagement wäre die Amtszeit von Christian Wulff als Bundespräsident nicht nach gut 19 Monaten zu Ende gewesen. Karl-Theodor zu Guttenberg wäre 2017 möglicherweise Kanzlerkandidat geworden, hätte er nicht so offensichtlich gelogen. Auch der frühere VW-Konzernchef Martin Winterkorn wäre nicht so schnell in Ungnade gefallen und aus dem Amt komplementiert worden, hätte er sein erstes Statement zur Dieselaffäre nicht vom Teleprompter abgelesen.

Dieses sind nur drei Beispiele. Und jedes Beispiel wirft die Frage auf: Wie können solche Fehltritte Menschen unterlaufen, die als Top-Manager oder Spitzenpolitiker gelten? Zwei mögliche Antworten sind: Alles ist schief gelaufen, weil

- die Protagonisten schlechte Kommunikationsberater hatten,
- die Protagonisten glaubten, in der so heiklen und teilweise die Privatsphäre berührenden Situation sich nur auf sich selbst verlassen zu können.

Vielleicht spielte auch beides eine Rolle. Zugegeben, das ist Spekulation und zugespitzt formuliert. Interessant ist die Überlegung: Was können »Otto-Normal«-Unternehmer, -Vorstand und -Kommunikator daraus ableiten? Mindestens dreierlei:

1. Keiner kann eine Krise allein bewältigen – Teamarbeit ist gefragt.
2. Keine Krise ist vorhersehbar, aber jeder sollte mit ihr rechnen.
3. Eine Krise ist oft nicht planbar – die Krisenkommunikation ist es sehr wohl.

Nicht nur die Krise selbst in den Griff bekommen – auch die Kommunikation in der Krise!

Das Wort Risiko steckt nur zur Hälfte in dem Wort Krise. Aber: In dem Wort Krisenkommunikation steckt das komplette Risiko.

kRISenkommunIKatiOn

Quelle: Stefan Klager, Der KommunikationsCoach, Köln

Abb. 4.1: Krisenkommunikation

Ein sprachlicher Zufall? Sicherlich. Trotzdem gibt es eine gewisse Relevanz, denn das eigentliche Risiko steckt oft nicht in dem operativ zu lösenden Krisenfall, sondern ergibt sich aus der unprofessionellen Kommunikation während und nach der Krise. Egal ob ein technischer Defekt, ein Unfall mit chemischen Stoffen oder ein verletzter Arbeitnehmer; auch unabhängig davon, ob ausschließlich Mitarbeiter betroffen sind oder große Teile der Anwohnerschaft: Geradlinig und transparent informieren ist das Wesentliche, um die Krise in den Griff zu bekommen. Die zentralen Fragen sind: *WANN* sagt *WER WEM WIE WAS*?

WANN?

Wann ist der beste Zeitpunkt für eine erste Kommunikation – sowohl intern an die Mitarbeiter gerichtet als auch extern an die Öffentlichkeit? Nicht warten, bis das letzte Detail geklärt ist. Das ist im Zweifel zu spät, denn bis dahin schießen Vermutungen und wilde Spekulationen ins Kraut.

Nicht nur Geschäftsführung, Mitarbeiter und Gesellschafter wollen auf dem Laufenden gehalten werden. Je nachdem, wie der Fall gelagert ist, hat auch die Öffentlichkeit ein Interesse an Informationen. Das Unternehmen hat gegebenenfalls sogar eine Berichtspflicht. Es ist also nicht nur Goodwill. Die Presse hat das Recht, Informationen einzufordern, wenn der Fall über betriebsinterne Relevanz hinausgeht.

TIPP

Vertrauen schaffen durch proaktive Kommunikation

Wecken Sie Vertrauen, indem Sie proaktiv auf die Bürger und/oder Presse zugehen. Signalisieren Sie frühzeitig Bereitschaft zu erläutern, was passiert ist!

Je offensiver Sie diesen Kommunikationskanal nicht nur reaktiv bedienen, sondern proaktiv nutzen, desto vertrauenswürdiger erscheinen Sie. Die ersten Stunden entscheiden über Tenor und Umfang der publizistischen Krise – und wie die Krise (auch später noch) von der Öffentlichkeit beurteilt wird.

Die Geschwindigkeit der Medienarbeit hat enorm zugenommen. Sobald Rettungswagen und Löschfahrzeuge die städtische Wache verlassen, erfahren Journalisten per Twitter oder über andere soziale Medien von dem Einsatz. Möglicherweise ist ein Journalist über einen Störfall auf einem Betriebsgelände früher informiert als der Werksleiter selbst. Das Interesse der Öffentlichkeit an Störfällen oder Unfällen ist enorm hoch. Nicht, weil Journalisten sich freuen, etwas Negatives über ein Unternehmen berichten zu können, sondern weil genau das ihre Aufgabe ist: über Dinge zu berichten, die auffällig sind, die vom Alltag abweichen und die Bevölkerung über mögliche Gefahren zu informieren.

Diese Vorgehensweise wird von Unternehmen oft als »Aggressivität der Medien« verstanden. Die vorrangige Aufgabe der Presse ist die Recherche sowie die Leser, Hörer oder Zuschauer, also die Bürger über für sie Relevantes auf dem Laufenden zu halten. In einem Krisenfall geben Journalisten sich nicht mit nichtssagenden Erklärungen zufrieden.

Journalisten sind Multiplikatoren. Das, WAS Unternehmenssprecher sagen und WIE sie formulieren, kommt via Journalisten in der Öffentlichkeit an. Nutzen Sie diesen Multiplikator-Effekt durch professionelles Kommunizieren. Sie müssen zunächst noch nicht auf alle Fragen eine Antwort haben oder alle Umstände eines Unfalls geklärt haben. Wichtige Signale sind schon: Wir kümmern uns! Und wir informieren die Öffentlichkeit proaktiv.

WER?

Kommunikatoren sind alle, die im Rahmen des Krisenmanagementsystems unternehmensintern festgelegt wurden und berechtigt sind, als Unternehmenssprecher im Krisenfall zu agieren. Es sollte nicht dem Zufall überlassen werden, wer die Mitarbeiter informiert oder vor die Presse tritt. Deshalb werden mehrere Personen bestimmt, die im Krisenfall die Kommunikationsarbeit übernehmen können – wobei je nach Schwere der Krise zusätzlich differenziert werden sollte: »Leichtere« Störfälle kann möglicherweise der Pressesprecher nach außen vertreten, bei Dieselgate und ähnlichen schweren Krisen muss der Vorstand nach außen Haltung zeigen.

WEM?

Alle betroffenen Seiten und Beteiligten sollten in die Krisenkommunikation einbezogen werden: Intern sind das die Geschäftsleitung und die Belegschaft bzw. der Betriebsrat, sogar der Pförtner. Extern sind es die Pressevertreter und Anwohner, aber gegebenenfalls auch Aufsichtsbehörden. Alle benötigen die gleichen Fakten, jedoch in unterschiedlicher Dosierung: Die Geschäftsleitung und Behörden erwarten technische Details sowie die Ursachen und (möglichen) Folgen. Für die Mitarbeiter ist in erster Linie relevant, was grob passiert ist und was das für sie derzeit bedeutet. Auch die Mitarbeiter werden in der Krise zu Multiplikatoren, denn auch sie werden zu Hause oder von Nachbarn gefragt, was los ist. Und bevor die Gerüchteküche über Social Media und Co. zum Selbstläufer wird, sollten Sie den Mitarbeitern klare Botschaften senden. Die Öffentlichkeit wiederum benötigt Erläuterungen hinsichtlich des eigenen Gefahrenpotenzials.

WIE?

Die Kommunikatoren müssen in der Krise viele Informationen sammeln und sortieren, sich während der Krise auf dem aktuellen Stand halten (lassen) sowie die Entwicklungen verfolgen, um zielgruppennah die jeweiligen Informationen weiterzugeben. Trotz der immensen Anspannung ist es wichtig, sich nicht von der Hektik anstecken zu lassen, sondern, ruhig, freundlich und gelassen zu bleiben. Auch in schwierigen Situationen sollte die Souveränität beibehalten werden. Die Kommunikatoren sollten sachlich, nüchtern gegebenenfalls nicht emotionslos, jedoch immer authentisch und vor allem klar verständlich formulieren.

WAS?

Für das Informieren der Öffentlichkeit gilt:

- Nichts sagen, was spekulativ ist,
- nur sagen, was verbrieft und verkündbar ist,
- sich nicht durch (in solchen Situationen typische) Nachfragen irritieren lassen,
- besser wiederholen, dass zum momentanen Zeitpunkt keine weiteren Details bekannt sind.

Aber das, was bekannt ist, sollten Sie sachlich und faktisch erläutern. Dazu helfen sogenannte Sprachregelungen. Das sind im Krisenteam abgestimmte und überprüfte Aussagen, die zum jeweiligen Zeitpunkt an die Öffentlichkeit kommuniziert werden sollen. Diese Sprachregelungen geben Kommunikatoren am besten in einfachen, klaren Sätzen wieder, ohne sich in technischen Details zu verlieren. Motto: Alles, was Sie sagen, muss wahr sein. Aber nicht alles, was wahr ist, muss jederzeit gesagt werden.

Sie merken vielleicht schon an diesem kurzen Ausflug in die Krisenkommunikation, dass mediale Kommunikation alles andere als trivial ist. Eines können wir Ihnen versprechen: Dieses Workbook stärkt Sie für praktisch alle Situationen, in denen es auf Kommunikation ankommt. Es ist zugleich die Grundlage für gute Krisenkommunikation.

VIDEO

Zu diesem Kapitel finden Sie auch ein Video im Online-Bereich. Folgen Sie einfach dem QR-Code am Anfang dieses Buches.

Schaltgespräch DFB mit Rainer Koch

Krisenkommunikation im TV: In der DFB-Affäre rund um die WM 2006 legt die Kanzlei Freshfields im November 2015 einen Zwischenbericht vor. Er belastet offenbar den damaligen DFB-Präsident Niersbach so stark, dass er noch am selben Tag zurücktritt. Im ARD-Brennpunkt stellt sich der Präsident des Bayerischen Fußball-Verbandes, Rainer Koch, den Fragen des Moderators. Er spricht sehr konzentriert und lässt sich auch durch mehrfache Nachfragen nicht verleiten, zu viel preiszugeben. Ein Schaltgespräch, das sich optisch sicher verbessern ließe (Frisur), das aber insgesamt souverän geführt wird.

5 Wer sagt was zu wem?

In diesem Kapitel erfahren Sie, wie Sie erfolgreich kommunizieren.

Wie funktioniert Kommunikation? Und vor allem: Wann ist sie erfolgreich? Zwei einfache Fragen, die allerdings nicht genauso einfach zu beantworten sind. Seit rund einem Jahrhundert beschäftigen sich Soziologen und Kommunikationswissenschaftler mit den Faktoren, die bei Kommunikation eine Rolle spielen. Sie sprechen, sehr vereinfacht formuliert, von

- dem Kommunikator
- der Botschaft und
- dem Rezipienten oder auch Empfänger,

also von dem,

- der etwas sagt,
- was gesagt wird und
- dem etwas gesagt wird.

Auf den Punkt gebracht: WER sagt WAS zu WEM? Bleiben wir zunächst bei *WER*.

Der Kommunikator wird wahrgenommen – und wirkt. Oder er wirkt nicht. Und zwar schon, bevor er das erste Wort gesagt hat. Jeder von uns kennt die Situation: Wir sitzen in einem Raum und erwarten den Beginn einer Veranstaltung. Jemand betritt die Bühne. Und jetzt passiert es: Je nachdem, wie diese Person die Bühne betritt, wie sie sich dem Publikum präsentiert, wie sie geht, steht, ihre Hände hält und welchen Gesichtsausdruck sie hat, all das ist entscheidend, ob wir ihr ungeteilte Aufmerksamkeit schenken oder nicht.

Wenn derjenige jetzt zu sprechen beginnt, nehmen wir seine Stimme wahr und empfinden sie als angenehm oder unangenehm, als zu leise oder zu laut, als hektisch oder langsam. Bevor das, was gesagt wird, von unserem Hirn verarbeitet wird, haben wir von der Person auf der Bühne einen ersten Eindruck gewonnen. Wir haben bereits eine Bewertung vorgenommen: sympathisch/unsympathisch, seriös/unseriös, kompetent/inkompetent usw.

Erst dann – nach Bruchteilen von Sekunden – wird die Aufmerksamkeit auf das gelenkt, *WAS* gesagt wird, auf den Inhalt. Ist das, was er oder sie formuliert, verständlich, der Situation angemessen, locker oder verworren? Wenn ich dem Gesagten also folgen kann und alles verstehe und erfasse, dann kommt der Inhalt an. Damit sind wir beim *WEM*, bei der Zielgruppe. Wenn ich mich als Zuhörer inhaltlich abgeholt und mitgenommen, verstanden, wertgeschätzt und informiert fühle, dann hat der Kommunikator einen guten Job gemacht. Dann war es eine gelungene Kommunikation.

Doch dafür, dass das alles eintritt und so optimal wirkt, sind zahlreiche Faktoren verantwortlich – auch Faktoren, die der Kommunikator gar nicht beeinflussen kann wie zum Beispiel die Rahmenbedingungen des Ortes oder noch weniger die Empfindungen, Einstellungen und den Grad der momentanen Aufmerksamkeit des einzelnen Informationsempfängers – des sogenannten Rezipienten. Auf viele dieser Faktoren werden wir im Folgenden detailliert eingehen. Für den Moment nur so viel: Von einer gelungenen *Kommunikation* sprechen wir, wenn die Persönlichkeit des Sprechenden, also sein Selbstbewusstsein, vielleicht sogar Charisma, wahrnehmbar ist, wenn sein Auftreten Aufmerksamkeit auf sich zieht durch die Stimme, die Körpersprache, durch Mimik und Gestik. Wenn er seine Botschaften auf den Punkt formuliert, die Zielgruppe perfekt »ins Boot holt« und wenn dies alles noch ergänzt wird durch ein hohes Maß an Glaubwürdigkeit, Überzeugungskraft und Authentizität – dann ist alles optimal gelaufen.

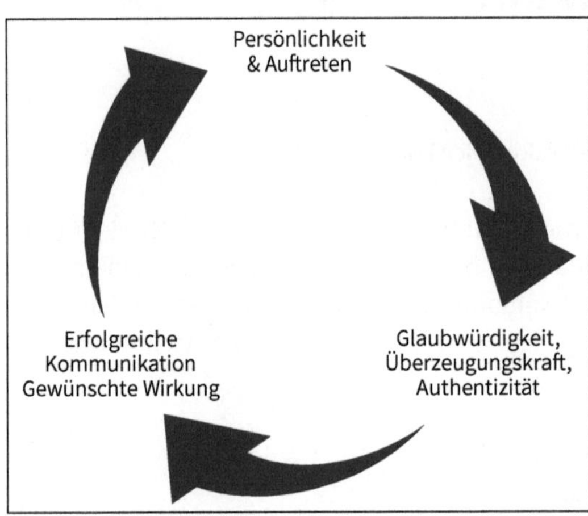

Quelle: Stefan Klager, Der KommunikationsCoach, Köln

Abb. 5.1: Gelungene Kommunikation

Sie sehen, dies sind viele Faktoren, die gleichzeitig funktionieren müssen. Zu viele? Nein – alles ist lernbar! Gutes Kommunizieren ist kein Hexenwerk, sondern Handwerkszeug! Nicht mehr, aber auch nicht weniger.

Allgemeine Spielregeln im Medienkontakt

6 Nur ein Teil der Wahrheit

In diesem Kapitel erfahren Sie, dass Fernsehen nur ein Ausschnitt aus der Wirklichkeit ist und was das für Sie bedeutet.

»Der ist aber nervös...«, »Hast Du den Blick gesehen – jetzt hat ihn der Journalist erwischt.«, »Warum dreht er sich denn dauernd um? Leidet er an Verfolgungswahn?«. So urteilen viele Zuschauer, wenn sie ein Interview verfolgen. Meist sind das Bewertungen, die im Unterbewusstsein ablaufen. Wir urteilen über jemanden und beurteilen jemanden nach dem, was wir auf dem Bildschirm sehen. Eine sehr eingeschränkte Sichtweise.

Denn grundsätzlich gilt für einen Auftritt im »Fernsehen«, und damit ist alles gemeint, was als bewegte Bilder über einen TV- oder PC-Monitor flimmert: Fernsehen ist nicht die Wirklichkeit, sondern nur der *Ausschnitt*, den Kameramann oder Redakteur durch die Linse einer Kamera anbieten. Die Kamera ist gewissermaßen das Auge des Zuschauers und bestimmt, was der Zuschauer sehen darf, aber eben auch, was er nicht sehen kann. Der Zuschauer entscheidet nicht selbst, wohin er seine Blicke in einer Szene lenkt. Seine Wirklichkeit ist damit vom Bildausschnitt Dritter definiert.

Spätestens hier wird klar, welche Macht Medienmacher haben und wie sehr sie bestimmen, was der Zuschauer als Wirklichkeit »serviert« bekommt. Vor diesem Hintergrund wird aber auch klar, dass der Agierende vor Kamera und Mikrofon aufpassen muss, was er tut. Denn wenn der Kameraausschnitt, in dem er als Interviewpartner steht, nur ein Ausschnitt dessen ist, was die reale Szene wirklich ausmacht, kann dies zu kommunikativen Missverständnissen führen. Diese entstehen meistens durch nonverbale Kommunikationsanteile, also Anteile an einer Botschaft, die nicht durch das gesprochene Wort ausgedrückt werden. Nonverbale Missverständnisse entstehen, weil wir im realen Leben die Aktionen und Reaktionen einer Person nicht nur danach beurteilen, was wir isoliert von ihr wahrnehmen, sondern bei der Beurteilung auch bewerten, was um sie herum passiert. Wir können die Reaktionen einer Person mit ihrer Umgebung und dem, was dort passiert, abgleichen und ganzheitlich interpretieren. Durch das Auge der Kamera – also durch die Begrenzung der Wirklichkeit – bleibt dem Zuschauer die Umgebung der Person aber (häufig) verborgen und kann nicht zu Interpretationszwecken genutzt werden. Ausladende Handbewegungen oder Gesten unterhalb der Gürtellinie lassen sich nicht erfassen, Blicke, die von der Gesprächssituation Mensch – Kamera oder Mensch – Interviewer abweichen, nicht richtig verstehen. Das kann dazu führen, dass das Verhalten einer Person vor der Kamera falsch eingeordnet wird.

BEISPIEL

Sie stehen einem Fernsehjournalisten vor Ihrem Firmensitz in einem Interview vor laufender Kamera Rede und Antwort. Während des Interviews läuft einige Meter neben Ihnen ein Kollege vorbei und lässt aus Versehen seinen Schlüsselbund fallen. Mit hoher Wahrscheinlichkeit wird Ihr Blick in Richtung des Geräuschs wandern, das durch den fallenden Schlüsselbund erzeugt wurde. Damit verlassen Sie aber – wenn auch nur für einen im wahrsten Sinne des Wortes kurzen Augenblick – die für den Zuschauer sichtbare Gesprächssituation.

Da der Kameraausschnitt in der Regel nur Ihr Brustbild zeigt, hat der Zuschauer keinen Einblick, was um Sie herum passiert. Seine »Wirklichkeit« besteht nur aus dem engen Bildausschnitt des Kameramanns. Hier wird schnell klar, dass der Zuschauer den Grund des suchenden Blickwechsels nicht verstehen kann. Er hat im Zweifel weder das Geräusch gehört noch den vorbeilaufenden Kollegen im Bild wahrgenommen. Der Zuschauer wird den suchenden Blickwechsel daher als Unsicherheit, Nervosität oder Unruhe deuten.

Auch Gesten, die unterhalb der Gürtellinie ausgeführt werden, sind für den Zuschauer in einem Brustbild-Ausschnitt nicht erkennbar. Im schlimmsten Falle nimmt der Zuschauer nur die aus der Geste resultierenden Bewegungen im Oberkörper wahr und versteht nicht, dass diese Bewegungen nicht das Ergebnis nervöser Überspannung sind, sondern engagierte Gestik. Die können wir als Zuschauer aber nicht sehen, weil sie außerhalb des Bildausschnitts stattfinden. Daher gilt für eine »unmissverständliche« Haltung im Gespräch, dass die Arme leicht angewinkelt auf Bauchnabel-Höhe gehalten werden sollten. So werden die Gesten sichtbar oder lassen sich zumindest in Ansätzen erahnen.

An diesen Beispielen wird deutlich, wie wenig eine mediale Gesprächssituation einem Dialog in einer Alltagssituation gleicht. Für den Umgang mit Bewegtbildmedien heißt es daher: Hände hoch und Konzentration auf die Linse oder den Fragesteller.

7 In 30 Sekunden die Welt erklären

In diesem Kapitel erfahren Sie, warum Kürze im Medienstatement wichtiger ist als Vollständigkeit.

»Sie haben 30 Sekunden – und bitte!« Sicher haben Sie schon oft gehört, dass Sie sich in Radio oder Fernsehen, in Interviews oder Statements kurz und knapp halten sollen. Kurz ist aber relativ und im Fernsehen heißt kurz fast immer maximal 30 Sekunden. 30 Sekunden sind ungefähr so lang, wie ein Streichholz bei normalen Luftverhältnissen ohne Zug brennt oder auch so lang, wie man ohne große Anstrengung die Luft anhalten kann, wenn man vorher nicht bewusst tief eingeatmet hat. Aber warum sind 30 Sekunden eigentlich in audiovisuellen Medien eine so magische Größe? Die Zeitspanne von 30 Sekunden hat wahrnehmungs- und produktionstechnische Gründe.

Aufmerksamkeit und Reizerneuerung

Kommunikationswissenschaftler und Wahrnehmungspsychologen haben herausgefunden, dass die Aufmerksamkeit beim Konsum von Fernseh- oder Hörfunkbeiträgen ab einer Länge von 30 Sekunden deutlich abnimmt, wenn sich auf der Bild- und Tonebene nicht viel verändert und kein neuer Reiz gesetzt wird. Das bedeutet, dass der Zuschauer, Zuhörer oder allgemein der sogenannte Rezipient einem Fernseh- oder Hörfunk-Statement ab einer Länge von 30 Sekunden mit deutlich geringerer Aufmerksamkeit folgt als in den ersten 30 Sekunden. Eine Studie der Hochschule Offenburg in Zusammenarbeit mit dem Bundesverband der Medientrainer in Deutschland zeigt (siehe Literaturliste), dass sich Rezipienten ab einer Länge von mehr als 30 Sekunden weniger detailreich an Aussagen und Inhalte erinnern als vorher. Werden also wichtige Aussagen später platziert, besteht die Gefahr, dass sie nur noch eingeschränkt wahrgenommen und erinnert werden.

Produktionstechnische Kniffe zur Erzeugung von Aufmerksamkeit

Diese Erkenntnis nutzen Medienschaffende bei der Produktion von TV- und Hörfunkbeiträgen. So werden z. B. bei sogenannten Aufsagern, also, wenn Reporter direkt in die Kamera sprechen oder der Börsenexperte seine Markteinschätzung direkt in die Linse präsentiert, produktionstechnische Kniffe angewandt, um einen optisch-akustischen Reiz zu setzen und damit erneut Aufmerksamkeit zu erzeugen.

Solche Kniffe können z. B. der Blickwechsel in eine andere Kamera sein, ein kurzer Gang oder, die Einblendung von Grafiktafeln und sogenannten Schnittbildern, die über das gesprochene Wort des Reporters gelegt werden.

Produktion von TV-Beiträgen

In einem TV-Beitrag werden optisch-akustische Reize durch die Montage (Schnitt) erzeugt. So wird eine längere Szene in verschiedenen Bildgrößen dargestellt oder aus unterschiedlichen Perspektiven gezeigt, um dem Auge immer neue Anreize zu geben. Außerdem achten Redakteure darauf, dass sich innerhalb eines Beitrags O-Ton-Passagen mit Off-Text-Passagen abwechseln – dies sind Fachbegriffe. Gemeint ist: Es kommen in dem Beitrag Beteiligte/Betroffene mit einem Statement zu Wort (Original-Ton, kurz: O-Ton) und zusätzlich gibt es Text-Passagen, in denen ein Sprecher textliche Informationen zu einem Mix aus themenbezogenen Bildern liefert. Und auch hier gilt: Jede einzelne dieser Passagen ist maximal 30 Sekunden lang.

Klassische Nachrichtenformate – 30 Sekunden für Sie!

Und jetzt zu Ihnen. Damit Sie verstehen, was diese 30-Sekunden-Regel nun mit Ihnen als Gesprächspartner zu tun hat und warum es empfehlenswert ist, sich auf Aussagen mit einer maximalen Länge von 30 Sekunden zu beschränken, werfen wir einen kurzen Blick auf die Gestaltung und Produktion von Nachrichtenbeiträgen, in denen sogenannte O-Ton-Geber zu Wort kommen. Dabei sei angemerkt, dass sich diese reinen »Lehr-Formen« in den vergangenen Jahren durchaus gewandelt und verändert haben. Wenn auch die Grenzen der Formate in Länge und Machart fließender geworden sind, lässt sich das Originalformat aber meist noch erkennen. Nachrichtensendungen bestehen in der Regel aus verschiedenen Elementen, die standardisierte Längen aufweisen. Die Zahl 30 oder Vielfache davon sind typische Zeitmaße für Beiträge innerhalb einer Sendung.

Der kurze Nachrichtenbeitrag

Unter einem kurzen Nachrichtenbeitrag versteht man in der Regel einen Beitrag innerhalb einer Nachrichtensendung mit einer Länge von 1 Minute und 30 Sekunden. Er beinhaltet neben Off-Text-Passagen auch Aussagen von Betroffenen und Beteiligten zu einem Thema. Die Personen sind, während sie sich äußern, im Bild sichtbar (Talking Heads). Und genau bei diesen O-Tönen werden die 30 Sekunden für Sie als Statementgeber wichtig. Warum, zeigt ein Blick auf den Aufbau.

Der Nachrichtenbeitrag, auch »Einsdreißiger« genannt – besteht in seiner ursprünglichen Form aus drei Teilen. Im ersten Teil wird mit Bildern und einem Sprecher ins Thema eingeführt, die Problematik aufgezeigt oder die Neuigkeit dargestellt. Der zweite Teil besteht dann meist aus dem O-Ton, also der Aussage eines Experten, eines Betroffenen oder ganz allgemein eines Beteiligten, der sich zum Thema äußert. Im dritten Teil wird diese Aussage wieder durch einen Bilderteppich mit Off-Sprecher abgenommen. Bei diesem Aufbau gilt, dass der O-Ton innerhalb eines Beitrags nur etwa ein Drittel der Gesamtzeit des Nachrichtenbeitrags einnehmen sollte. Im Nachrichtenbeitrag also maximal 30 Sekunden.

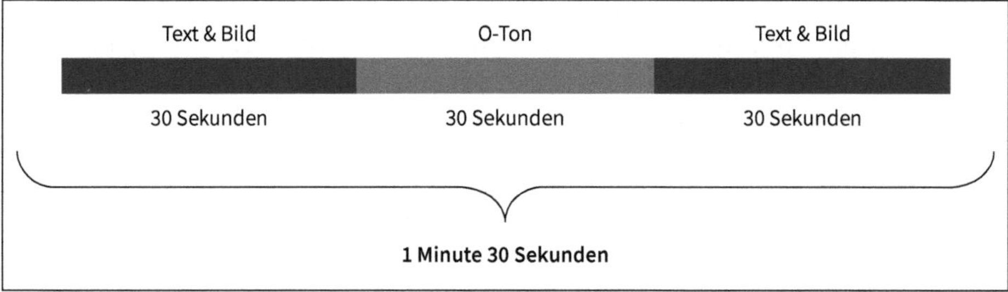

Quelle: Kathrin Adamski, Redefluss, Ulm

Abb. 7.1: Der kurze Nachrichtenbeitrag

Der lange Nachrichtenbeitrag

Der lange Nachrichtenbeitrag unterscheidet sich vom ursprünglichen kurzen Nachrichtenbeitrag »Einsdreißiger« zum einen durch die Länge, zum anderen durch die Anzahl der O-Töne. Der lange Nachrichtenbeitrag ist in der Regel ca. zwei bis drei Minuten lang. Der Aufbau besteht im Grundformat aus fünf Teilen, von denen mindestens zwei durch O-Töne abgedeckt werden. Diese stammen jedoch meist nicht vom selben Statementgeber. In der Regel versucht der Redakteur in einem Nachrichtenbeitrag Spannungen zu erzeugen und gegensätzliche Meinungen abzubilden, differenziert zu berichten und möglichst viele Seiten zu beleuchten und viele Beteiligte zu Wort kommen zu lassen. So kann bei einem Beitrag über die Werksschließung eines Unternehmens im ersten O-Ton der Vorstand zu Wort kommen und im zweiten O-Ton ein Gewerkschaftsvertreter oder betroffene Mitarbeiter. Es gilt aber auf jeden Fall: Der jeweilige O-Ton-Geber wird nur mit maximal 30 Sekunden im Beitrag eingebunden.

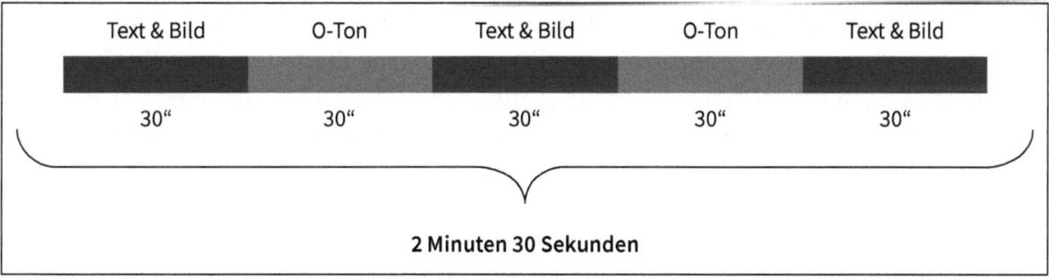

Quelle: Kathrin Adamski, Redefluss, Ulm

Abb. 7.2: Der lange Nachrichtenbeitrag

Es wird noch knapper – der Nachrichtendruck verändert die Beitragsproduktion

Wie bereits erwähnt, wandeln sich die klassischen Nachrichtenformate aufgrund der schnelleren Berichterstattung, der Informationsflut und dem Zeitdruck in den Nachrichtenredaktionen. Um mehr berichtenswerte und relevante Themen in einer Nachrichtensendung unterzubringen, wird häufig die Zeitspanne für die Darstellung eines Themas komprimiert. Wo früher noch ein langer Nachrichtenbeitrag mit zweieinhalb Minuten Platz fand, muss heute ein Thema oft in eineinhalb Minuten kommuniziert werden. Für

Redakteure eine Herausforderung. Denn um objektiv zu berichten und z. B. bei einem kontroversen Thema möglichst beide Seiten im Beitrag zu Wort kommen zu lassen, finden sich mittlerweile in den klassischen 1'30er-Beiträgen auch schon zwei O-Töne. Es gilt aber immer noch, dass die Länge eines O-Tons innerhalb eines Beitrags nur ein Drittel bis maximal die Hälfte der Gesamtlänge des Beitrags ausmachen sollte. Daher wird die Zeitspanne für die O-Töne eben auf zwei oder gar mehr Statementgeber verteilt. Das heißt aber, dass die O-Töne dann nur mit jeweils 15 bis 20 Sekunden integriert werden.

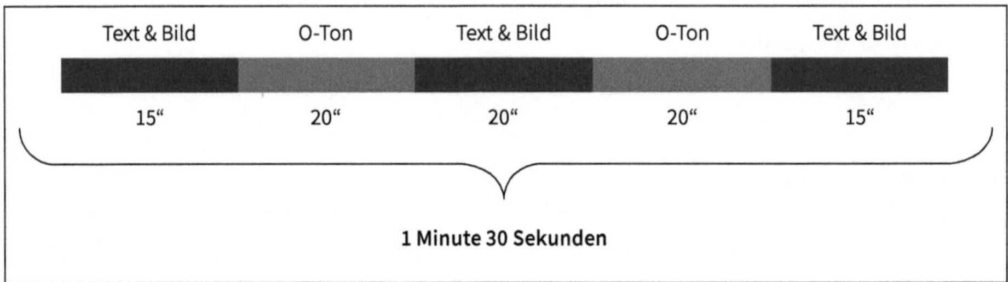

Quelle: Kathrin Adamski, Redefluss, Ulm

Abb. 7.3: Der moderne Nachrichtenbeitrag

Sonderform Interview

Eine Sonderrolle in Nachrichtensendungen nimmt das Interview ein. Je nach Magazinformat kann ein Experte oder Beteiligter auch im Interview für eine Nachricht eingebunden werden. Man unterscheidet auch hier – analog dem langen und dem kurzen Nachrichtenbeitrag – zwei grundsätzliche Längen. Das Interview im 1'30-Format und das Interview im 2'30-Format. In der Planung legen Redakteure sich für das 1'30er-Interview drei Fragen plus eine Sicherheitsfrage zurecht und für das 2'30er- Interview – auch gern als 5-Fragen-Interview bezeichnet – planen sie fünf Fragen und eine Zusatzfrage ein. Das bedeutet, auch hier rechnen die Medienmacher mit Antworten in der Länge von maximal 20 bis 30 Sekunden. Denn dann kann nach ca. 30 Sekunden durch die neue Frage des Moderators ein neuer Impuls gesetzt werden.

Redakteure bearbeiten O-Töne

Nun werden Sie sich fragen: »O.k. das habe ich verstanden, aber was hat das mit mir zu tun?«. Zunächst noch gar nicht so viel, denn es ist Redakteursarbeit, einen solchen Beitrag zu gestalten, ein Thema in der Kürze auf den Punkt zu bringen, die passenden O-Ton-Geber zu finden und den Beitrag formal richtig aufzubauen. Spannend wird es erst einen Schritt später, nämlich dann, wenn der Redakteur mit Ihrer Aussage »im Kasten« – wie man so schön sagt – zur weiteren Bearbeitung in die sogenannte Postproduktion geht. Hier werden O-Töne, Bilder und Text zusammengefügt.

Unerfahrene O-Ton-Geber gehen oft nach der Strategie vor: »Ich erzähle einfach mal ein paar Minuten etwas zum Thema und dann soll sich der Redakteur die passenden 30 Sekunden raussuchen«. Hier ist Vorsicht geboten: Einem Medienmacher zu viel Material anzubieten, kann gefährlich sein. Denn es gibt unter den Journalisten auch »unerfahrene«,

»gehetzte«, »faule«, oder »voreingenommene« Redakteure. Die Gehetzten werden aus Zeitmangel, die Faulen aus Desinteresse, die Unerfahrenen aus Unsicherheit den O-Ton von vorne in den Beitrag integrieren und nach ca. 20 bis 30 Sekunden einfach abschneiden. Wenn der O-Ton-Geber wichtige Informationen erst ab Sekunde 40 erzählt hat, fallen diese gegebenenfalls der Kürzung zum Opfer. Der »voreingenommene« Redakteur hingegen hört sich den O-Ton in voller Länge an und überlegt ganz genau, welche Passage er am besten verwendet, um SEINE Geschichte zu erzählen, die er oft schon im Kopf hat. Er wird sich genau überlegen, wo er den O-Ton beginnen und enden lässt, wenn ihm mehr als das übliche O-Ton-Material von 20 bis 30 Sekunden zur Verfügung steht. Und das muss nicht unbedingt diejenige Passage sein, die Sie als Statementgeber gerne von sich sehen und hören möchten. Besonders in Krisensituationen kann es dann passieren, dass genau die 30 Sekunden aus dem gesamten O-Ton-Material verwendet werden, die den Statementgeber in ein ungünstiges Licht setzen oder die im Zusammenhang ein nicht optimales Bild ergeben.

Auf die Auswahl kommt es an

Ein Beispiel zeigt, was aus einem ungeplanten, langen O-Ton entstehen kann.

BEISPIEL

Auf die Frage eines Journalisten: »Warum haben Sie sich für ein neues Lackierverfahren entschieden. Was steckt dahinter?«, antwortet der Technologievorstand eines Maschinenherstellers:

»Wir produzieren als Traditionsunternehmen jährlich rund 10.000 landwirtschaftliche Geräte, die man für die Bodenbearbeitung, die Aussaat oder den Pflanzenschutz braucht. Bis Mitte 2009 haben wir ein konventionelles Tauchlacksystem genutzt, bei dem die Geräte vollständig montiert getaucht wurden. Aber die Qualität des Lacks hat nicht mehr den hohen Qualitätsanforderungen entsprochen, die wir uns gestellt haben. Wir konnten bei den Geräten keinen langfristigen Korrosionsschutz mehr garantieren. Zudem war das Verfahren sehr umweltschädlich, denn der Verbrauch an Lösungsmitteln, Wasser und Energie war enorm hoch. Das entspricht nicht mehr den aktuellen Umweltschutzanforderungen.

Daher haben wir einen sogenannten PIUS-Check durchgeführt, der vor allem auf abwasser- und lösungsmittelarme Lackierverfahren abzielte und haben daraus eine neue Lackieranlage geplant. Mit der neuen Anlage stellen wir den Prozess von einer Geräte- auf eine Einzelkomponenten-Lackierung um. Das heißt, die Endmontage findet erst nach der Beschichtung statt. Kernstück der neuen Anlage ist eine kathodische Tauchlackierung, die mit einem Zweikomponenten-Lack auf Acrylatbasis arbeitet. Im Gegensatz zu herkömmlichen Schichtlacken ist dieser auch farbgebend. Damit sparen wir einen kompletten Verfahrensschritt und reduzieren den Lösemittelanteil...«

Was kann mit einem solchen O-Ton in der Bearbeitung passieren? Der »voreingenommene« Redakteur könnte nur die Passage des O-Tons verwenden, in der es um das alte Lackierverfahren geht. Er hat sich vorgenommen, in seinem Beitrag herauszuarbeiten, dass Hersteller immer noch zu wenig auf Qualität und Umweltschutz achten.

»Bis Mitte 2009 haben wir ein konventionelles Tauchlacksystem genutzt, bei dem die Geräte vollständig montiert getaucht wurden. Aber die Qualität des Lacks hat nicht mehr den hohen Qualitätsanforderungen entsprochen, die wir uns gestellt haben. Wir konnten bei den Geräten keinen langfristigen Korrosionsschutz mehr garantieren. Zudem war das Verfahren sehr umweltschädlich, denn der Verbrauch an Lösungsmitteln, Wasser und Energie war enorm hoch.«
Mit der Auswahl dieser O-Ton Passage zaubert der Redakteur dem Zuschauer bewusst negative Bilder von Umweltzerstörung und verrosteten Geräten in den Kopf. Das Unternehmen wirkt wie ein Umweltsünder.

Die Kontrolle behalten

Um also die Kontrolle über die eigenen Botschaften zu behalten, sollten sich Statementgeber an die Aussagenlänge von max. 20 bis 30 Sekunden halten und sich im Vorhinein Gedanken machen, welche Botschaften die wichtigsten sind und welche Bilder beim Zuschauer hängenbleiben sollen. Dann besteht zumindest eine reelle Chance, dass das Statement, wenn es dann auch noch schlüssig gestaltet und formuliert ist, in der Originallänge und ohne irreführende Kürzungen in einer Sequenz gesendet wird.

TIPP

Kürze vor Vollständigkeit

Wenn Sie ein komplexes Thema kommunizieren wollen, setzen Sie Ihre Priorität bei der Vorbereitung auf die Einhaltung der maximalen Länge von 20 bis 30 Sekunden und verzichten Sie ggf. lieber darauf, alle Aspekte des Themas in Ihr Statement zu packen. Überlegen Sie lieber sehr genau, welche drei Aspekte am wichtigsten sind und unbedingt beim Zuschauer hängen bleiben sollen.

Ein gelungener O-Ton, der wenig Interpretationsspielraum seitens der Redakteure lässt und die wichtigsten Informationen für den Zuschauer zusammenfasst, könnte zum Beispiel folgendermaßen lauten.

BEISPIEL

Gelungener O-Ton

Wir von Firma XY haben ein neues, umweltschonendes Lackierverfahren entwickelt. Wir lackieren nicht mehr komplette Geräte, sondern nur noch Einzelkomponenten und montieren sie erst nach der Lackierung. Dabei wird ein Zweikomponentenlack eingesetzt, der gleichzeitig auch farbgebend ist. Durch das neue Lackier-Verfahren sparen wir einen kompletten Verfahrensschritt, reduzieren den Lösemittelanteil im gesamten Lackierprozess um XY Prozent und schonen die Umwelt. Für uns ist das neue Verfahren eine lohnenswerte Investition in die Zukunft.

Hier finden sich alle wichtigen Informationen, die der Zuschauer in 20 bis maximal 30 Sekunden aufnehmen und verarbeiten kann wie z. B. Name des Unternehmens, technologische Neuheit sowie eine klare Darstellung der Vorteile für Firma und Umwelt. Selbst wenn der Redakteur diesen O-Ton kürzen müsste, hätte er diverse Möglichkeiten, die jeweils eine brauchbare Aussage mit verwertbaren Informationen ergeben können.

Doch was sich hier so einfach liest, braucht eine gute Vorbereitung und eine klare Botschaften-Strategie. Denn auch für die Darstellung komplexer Sachverhalte stehen Ihnen in den meisten Formaten nur maximal 30 Sekunden zu Verfügung. Also am besten, Sie üben täglich, die Welt oder zumindest Ihre Welt in 30 Sekunden zu erklären. Mit welchem Hilfsmittel Sie dabei arbeiten können, erfahren Sie im *Kapitel 21 – Auf den Punkt.*

Aufgezappt
Klartext auf Schwäbisch

In der Kürze liegt medial die Würze, und mit einer ordentlichen Portion Klarheit kann man auch komplexe Inhalte mundgerecht servieren. Auf ganz eigene Weise demonstriert das der ehemalige Bundesfinanzminister und aktuelle Präsident des Deutschen Bundestags Wolfgang Schäuble.

Ein Mann, der für Hartnäckigkeit, Durchhaltevermögen und vor allem deutliche Worte steht – auch, wenn die in englischer Sprache nicht ganz so treffsicher sind wie in seiner Muttersprache. Und mancher mag sich fragen, was Wolfgang Schäuble mit dem ein oder anderen englischen Satz wohl hatte sagen wollen. Sein eigenwillig formuliertes Ultimatum *»28. 24 Uhr isch over!«* (auf Deutsch: »Am 28. um 24 Uhr läuft das Ultimatum ab!«) in der Griechenlandkrise hat ihn nicht gerade mit Kompetenz-Lorbeeren geschmückt.

Auch das deutsche Zitat »Es wird nichts so heiß gegessen, wie es gekocht wird« erntet auf dem Weltwirtschaftsforum in Davos Anfang 2017 mit seiner Übersetzung *»you never eat as hot as it is cooked«* viele peinlich berührte Schmunzler.

Doch trotz mäßigem Englisch: Wolfgang Schäuble wird verstanden, seine Kompetenz steht in Europa außer Frage. Sein Wort hat Gewicht. Warum? Weil er Klartext redet. Zumindest in Deutsch: Keine Schnörkel in der Wortwahl, keine Schleifchen im Satzbau, kein Weichspülen von Formulierungen.

Als dienstältestes Mitglied der Regierung scheint er sich keinen Kopf darüber zu machen, was andere von ihm denken, wenn er sagt, was er denkt. Hier ein paar Beispiele:

»Wenn Frau Le Pen Ministerpräsidentin von Frankreich würde und wenn Sie das macht, was sie ankündigt, dann wäre die europäische Union in einer existentiellen Krise.«

»Der Brexit wird wahrscheinlich ein bisschen länger dauern, die Briten werden schon noch sehen, was sie da entschieden haben.«

»In Griechenland ist das Problem, dass sich Griechenland einen höheren Lebensstandard leistet als Griechenland erwirtschaftet.« (alles aus der Sendung »Maischberger«, 8.2.2017)

Die Welt in einem Satz erklären, das ist es, was Wolfgang Schäuble besonders gut kann und gerne macht. Und weil wir Zuschauer jeden Satz so einfach verstehen, fühlen wir uns auf Augenhöhe mit einem »Experten«, der die Geschicke der Weltpolitik lenkt. Er macht uns Zuschauer groß, er macht uns kompetent, weil wir glauben zu verstehen, wie Weltpolitik funktioniert.

> Denn das Geheimnis der Klarheit lautet: Machst Du es klar, dann wird es einfach. Ist es einfach, wirst Du verstanden. Wirst Du verstanden, dann bleibst Du im Kopf. Es wird merk-würdig, im besten Sinne von »zu merken würdig«.

8 So werden Sie verstanden

In diesem Kapitel erfahren Sie, wie Ihre Worte schnell ins Ohr gehen.

Durch die deutlich sichtbare rote Kontrollscheibe im Sichtfenster der Parkuhr war ersichtlich, dass der Einwurf der Münze in den für den Münzeinwurf bestimmten Münzeinwurf der Münzparkautomatik im Sinne des § 13, Absatz 1 der Straßenverkehrsordnung nicht erfolgt war. Eine Verwarnung des unbekannten Verkehrsteilnehmers braucht nicht zu erfolgen, da er im Begriff war, sich dieses Fahrzeug irrtümlich anzueignen.

Loriot, Dramatische Werke – »Parkgebühren«

Wie – Sie mussten diesen Text zweimal lesen, um nicht nur Bahnhof zu verstehen? Kein Wunder, denn Loriot nimmt auf die Schippe, was leider in der deutschen Bürokratie immer noch an der Tagesordnung ist: eine technokratische, aufgeblähte, unverständliche Sprache.

Ein Sprachstil, der es weit gebracht hat. Er ist der Aktenwelt, der Bürokratie entstiegen und hat schon vor Jahrzehnten Eingang in die gesprochene Sprache gefunden. Und auch heute noch glauben viele Manager, dass sie besonders kompetent wirken, wenn sie einfache Dinge möglichst kompliziert ausdrücken. Wenn sie in ihrem Vortrag komplexe Sätze bilden, viele Fachwörter unterbringen und aufgeblähte Phrasen untermixen. Wenn sie die Verben ins Passiv oder gleich ins Substantiv bringen. Oder wenn auch die dritte Stelle hinter dem Komma noch referiert wird, als sei man Vorleser beim Statistischen Bundesamt. Mehr zum Thema Fach- und Fremdworte lesen Sie übrigens im *Kapitel 9 – Androphobien und Zyklotrone*.

Einziges Ergebnis ist, dass die Zuhörer mit dieser Rhetorik überfordert sind. Statt Informationen in leicht verdaulichen Happen zu servieren, kauen sie Gedanken wie ein zähes Stück Fleisch vor. Schrecklich anstrengend für die Zuhörer. Manche können, andere wollen nicht mehr folgen. Wieder andere sind verwirrt, weil sie die schweren Informationsbrocken geistig nicht mehr schlucken können.

Unser Gehirn mag leichte Kost

Was also ist zu tun? Zunächst einmal braucht es die Erkenntnis, dass unser menschliches Gehirn zwar nur zwei Prozent unseres Körpergewichts ausmacht. Bei vollem »Betrieb«, also Denkeinsatz, verbraucht es aber bis zu 20 Prozent unserer Körperenergie. Hinzu kommt, dass nach neuesten Erkenntnissen der Hirnforschung anstrengende Botschaften das Schmerzzentrum im Gehirn aktivieren. Und das versuchen wir Menschen – wo immer es geht – zu vermeiden: Weder soll das Schmerzzentrum anspringen, noch wollen wir zu viel Energie beim Zuhören verschwenden. Denn wir sind evolutionstechnisch auf Energiesparen programmiert. Und wenn unser Gehirn beim Zuhören zu viel Energie verbraucht, schaltet es leicht in den Stand-by-Modus.

Wenn wir Informationen leicht verständlich aufbereiten, dann ist der Weg vom Ohr zum Gehirn ein leichter. Die Informationen werden mit bereits vorhandenem Wissen und Erfahrungen verknüpft, in unser persönliches Wertesystem eingeordnet und dann an einer geeigneten Stelle in unserem Gehirn abgelegt. Ein komplexer Vorgang, der in wenigen Millisekunden abläuft. Allein die hier vereinfacht dargestellten Arbeitsschritte zeigen, welche Leistung unser Gehirn in kürzester Zeit bringen muss, um Dinge zu »verstehen«.

Mach mal Pause

Obwohl diese Verarbeitungszeit sehr kurz ist, reicht sie, um einen inhaltlichen Abstand zwischen Sender und Empfänger einer Nachricht zu erzeugen. Das heißt, der Sender ist dem Empfänger mit der Information immer einen Tick voraus. In der Regel ist dieser Informationsabstand kein Problem. Denn in einem »normalen« Gespräch entstehen natürliche »Verschnaufpausen«, z. B. wenn ein Gedanke zu Ende ist und der Gesprächspartner seinen neuen Gedanken vorbereitet. In dieser »Denk- und Sprechpause« kann der Empfänger die Information verarbeiten und den Sender wieder »einholen«. Schwierig wird es, wenn der Sender keine Sprech- oder Denkpausen setzt und in einem Fluss redet – ohne Punkt und damit eben auch ohne Pause.

Und wenn der Redefluss dazu noch schwer verdauliche Zutaten enthält wie z. B. Fremdworte oder zu viele Zahlen, geht der Gedanke beim Empfänger im wahrsten Sinne des Wortes unter. Denn jeder Stolperstein, den wir geistig aus dem Weg räumen müssen, kostet Zeit und Kraft. Zeit, die den Informationsabstand zwischen Sender und Empfänger immer größer werden lässt. Wird der Abstand durch die Anzahl der Verarbeitungshindernisse zu groß, kann der Hörende dem Sprechenden nicht mehr folgen und schaltet ab.

Hörverständliches Sprechen: Wie geht das?

Hörverständliches Sprechen sorgt dafür, dass der Empfänger dem Sender entspannt und in gleichem Tempo folgen kann. Hörverständliches Sprechen meint: Mündliche Kommunikation, Sprechen wie im Alltag, nicht »reden, wie gedruckt«. Gute Statementgeber und Interviewpartner zeichnen sich dadurch aus, dass sie Dinge einfach ausdrücken können. Eine einfache Sprache hilft, Dinge besser zu hören, zu verarbeiten und zu verstehen.

In der Kürze liegt die Würze

Unser Kurzzeitgedächtnis hat beim Zuhören eine Speicherkapazität von 7 bis maximal 14 Wörtern, weiß der Linguist und Medienwissenschaftler Erich Straßner. Das bedeutet, dass Schachtelsätze das Verstehen erschweren oder sogar verhindern. Mündliche Sprache besteht vornehmlich aus kurzen Sinneinheiten von selten mehr als 6 Wörtern. Das heißt: Im Hauptsatz findet das Geschehen statt. Und nicht in einer Vielzahl von Nebensätzen und Einschüben. Und am liebsten sprechen wir in gereihten Hauptsätzen.

BEISPIELE

Wenig hörverständliche Formulierung

Danke, dass Du auch diese Woche dazu beigetragen hast, dass unsere Abteilung gut arbeiten konnte, ihre Ziele erreicht hat und die Kunden – mit wenigen Ausnahmen – uns ein gutes Feedback im Sinne unserer Zielvereinbarungen gegeben haben.

Hörverständliche Formulierung

Unsere Abteilung konnte in dieser Woche gut arbeiten. Wir haben unsere Ziele erreicht. Dazu hast Du ganz wesentlich beigetragen. Vielen Dank dafür! Auch unsere Kunden sind zufrieden: Sie haben uns fast durchgängig ein gutes Feedback gegeben.

Blas Dich nicht auf

Imponiervokabeln sind Wörter, die künstlich komplexer gemacht werden, ohne deshalb tatsächlich mehr Inhalt zu bekommen. Diese aufgeblähten Wörter haben oft unnötig viele Silben. Je mehr Silben allerdings ein Wort hat, umso mehr Leistung muss unser Gehirn darauf verwenden, es zu transportieren. Klassische Imponiervokabeln sind z. B. Fragestellung statt Frage, Thematik statt Thema, Zielsetzung statt Ziel. Und wer es auf die Spitze treiben will, bei dem wird der einfache Kreis zur Kurvatur der Linie.

ÜBUNG

Imponiervokabel-Terminator

Finden Sie zu folgenden Imponiervokabeln das einfache Wort:

1. Vorrangige Erfordernisse
2. Ergiebige Niederschläge
3. Sitzgelegenheiten
4. Befindlichkeitslage
5. Witterungsbedingungen
6. Postwertzeichen
7. Lichtzeichenanlage
8. Gegenrichtungsfahrbahnbenutzer.

Lösungsvorschläge finden Sie auf Seite 257.

Silbenbandwürmer

Eine besondere Spezies der Imponiervokabeln sind auch die sogenannten Silbenbandwürmer. Sie werden oft in Vorstandsbereichen gezüchtet und von Unternehmensstrategen großgezogen. Silbenbandwürmer entstehen, wenn Menschen meinen, dass sie weniger Kommunikationszeit verbrauchen, wenn Sie mehrere Wörter zu einem Mehr-Wort-Wort zusammensetzen. Für unser Gehirn sind solche zusammengesetzten Viel-Silben-Wörter nur schwer zu verstehen, denn im Gehirn müssen die kunstvoll – oder besser gesagt: künstlich – zusammengebastelten Wörter erst wieder in ihre Einzelteile zerlegt werden, um sie zu verstehen. Also besser, Sie vermeiden gleich von Anfang an komplexe Wortungetüme und verwenden zur Erklärung einfach mehrere, mundgerechte Worte.

ÜBUNG

Silbenkiller

Zerlegen Sie folgende Silbenbandwürmer in einfache Wort-Bestandteile:

1. geschäftsbereichsübergreifend
2. Kostenreduktionsprogramm
3. Energieeffizienzsteigerung
4. Kundenzufriedenheitsanalyse
5. Emissionsreduktionspotenzial.

Lösungsvorschläge finden Sie auf Seite 257.

Wenn nichts haften bleibt: Die Teflon-Kommunikation

Zu den aufgeblasenen Wörtern gehören auch die sogenannten Plastikwörter. Plastikwörter sorgen dafür, dass in einem Satz etwas gesagt wird, ohne dass etwas gesagt wird.

BEISPIELE

»Unser Unternehmen hat in den letzten Jahren in vielen *Prozessschritten überdurchschnittlich* viel *Optimierungspotenzial* freigesetzt.«

Was sagt uns dieser Satz? Vielleicht das:

»Wir haben in den letzten Jahren Stück für Stück fünf Abteilungen zusammengelegt und konnten damit nicht nur XY € einsparen, sondern die Mitarbeiter auch noch entlasten.«

Oder doch das?

»Wir haben in den letzten beiden Jahren in vielen Workshops mit unseren Mitarbeitern Schwachstellen in der Produktion herausgearbeitet und können jetzt mehr als doppelt so hohe Stückzahlen produzieren wie noch vor zwei Jahren.«

Plastikwörter sind unkonkret. Sie brauchen immer eine Erläuterung, wie der Hörer sie verstehen und einordnen soll. Ohne Kontext sind sie unverständlich und erzeugen kein Bild, keine Vorstellung im Kopf des Zuschauers. Aussagen mit Plastikwörtern prallen am Zuhörer ab. Es entsteht eine Teflon-Kommunikation. Überlegen Sie daher immer genau, was ein Plastikwort aussagen soll und ob es nicht konkrete Formulierungen gibt, die den Sachverhalt genauer beschreiben.

Denglisch

Auch Anglizismen gehören zu Hindernissen in der Informationsverarbeitung. Sicher, manches Wort ist schon so gebräuchlich, dass es schwerfällt, einen deutschen Begriff dafür zu finden. Wenn sich im Interview eines deutschen Managers allerdings nur noch denglische Begriffe wiederfinden, die ein deutsches Gehirn nach wie vor in seine Muttersprache übersetzen muss, geht Inhalt verloren.

BEISPIEL

»Als der CEO im Management-Meeting von dem Merger erzählte, gingen die Manager zwei Tage lang in Klausur, um über das Rollout der neuen Corporate Strategy zu brainstormen.«

Warum nicht so?

»Als der Vorstandsvorsitzende bei einem Führungskräfte-Treffen von der Fusion (dem Zusammenschluss) erzählte, zogen sich die Führungskräfte zwei Tage zurück, um gemeinsam über die Einführung der neuen Unternehmensstrategie nachzudenken.«

Wiederholung erzeugt Verstärkung

Die mündliche Sprache lebt von der Wiederholung. Wiederholung erzeugt Verstärkung und sorgt dafür, dass Informationen einfacher verarbeitet werden. Dabei dürfen wichtige Begriffe innerhalb eines Statements durchaus öfter verwendet werden. Wichtig ist dabei nur, immer mit dem gleichen zentralen Begriff zu arbeiten und nicht zu variieren.

BEISPIELE

»Peter H. hat das Urteil mit versteinerter Miene entgegengenommen. Bisher hat der mutmaßliche Attentäter kein Geständnis abgelegt. Der verschlossene junge Mann scheint sich noch nicht einmal im Gerichtssaal seiner Schuld bewusst zu sein. Und auch die Richter sind von der Reaktion des zweifachen Vaters überrascht. Der Angeklagte hat im Prozess eisern geschwiegen.«

Beim obigen Text bleibt nicht viel beim Zuhörer hängen. Anders bei dieser Variante: »Peter H. hat das Urteil mit versteinerter Miene entgegengenommen. Bisher hat er kein Geständnis abgelegt und scheint sich noch nicht einmal im Gerichtssaal seiner Schuld bewusst zu sein. Und auch die Richter sind von der Reaktion des Angeklagten Peter H. überrascht. Im Prozess hat Peter H. eisern geschwiegen.«

Lassen Sie die Muskeln spielen!

Umsetzung, Forderungen, Vereinbarungen, Mutmaßungen, Personalabbau, Instandsetzungen, Inanspruchnahme: Besonders in geschriebenen Statements und Vorträgen wimmelt es von Substantiven, die das eigentliche Verb ersetzen. Diese Substantive machen den Text sperrig und irgendwie statisch.

In einen geschriebenen Text kann unser Gehirn solche sperrigen Substantivierungen leichter verarbeiten, indem wir den Absatz oder das Wort erneut lesen. In einem Live-Interview oder einem Fernseh- oder Radiobeitrag kann der Zuschauer oder Zuhörer nicht noch einmal »zurückspulen«. Er versucht zu folgen, auch wenn er noch an dem sperrigen Substantiv »kaut«. Der Sprecher wiederum wirkt bei solchen Formulierungen seltsam passiv. Jedenfalls wird er niemanden von den Stühlen reißen, weil in seinen Sätzen zu wenig passiert.

BEISPIELE

»Die Schaffung neuer Arbeitsplätze für die Jugend, die Sicherstellung der Rente und die Reduktion der Umweltbelastungen sind zentrale Herausforderungen für unsere Politik.«

Dies ist träge und passiv. Besser dynamisch und aktiv:

»Wir als Politiker müssen uns um neue Arbeitsplätze für junge Menschen kümmern, dafür sorgen, dass die Renten sicher sind und uns dafür einsetzen, dass die Umwelt weniger belastet wird.«

Also: Weg mit den ewigen Substantiven! Gesprochene Sprache nutzt Verben, um sich auszudrücken. »Das Verb ist der Muskel des Satzes«, wusste schon der deutsche Sprachpapst Wolf Schneider. Ein Muskel, der die Sprache lebendig, beweglich und attraktiv macht. Lassen Sie Ihre Muskeln spielen. Aktivieren Sie Ihre Sprache und die Zuhörer durch knackige, starke Verben.

Setzen Sie Dinge um. Fordern Sie mehr Geld. Vereinbaren Sie die nächsten Schritte. So werden Sie zum Mensch der Tat, Ihre Zuhörer werden es Ihnen mit erhöhter Aufmerksamkeit danken.

Fachchinesisch: der Aufmerksamkeitsmörder

Fachchinesisch meint Fach- und Fremdwörter, die zwar in einer bestimmten Zielgruppe bekannt sind und dort einfach und ohne Probleme verarbeitet und verstanden werden können. Hat man allerdings eine inhomogene, breite, unbekannte Gruppe von Zuhörern vor sich, sollte man solches Fachchinesisch vermeiden. Es könnte zum Hindernis werden. Und wenn man sich ehrlich hinterfragt, dann geht es oft auch ohne Fremdwort. Statt »Sie haben eine prolongierte Mutation«, könnte ein Arzt auch einfach sagen: »Ihr Stimmbruch ist noch nicht abgeschlossen«. Und wenn der Wetterexperte sagt: »Die meteorologischen Umwelteinflüsse sind in der öffentlichen Diskussion unter der Bevölkerung ein generelles Thema.« Dann meint er einfach damit: »Alle reden vom Wetter.«

Wenn der Zuschauer oder Zuhörer innerhalb eines Mediendialogs mit einem schwer verdaulichen Fremdwort konfrontiert wird, versucht er automatisch, ein solches Fremdwort für sich zu übersetzen, es abzuleiten oder gedanklich in Einzelteile zu zerlegen. Während dieses komplexen Verarbeitungsprozesses geht Aufmerksamkeit für den weiteren Verlauf des medialen Dialogs verloren. Das führt zu Verständnislücken oder gar dazu, dass ein Inhalt nicht mehr verstanden oder innerhalb eines Kontextes falsch eingeordnet wird. Mehr dazu lesen Sie auch speziell im *Kapitel 9 – Androphobien und Zyklotrone*.

Achten Sie also in der Kommunikation und besonders im Dialog mit Medienvertretern auf eine einfache, leicht verständliche Sprache. Sprechen Sie Klartext. Kurz: Sorgen Sie dafür, dass Ihre Worte haften bleiben.

Checkliste

So werden Sie verstanden	
☐	In der Kürze liegt die Würze – bilden Sie einfache, kurze Sätze.
☐	Wichtiges kommt in Hauptsätze, nicht in »dass…«-Sätze.
☐	Nutzen Sie Verben als »Muskel des Satzes«. Vermeiden Sie Nominalstil (»Abschaffung«, »Eintragung«, »Durchführung«).
☐	Entscheiden Sie sich für wenige, klare, verständliche Kernbotschaften.
☐	Weiße Schimmel & Co. – Seien Sie vorsichtig mit sinnlosen, überflüssigen oder nichtssagenden Adjektiven und Adverbien.
☐	Da werden Sie geholfen – texten Sie aktiv, vermeiden Sie Passivkonstruktionen.
☐	Eine enge Beziehung – lassen Sie Hilfsverb und Partizip zusammen.
☐	Wiederholung erzeugt Verstärkung – suchen Sie nicht zwanghaft nach Synonymen.
☐	Denken Sie an Beispiele und Vergleiche, um Ihre Kernbotschaften zu veranschaulichen.
☐	Benutzen Sie Ohrenöffner: das heißt, will sagen, konkret bedeutet das…
☐	Ich- oder Wir-Botschaften nutzen, um die Inhalte zu untermauern.
☐	Erkennbare Struktur, z. B. Erstens …, Zweitens …, Drittens …
☐	Strukturierende Fragen einbauen: »Was ist das Ziel?«, »Mit welchen Folgen für die Bürger?«
☐	Vermeiden Sie Fachbegriffe und Fremdwörter. Bitte kein Denglisch.
☐	Setzen Sie wenige, leicht verständliche Zahlen gezielt ein. Bitte keine Rechenaufgaben für das Publikum.
☐	Laber, laber, bla, bla – vermeiden Sie Floskeln, Phrasen und Imponiervokabeln.
☐	Vermeiden Sie Abkürzungen.
☐	Nutzen Sie die Energie von Zäsuren und kurzen Sprechpausen.

© Kathrin Adamski/Katrin Prüfig/Stefan Klager

CHECKLISTE ONLINE

Diese Checkliste finden Sie auch im Online-Bereich. Folgen Sie einfach dem QR-Code am Anfang dieses Buches.

Aufgezappt
Freud'scher Verschreiber

Ich formuliere etwas, was ich denke, aber eigentlich nicht hätte sagen sollen – das wird gerne als Freud'scher Versprecher bezeichnet. Da bricht sich etwas aus den Tiefen des Empfindens Bahn und sprudelt heraus, bevor mir klar wird, dass es wenig diplomatisch war oder nicht politisch korrekt ist. Meist geschieht dies im Affekt. Und gerade deswegen ist die Reaktion der anderen oft: Interessant, so denkt der also wirklich, aber... Schwamm drüber.

Was aber, wenn einer Bundesbehörde ein solcher Fauxpas passiert und hier sogar schriftlich fixiert ist?

Nehmen wir zum Beispiel die Minijob-Zentrale. In einem offiziellen Standard-Schreiben heißt es: »Sofern Sie keine geringfügigen Arbeitnehmer mehr beschäftigen, teilen Sie uns dies bitte mit.« Ich lese zweimal, dreimal – und traue meinen Augen nicht. Steht da wirklich etwas von »geringfügigen Arbeitnehmern«?

Ein Adjektiv beschreibt – so lernt man es hoffentlich auch heute noch in der Schule – das nachfolgende Bezugswort näher. Die Beschäftigung des Arbeitnehmers ist geringfügig, aber doch nicht der Arbeitnehmer selbst. Ich unterstelle, dass dies auch gemeint ist, aber warum wird es dann nicht so geschrieben? Ein Freud'scher Verschreiber? Hält die Bundesbehörde die Minijobber für geringfügiges Klientel?

Wohl kaum, aber dann bitte auch nicht so formulieren. Und schon gar nicht in einem offiziellen, standardisierten Schreiben, das vermutlich täglich in hoher Auflage verschickt wird. Selbst wenn diese Formulierung intern im Gebrauch ist: In der Kommunikation nach außen hat sie nichts zu suchen.

9 Androphobie und Zyklotrone

In diesem Kapitel erfahren Sie, warum Fremdworte zu Stolperfallen werden.

Experten aller Länder – vereinigt Euch! Tauscht Euch aus über Androphobien und Assekuranzen, über Hylismus und Infantilitäten, über Zyklotrone und Zytotoxine! Haut Euch kompetitiv und interdisziplinär und auch obligatorisch alles um die Ohren, was das Wörterbuch Eurer jeweiligen Fachdisziplin hergibt. Hic et nunc! Oder von uns aus auch auf dem nächsten Fachkongress. Dann seid Ihr unter Euresgleichen. Und werdet hoffentlich verstanden.

Aber bitte tut uns allen einen Gefallen: Verschont damit die Leser, Hörer und Zuschauer. Denn Ihr mögt alle Koryphäen auf Eurem Gebiet sein (oder waren es Koniferen…?), nur leider versteht Euch da draußen fast niemand. Und das liegt wahrlich nicht daran, dass alle anderen doof sind. Es liegt daran, dass Ihr Euch nicht an die Spielregeln guter Kommunikation haltet.

Denn was passiert, wenn ein Leser in einem Artikel über ein Wort wie Hylismus stolpert? Höchstwahrscheinlich wird er

- sich fragen, was es bedeutet,
- eigene Deutungen versuchen,
- sich ärgern, dass es nicht verständlicher formuliert ist oder
- den Begriff nachschlagen.

Anstrengend, wenn eine Lektüre derart gebremst wird. Im Radio und Fernsehen geht das Publikum durch ähnliche Phasen. Manche werden sich zunächst fragen, ob sie sich verhört haben. Dann findet eine Art Abgleich mit dem eigenen Vokabular statt: Hü…, hm, könnte was mit Pferden sein…? Irgendwann wird es auch hier mühsam, man fragt sich, warum der Experte das nicht besser erklärt hat etc. Mitunter sind dann schon 30 Sekunden und mehr vergangen, in der die Aufmerksamkeit der Hörer und Zuschauer weg war.

Dann wieder den Anschluss zu finden, kann nicht nur mühsam sein – es wird nicht gelingen. Schon ist der Finger auf der Fernbedienung. Irgendwo findet sich sicher ein Programm, das nicht so anstrengend ist.

Bei manchen gehen die Gedanken selbst dann auf Wanderschaft, wenn das Fremdwort grundsätzlich bekannt ist. So berichten uns immer wieder Kunden, dass Sie das Wort Koryphäe zwar verstehen, jedoch immer wieder gedanklich mit der Konifere abgleichen. Und einmal bei der Konifere angekommen, lockt gedanklich der Garten, der Rasen muss auch mal wieder gemäht werden, ob die Rosen wohl noch blühen? Schwupps – und auch dieser Hörer oder Zuschauer ist verloren.

Häufig werden wir in Trainings gefragt: Ja, aber Worte wie Performance oder Portfolio oder fakultativ – die kann man doch wohl voraussetzen? Nein, kann man nicht. Fragen Sie mal fakultativ bei Passanten in der Fußgängerzone ab. Natürlich gibt es immer Menschen, die das aus dem Stand erklären können. Aber für viele ist und bleibt es ein Fremdwort, und das behindert die Kommunikation.

Was also tun? Wenn Sie als Experte in den Medien auftreten, sind Sie ein Wanderer zwischen den Welten. Und ein Übersetzer! Ein Wanderer, weil Ihre Zielgruppe in den Medien eine andere ist als auf einem Fachkongress. Ein Interview geben Sie nicht für die Kollegen oder die Konkurrenten. Das geben Sie, um mit Ihrer Meinung oder Ihrem Wissen ein breiteres Publikum zu erreichen, um für Ihr Thema zu werben – oder Ihre Position verständlich zu vermitteln. Warum in die Welt der Zytotoxine abtauchen – wenn Zellgift eine mindestens genauso eindrucksvolle Alternative ist?

Die Abbildung 9.1 macht deutlich, was mit der Aufmerksamkeit von Fernsehzuschauern passiert, wenn man als Interview-Gast ein wenig bekanntes Fremdwort verwendet.

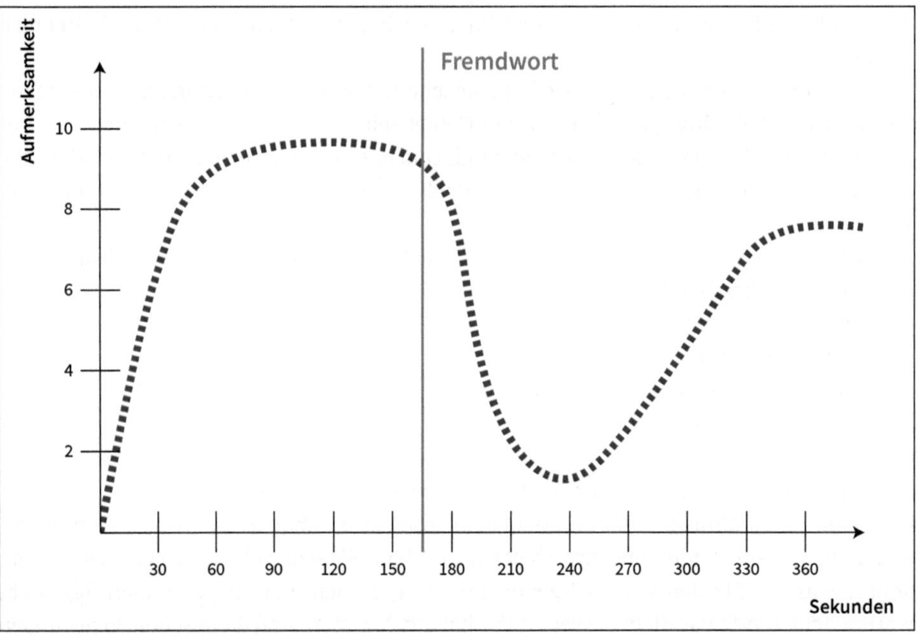

Quelle: Friedrichs, J./Schwinges, U., 2016

Abb. 9.1: Das Fremdwort als Aufmerksamkeitskiller

Sollte doch einmal ein Fachbegriff unumgänglich sein, empfehlen wir folgendes Vorgehen: Erst den Begriff so anschaulich wie möglich umschreiben, dann das Fachwort nachliefern.

BEISPIEL

Gerade jetzt im Sommer ist es kaum vorstellbar, dass manche Menschen eine starke, schon fast krankhafte Angst vor Wasser haben. Ein Besuch im Schwimmbad ist für diese Menschen der reinste Alptraum. In der Fachwelt nennen wir das Hydrophobie, und es gibt folgende Möglichkeiten, diese Angst beim Menschen zu behandeln…

TIPP

Fachbegriffe übersetzen

Veranschaulichen und übersetzen Sie eigene Fachbegriffe. Es könnte ein Mini-Wörterbuch entstehen für Ihren Bereich! Die Arbeit lohnt sich, weil Sie immer wieder darauf zurückgreifen können.

In vielen Branchen gehören auch »denglische« Begriffe zum Fachvokabular. Im *Kapitel 8 – So werden Sie verstanden* wurde bereits erläutert, dass auch Anglizismen zu den Hindernissen gehören, die das Verstehen erschweren. Manchmal ist etwas Disziplin erforderlich, um diese Anglizismen ins Deutsche zu übersetzen. Versuchen Sie folgende Übung!

ÜBUNG

Denglisch-Killer

Übersetzen Sie diesen Text aus dem Denglischen ins Deutsche:

»Der CEO hat betont, dass man asap nach einer Lösung sucht, um den Output zu erhöhen. In einem internen Meeting hat er die Salesmanager bereits gebrieft. Ziel ist es, die Target Groups mit neuen Features zu überzeugen. Der flächendeckende Rollout der Produkte soll noch dieses Jahr erfolgen. Wir von HR sehen in dieser Strategie ein critical topic.«

Lösungsvorschläge finden Sie auf Seite 257.

Aufgezappt
Unterwegs mit Denglisch und Co.

Viele Anglizismen schaffen Distanz, Verwirrung und nicht selten sogar medialen Spott.

Oh dear! So toll es ist, dass deutsche Konzerne international aufgestellt sind: Es hat so seine kommunikativen Risiken und Nebenwirkungen. Englisch wird in vielen Chefetagen als Beimischung zum Deutschen als cool empfunden, als Zeitgeist – und es dient in der Tat der schnellen, internen Abstimmung, wenn alle dieselben Vokabeln drauf haben. Völlig falsch ist dagegen die Annahme, auch ein Zeitungsleser, Radiohörer oder TV-Zuschauer habe diese Vokabeln drauf. Oder auch nur die Lust, sie zu lernen. Und dennoch wimmelt es in so manchem Interview vor Anglizismen. Wir hören Frank Rausch zu, dem Deutschland-Chef des Paketdienstes Hermes:

»Er hat mit Managerkollegen Coworking Spaces und Innovation Labs in Berlin besucht, um die (er sagt das alles so) Digital Natives kennenzulernen, ihre Open-Space-Büros, ihre Always-On-Mentalität ....Rausch möchte die Zustellung eines Pakets zum Event machen. Logistiker bräuchten einen Mind Change...«

Die ZEIT entlarvt den Branchensprech durch die Kommentare in Klammern und zeigt zu Recht das Alberne auf, das diesem Denglisch anhaftet. Unreflektiert und in dieser Dichte eingesetzt, schaffen die Anglizismen bei vielen Lesern Verwirrung und Distanz. Dieser Hermes-Manager, mögen die denken, ist offensichtlich in seinem eigenen Universum unterwegs und längst nicht mehr auf Augenhöhe mit DEM Verbraucher, dem seine Zusteller die Päckchen an die Haustür liefern. Was die sich wohl unter einem Event vorstellen?

Während die Handy-Hersteller noch die innovativen Features ihrer Geräte preisen, die sie gerade gelauncht haben, sind Features für Fernsehjournalisten und TV-Zuschauer längere Dokumentationen. Während Börsianer einen Fonds loben, der gut performt, hören manche schon gar nicht mehr hin. Warum kann sich dieser Fonds nicht gut entwickelt haben? Warum ist er nicht einfach im Wert gestiegen? Und das gebräuchliche Wort »Funktion« ist nicht schwieriger als der englische Begriff feature.

Denglisch, Anglizismen-Flut und überhaupt zu viele Fremdwörter: Es lohnt sich, sie zu übersetzen. Denn Radio und Fernsehen sind sehr flüchtige Medien. Auf Anhieb verstanden zu werden, sollte das Ziel sein. Die eigene Botschaft im Kopf des Publikums zu verankern. Dafür ist kein Mind Change notwendig, sondern ein Umdenken – auf Seiten des Sprechenden.

10 Achtung Aufnahme!

In diesem Kapitel erfahren Sie, warum man vor Kamera und Mikrofon anders agiert als im normalen Gespräch.

Als das rote Licht der Kamera aufleuchtete und der Redakteur mir das Mikro unter die Nase hielt, wusste ich plötzlich nicht einmal mehr, wie meine Frau heißt. Und an das, was ich auf die Frage des Journalisten geantwortet habe, kann ich mich auch nicht erinnern. Ich dachte die ganze Zeit nur, hoffentlich mache ich keinen Fehler und fragte mich, ob ich nicht zu viel lächle. Clemens K.

So schildert Clemens K. – ein gestandener Manager – sein »erstes Mal«. Das erste Mal vor Kamera und Mikrofon, das erste Mal ein Auftritt in den Medien. Mit so etwas hatte er nicht gerechnet. Schon gar nicht, weil das Thema des Interviews zu seinen Lieblingsthemen gehört, in denen er sich bis ins Detail auskennt. Schon oft hat er Vorträge darüber gehalten, vor Mitarbeitern präsentiert oder an Diskussionsrunden teilgenommen. Was ist plötzlich passiert?

Der sogenannte Reziproke Effekt der Medienkommunikation hat bei Clemens K. zugeschlagen. Die meisten Manager, Führungskräfte oder auch Pressesprecher haben in ihrer Karriere schon oft vor großen Gruppen gesprochen, die versammelte Belegschaft informiert oder als Experte Vorträge vor großem Publikum gehalten und empfinden das als selbstverständlich. Sich in Face-to-Face-Situationen kommunikativ auszutoben, gehört zum Job. Doch wenn das Rotlicht der Kamera leuchtet, ist der Großteil von ihnen deutlich nervöser, das Lampenfieber größer als normal. Viele vergessen, was sie eigentlich sagen wollten, beginnen zu verkrampfen, agieren plötzlich künstlich und machen sich um sich selbst mehr Gedanken als um ihre Botschaft. Dieser Effekt gehört in der Medienkommunikation zu den sogenannten Reziproken Effekten.

Reziproke Effekte sind Effekte, die – wie der Name schon sagt – etwas umkehren. So sorgen Reziproke Effekte in der Medienkommunikation dafür, dass Medienwirkungen nicht – wie üblich – bei den sogenannten Rezipienten, also den Empfängern auftreten, sondern bei den Akteuren der Berichterstattung. Der Kommunikationswissenschaftler Hans Mathias Kepplinger beschreibt das so: »Der Begriff Reziproke Effekte bezeichnet den Einfluss der Medien auf diejenigen, über die sie berichten.« So kann es sein, dass die Protagonisten einer Berichterstattung infolge eines Medienauftritts anders agieren, als es ohne Medienkontakt der Fall gewesen wäre. Und auch im Medienkontakt selbst sorgen Reziproke Effekte dafür, dass Menschen anders agieren und reagieren, als sie das in einer medienfreien Situation tun würden. Ganz praktisch heißt das: Selbst kommunikationsstarke Persönlichkeiten können durch die Anwesenheit von Medien und speziell von Medientechnik wie z. B. Kamera, Mikrofon, zusätzliches Licht usw. ins Wanken geraten oder Verhaltensweisen zeigen, die man aus dem normalen Umgang mit ihnen nicht kennt.

Anerkennung und Bewertung

Der Mechanismus hinter diesem Effekt basiert auf einem menschlichen Grundbedürfnis: dem Bedürfnis nach Liebe und Anerkennung. Das klingt zunächst sehr esoterisch und leicht abgehoben, aber man kann es auch anders ausdrücken: Jeder Mensch ist danach bestrebt, von möglichst vielen anderen Menschen als – sehr allgemein gesprochen – »gut« bewertet zu werden. In einer Face-To-Face-Situation ist diese Menge an Menschen, die über einen urteilen, einen bewerten, überschaubar und lässt sich verstandesgemäß kontrollieren. Selbst eine Menschenmenge von mehreren tausend Leuten auf einem Platz oder in einer Halle ist für unseren Verstand eine begrenzte Menge an Menschen. Es sind dann gefühlt »ganz schön viele«, aber eben nur auf DEM Platz oder in DEM Saal.

Anders ist das in einer Mediensituation. Das bloße Vorhandensein von technischem Equipment sorgt dafür, dass unser Unterbewusstsein bestimmte Bilder in unseren Kopf projiziert. Die Aufnahme- und Übertragungstechnik suggeriert uns als Akteur vor der Kamera, dass jeder auf der Welt uns sehen kann und damit ein riesiges Publikum, eine unbegreifliche Menge an Menschen uns bewertet. Und wenn wir einen Fehler machen, dann ist dieser Fehler festgehalten, archiviert, kann jederzeit gegen uns verwendet werden. Wir finden uns auf einmal in einer Art Prüfungssituation vor einem Massenpublikum wieder, in der es zu bestehen gilt. Und das, obwohl nur der Redakteur mit seiner Medientechnik vor uns steht. Und in einer solchen »Prüfungssituation« vor einer unbekannten, unkontrollierbaren »Jury« wollen wir es besonders gut machen, keinen Fehler zulassen, keinen Anlass zur Kritik geben, kein falsches Wort benutzen, einfach perfekt sein. Und meistens passiert genau dann das Gegenteil. Das Lampenfieber steigt ins Unermessliche, der Verstand schaltet auf Notstromversorgung und man verkrampft, aus Angst »vor der Welt« zu versagen. Und das alles nur, weil uns eine Kameralinse gegenübersteht und ein Mikrofon unsere Worte auffängt.

Den Reziproken Medieneffekt schwächen

Doch was hilft gegen diesen Reziproken Effekt im Mediendialog? Zwei Dinge können den Effekt schwächen.

1. Übung macht den Meister. Je öfter Sie sich einer solchen medialen Situation stellen, desto vertrauter werden Ihnen die Medien-Technik und der Ablauf des Dialogs. Der »Gegner« Medientechnik wird mit zunehmender Begegnung immer weniger gefährlich.
2. Selbst-Bewusstsein im wahrsten Sinne des Wortes. Wer sich seiner selbst bewusst ist, seine Stärken kennt und vor seinen Schwächen nicht die Augen verschließt, muss sich im Mediendialog viel *weniger* Gedanken um seine persönliche Wirkung machen. Ein selbstbewusster Medienakteur weiß, wie er auf dem Bildschirm wirkt, ist sich bewusst, wie er »rüberkommt«. Wer also häufiger in den Medien auftritt, sollte sich seine Auftritte mehrmals anschauen, sich seinen Stärken und seiner Schwächen bewusst wer-

den. Ein solches Selbst-Bewusstsein hilft im Mediendialog, den Kopf nicht mit Fragen nach dem »Wie wirke ich gerade?« zu beschäftigen, sondern die Konzentration auf die Botschaft zu lenken.

11 Authentisch sein

In diesem Kapitel erfahren Sie, wie Sie in den Medien Sie selbst bleiben.

Image ist das, was man braucht, damit andere denken, dass man so ist, wie man gern wär'.
Frank-Markus Barwasser

Mit diesem pointierten Zitat bringt der deutsche Journalist und Kabarettist Frank-Markus Barwasser einen der größten Kommunikationsfehler auf den Punkt: Menschen wollen anders scheinen, als sie es in Wahrheit sind.

In gewisser Weise hat jeder von uns so einen »Schein«, den er oder sie nach außen präsentiert. Das ist normal, ja manchmal sogar ein Schutz der Privatsphäre. Und natürlich gibt es viele Situationen, in denen »erwartet« wird, dass man sich an Regeln und Konventionen hält, und nicht agiert wie zu Hause in den eigenen vier Wänden, in der ganz persönlichen Umgebung.

Doch viele Menschen versuchen, sich in der Öffentlichkeit die »Liebe«, »Achtung«, »Anerkennung« und den »Respekt« anderer zu erarbeiten, indem Sie sich bewusst wie ein anderer Mensch verhalten. Sie imitieren Kleidungsstil und Haarschnitt eines Vorbildes oder übernehmen dessen Wortwahl oder Sprachstil. Oder sie trainieren Gesten, die sie an einem anderen Menschen beobachtet haben und als erfolgreich empfinden. Und sie sagen gern in der Öffentlichkeit, was andere hören möchten, aber nicht, was sie selbst denken und fühlen. Sie sprechen selten Klartext und verwässern ihre Aussagen, um mit einer Meinung nicht anzuecken und sich möglichst wenig Zuhörer durch eine klare Positionierung zu verprellen. Kurz: Diese Menschen sind nicht sie selbst. Sie sind nicht authentisch. Und das spürt das Gegenüber in der Kommunikation – egal ob medial oder persönlich.

Authentisch sein – was heißt das?

Doch wie entsteht eigentlich Authentizität? Darüber kann man trefflich mit Psychologen und Wissenschaftlern streiten, über zwei Millionen Einträge im Internet durchforsten oder das Ganze einfach praktisch angehen.

Authentizität entsteht dann, wenn Fühlen, Denken, Sprechen und Handeln alle dem gleichen Ursprungsbild entstammen. Also, wenn man das, was man fühlt, als Gedanken zulässt, es auch genauso so sagt, wie man es fühlt und denkt und dann passend zu seiner Aussage »agiert«. Das klingt ganz einfach, ist aber durchaus komplex. Vor allem, wenn man eben nicht in seinen eigenen vier Wänden und unbeobachtet ist, sondern wenn man in der Öffentlichkeit steht und mit Erwartungen, Meinungen und Vorstellungen anderer Menschen konfrontiert wird. Und häufig geht es aus politischen oder rechtlichen Gründen nicht, dass Sie genau das sagen, was Sie denken und fühlen. Aber es gibt dennoch ein paar praktische Tipps, die einen Auftritt authentischer machen und helfen, mehr bei sich und mehr »man selbst« zu sein.

»Was andere von Ihnen denken, geht Sie gar nichts an.«
Heißt übersetzt: Machen Sie sich keinen Kopf, was in den Köpfen anderer vorgeht. Es gibt so viele Köpfe auf dieser Welt und in jedem Kopf wird anders gedacht. Sie können es nie allen Menschen Recht machen, und Sie werden nie alle Menschen von sich überzeugen. Lassen Sie den anderen ihre Köpfe und Gedanken und konzentrieren Sie sich darauf, was SIE sagen und wie SIE sein wollen. Damit sind Sie übrigens schon gut beschäftigt.

Wenn Sie also z. B. eine Führungsposition einnehmen und es in den Kreisen dieser Führungskräfte üblich ist, mit großen Autos namhafter Marken ins Büro zu fahren, Ihnen aber Umweltschutz und Sportlichkeit wichtiger sind, dann kommen Sie auch weiterhin mit Ihrem Rad zur Arbeit. Und denken Sie nicht darüber nach, was die Kollegen jetzt von Ihnen denken.

»Sei Du selbst, andere gibt es schon genug!«
Heißt übersetzt: Finden Sie heraus, was Sie als Person, als Mensch ausmacht, was besonders an Ihnen ist, wo Sie anders sind als andere. Machen Sie diese Elemente in der Kommunikation und in Ihrem Auftritt zu einem Markenzeichen. Wenn Sie nie einen Anzug tragen oder Fliegen für Sie nur lästige Insekten sind, dann tragen Sie bei einem öffentlichen Auftritt keines von beiden. Wenn Sie leidenschaftlicher Kletterer sind, dann verwenden Sie keine Sprachbilder aus der Malerei, sondern schaffen Sie Bildbrücken aus Ihrer persönlichen Erfahrungswelt am Berg. Und wenn Sie eine klare eigene Meinung haben, dann stehen Sie dazu. Sagen Sie diese Meinung und sorgen Sie dafür, dass man Sie hört und versteht. Warum sollten Sie den Mund aufmachen, wenn Sie etwas sagen, was viele andere auch irgendwie so »daherreden«. Seien Sie mutig, und schwimmen Sie im Zweifel auch mal gegen den Strom, wenn Sie der Meinung sind, dass stromaufwärts der richtige Weg ist.

Wenn Sie z. B. auf einer Veranstaltung die Eröffnungsrede halten müssen, Rhetorik aber nicht zu Ihren Lieblingsdisziplinen gehört, dann stehen Sie dazu. Sagen Sie einfach, dass Sie kein Freund langer Reden sind und eröffnen Sie die Veranstaltung mit wenigen eigenen Worten, die sie nicht vom Blatt ablesen. Denn Sie sind weder Cicero noch Martin Luther King. Sie sind Sie.

»Wenn Ihr's nicht fühlt, Ihr werdet's nicht erjagen« (Goethe, Faust)
Heißt übersetzt: Sagen Sie nur Dinge, zu denen sie einen emotionalen Bezug haben, zu denen Sie in Ihrem Inneren Bilder, Werte und Gefühle finden. Wenn Sie selbst von Dingen nicht überzeugt sind, dann werden Sie andere auch nicht überzeugen können. Authentizität heißt, dass man sagt, was man auch tatsächlich denkt und fühlt. Sie werden niemanden mit logischen Argumenten oder einer raffinierten Wortwahl überzeugen können. Und man wird ihnen auch nicht glauben, nur weil Sie eine ausgereifte Rhetorik an den Tag legen

oder einer Kommunikationsagentur viel Geld dafür bezahlen, dass sie wohlklingende Botschaften entwickelt.

Wenn Sie im Auftrag eines Unternehmens oder einer Institution sprechen, dann wird es allerdings oft vorkommen, dass Sie persönlich nicht alles genauso sehen, wie Sie es kommunizieren müssen. In dem Fall hilft es, dass Sie sich einzelne Aspekte des Themas herauspicken, zu denen Sie uneingeschränkt »ja« sagen können. Stellen Sie diese Aspekte in Ihrem Statement nach vorne. Dinge, die Sie nicht uneingeschränkt bejahen können, setzen Sie weiter nach hinten. Das hilft, einen ersten authentischen Eindruck zu vermitteln, und es gibt Ihnen Sicherheit.

Wenn Sie z. B. der Meinung sind, dass die neue Unternehmensorganisation, die Sie der Belegschaft kommunizieren sollen, an der ein oder anderen Stelle aus Ihrer Sicht noch nicht ganz ausgereift ist, dann fangen Sie nicht an, mit gespielter Überzeugung die neue Organisation verkaufen zu wollen. Betonen Sie stattdessen lieber die Stellen, in denen Sie persönlich zu den Vorteilen der neuen Struktur stehen können. Für Aspekte, mit denen Sie innerlich noch nicht einig sind, verwenden Sie weniger Worte und Aufmerksamkeit.

Authentizität lebt davon, dass ehrliche Gefühle, Einstellungen und Werte transportiert werden. Denn wer sagt, was er fühlt, spricht über innere Bilder. Diese inneren Bilder erzeugen eine bestimmte Haltung – wahrnehmbar in Mimik, Gestik, Körperhaltung oder Stimme. Mehr dazu finden Sie auch im *Kapitel 12 – Lügendetektor der Kommunikation*. Und genau diese innere Haltung kann Ihr Gegenüber »lesen«. Und wenn Sie zu diesen inneren Bildern und der daraus entstehenden Haltung die passenden Worte finden, sind Sie »Sie selbst« und damit authentisch. Die Musikerlegende Bob Dylan hat das Rezept für Authentizität noch schöner und einfacher auf den Punkt gebracht: »Alles was ich machen kann ist, ich selbst zu sein, wer immer das sein mag.«(All I can do is be me, whoever that is.)

ÜBUNGEN

Lieblingsessen

Stellen Sie sich ein Gericht, eine Speise vor, die Sie überhaupt nicht mögen, ja bei denen sich Ihnen der Magen im wahrsten Sinne des Wortes umdreht, wenn Sie nur daran denken. Nehmen Sie sich selbst mit Ihrem Mobiltelefon auf (Audio oder Video – beides funktioniert) und sprechen Sie rund 30 bis 60 Sekunden positiv werbend über dieses Gericht, so als wollen Sie jemanden davon überzeugen. Anschließend sprechen Sie die gleiche Zeit darüber, warum Sie dieses Gericht nicht mögen. Vergleichen Sie die beiden Aufnahmen miteinander.

Besonderheiten

Bitten Sie fünf Leute, zu denen Sie unterschiedliche Beziehungen haben, Sie mögen Ihnen drei Stichworte nennen, die Sie spontan mit Ihnen als Person verbinden. Wichtig ist dabei, dass die Leute in Ihrem Beziehungsumfeld unterschiedliche Rollen einnehmen. Z. B. Familie, Kollege, Geschäftspartner, Kunde, Sportkamerad, Orchestermitglied, Eltern anderer Kinder etc.

Sortieren Sie die Aussagen nach Ähnlichkeit und Häufigkeit. Nehmen Sie Ihre Liste, stellen Sie sich vor den Spiegel und fragen Sie sich selbst, ob Sie die Stichworte/Eigenschaften bei sich selbst sehen können und wie Sie diese Eigenschaften an sich bewerten.

Aufgezappt
Wenn es innen stimmt, dann stimmt's

Welche Macht die Stimme haben kann, wenn die innere Einstellung passt, zeigt eine besondere Begebenheit, die Kathrin Adamski im Zug nach Frankfurt erlebt hat:

Montagmorgen 6:45 Uhr – ich bin gerade eingestiegen oder besser, habe mich zwischen Laptoptaschen tragenden Pendlern und den kofferschleppenden Reisegruppen, einem Kinderwagen und einer Band samt Instrumenten auf meinen Platz durchgekämpft. Der Fahrgast neben mir hat gestern beim Essen zugeschlagen – die Knoblauchfahne teilt er jetzt mit uns. Ich bin schon fix und fertig, bevor der Arbeitstag überhaupt richtig angefangen hat und zweifle an der Richtigkeit meiner Entscheidung, statt meines Autos den Zug zu nehmen. Doch dann werde ich überrascht. Der Zug fährt an, und es meldet sich eine sichtlich gut gelaunte und ausgeschlafene Stimme aus dem Lautsprecher:

»Guten Morgen – nachdem auch die Ulmer jetzt ihr morgendliches Fitnessprogramm absolviert haben, lehnen Sie sich doch entspannt zurück und genießen Sie die Fahrt mit der Deutschen Bahn. Mit uns geht's nach Dortmund und unser nächster Halt ist Stuttgart.«

Man hört noch das Schmunzeln in der Leitung und dann kommt das berühmte »Knack« und die lustige Stimme ist weg. Ich muss innerlich grinsen und denke. »Na, der hat aber Spaß bei der Arbeit«. Doch dabei sollte es nicht bleiben. Nächster Halt: Stuttgart. Gefühlt die halbe Landeshauptstadt steht auf dem Bahnsteig, um samt Kind, Kegel und Gepäck den Zug zu stürmen. Ich bin nur froh, dass ich schon sitze. Da wird gedrängelt, geschimpft, über Reservierungen gestritten, angerempelt, hektisch die wenigen nicht reservierten Plätze belegt. Ein Tumult. Doch dann wieder die Stimme aus dem Off – diesmal im Tonfall väterlich erklärend:

»Es ist Montagmorgen – die Autobahnen sind voll und unser Zug auch, aber bei uns stehen Sie wenigstens nicht im Stau. Und wenn Sie bei der Platzsuche jetzt Rücksicht nehmen, wird diese Fahrt auch entspannt«. Ich ertappe mich dabei, wie ich diesmal tatsächlich grinse und mich umschaue: überraschte Gesichter, mancher fühlt sich sichtlich ertappt und ich meine zu spüren, dass die Atmosphäre unter den Fahrgästen sich schlagartig verändert.

Ich staune nicht schlecht. So eine Ansage hätte ich der Deutschen Bahn nicht zugetraut, und es zeigt einmal wieder, wie wichtig die richtige innere Einstellung ist, wenn man den Mund aufmacht. Gerade die Stimme ist so verräterisch. Sie zeigt uns, ob wir etwas wirklich meinen oder nicht. Ob wir nur ablesen oder ob wir fühlen. Und genau da liegt der Unterschied zwischen sprechen und sprechen. Wer wirklich etwas zu sagen hat und andere damit erreichen will, der muss es fühlen. Auswendig Gelerntes, jeden Tag in gleicher Weise abgespulte Phrasen sind Teflon-Kommunikation. Sie prallen an uns ab. Wer aber in dem Moment, wo er den Mund aufmacht, wirklich fühlt und ein echtes Kommunikationsbedürfnis hat, wie der Schaffner in meinem Zug, der sagt wirklich etwas. Denn wie hieß es schon in Goethes Faust: »Wenn Du's nicht fühlst, du wirst es nicht erjagen.«

12 Der Lügendetektor der Kommunikation

In diesem Kapitel erfahren Sie, wie Ideomotorik Sie nicht nur in der medialen Kommunikation entlarvt.

»Ideomotorik ist der Lügendetektor der Kommunikation.« Was ist damit gemeint? Wir sind als Zuschauer wahre Detektive, wenn es darum geht, einen Interviewpartner auf dem Bildschirm als Lügner zu entlarven. Zu spüren, ob jemand wirklich betroffen ist oder nur so tut. Ob er das, was er sagt, auch so meint oder ob er uns etwas vorspielt. Doch meistens besteht dieses Detektivspiel nur aus einem Gefühl und wir können nicht konkret sagen, warum wir Aussagen als Lüge oder Wahrheit empfinden. Folgende Aussagen zeigen, dass wir oft so ein »Gefühl« haben, wenn wir die Kommunikation unseres Gegenübers »lesen«.

»Man hat ihm an der Nasenspitze angesehen, dass er lügt…«, »Als ich ihm die Zahlen präsentiert habe, ist er innerlich zusammengezuckt…«, »Ein Lächeln huschte über ihr Gesicht…«

Das Phänomen, das hinter dieser Wahrnehmung steckt, nennt sich Ideomotorischer Effekt oder auch Carpenter Effekt. Er besagt, dass »das Sehen oder auch – in schwächerem Maß – das Denken an eine bestimmte Bewegung – die Tendenz zur Ausführung einer solchen Bewegung auslöst« (Wikipedia). Gemeint ist damit, dass durch reale optische und akustische Reize oder auch nur durch gedankliche Reize biochemische Prozesse im Körper in Gang gebracht werden. Diese lösen kleinste – für uns meist unbewusst ablaufende – Muskelreaktionen aus, die eine Bewegung andeuten, sie aber nicht vollständig ausführen. So kann z. B. eine freudige Situation oder auch nur die bildhafte Vorstellung davon, den Anflug eines Lächelns auf dem Gesicht erzeugen, ohne dass wir bewusst lächeln. Vielen Menschen zieht es beispielsweise schon den Mund zusammen und die Speichelproduktion erhöht sich, wenn Sie einen anderen Menschen in eine Zitrone beißen sehen, ohne dass sie die Zitronensäure tatsächlich schmecken.

Und genau diese Ideomotorischen Effekte sind der Lügendetektor der nonverbalen Kommunikation. Denn Ideomotorische Effekte laufen unbewusst ab. Sie lassen sich nicht bewusst steuern, sind aber für den Zuschauer sehr wohl wahrnehmbar. Hat jemand ein bestimmtes Bild im Kopf oder vor Augen, dann passt sich beispielsweise seine Mimik diesem Bild an. Das innere Bild erzeugt einen bestimmten Gesichtsausdruck. Das innere Bild kann aber auch eine bestimmte Geste auslösen oder eine kurze Körperbewegung z. B. ein »gefühltes Zusammenzucken«.

Das Gesicht enttarnt den Lügner

Vor allem im Gesicht sind Ideomotorische Effekte besonders deutlich und verräterisch. Denn unser Gesicht besteht aus 26 Muskeln, von denen acht im Wesentlichen zur bewussten Mimik eingesetzt werden. Im Zusammenspiel mit den übrigen 18 Gesichtsmuskeln entsteht eine Unmenge an Gesichtsausdrücken, die wir nicht bewusst steuern können. Diese sogenannten Microexpressionen (Mikromimik) dauern nur einen Bruchteil von Sekunden. Sie sind angedeutete, flüchtige Gesichtsbewegungen, die aber eben nicht vollständig ausgeführt werden.

Meist sind diese Microexpressionen Ausdruck für die sieben universellen Emotionen wie Ekel, Ärger, Angst, Traurigkeit, Freude, Überraschung und Verachtung. Ausgelöst werden sie durch visuelle oder gedankliche Reize.

Als Ideomotorische Effekte haben sie ihren Ursprung unter anderem in Bildern, Einstellungen und Erfahrungen, die wir in unserem Inneren abgespeichert haben. Gute Beobachter können solche Microexpressionen (siehe Abbildung 12.1) bei anderen Leuten »lesen«, die meisten Menschen können sie allerdings nur erahnen oder spüren. Aber auch das reicht schon aus, um einen Interviewgast auf dem Bildschirm zu entlarven. Denn Interviewgäste werden im Fernsehen meist als Brustbild aufgenommen. Dadurch fokussiert sich die Wahrnehmung vor allem auf den Gesichtsbereich und die Microexpressionen werden verstärkt wahrgenommen.

Quelle: Kathrin Adamski, Redefluss, Ulm

Abb. 12.1: Mimik ist verräterisch

Wenn der nonverbale Lügendetektor anschlägt

Da Ideomotorische Effekte nicht steuerbar sind und sich die daraus entstehenden Gesichtsausdrücke nicht willentlich erzeugen lassen, ist es für einen Gesprächspartner besonders wichtig, zu überprüfen, ob das, was er sagt oder sagen will, zu dem passt, was er tatsächlich empfindet. Passen innere Bilder oder Einstellungen nicht zur verbalen Äußerung, dann entsteht eine visuell-verbale Diskrepanz, die den Zuschauer irritiert, ihn aufhorchen und genauer hinschauen lässt.

In einem solchen Fall hat der Zuschauer schnell das Gefühl, dass »da etwas nicht stimmt«, dass der Statementgeber nicht eins ist mit sich und seiner Botschaft, dass er nicht meint, was er sagt oder sogar, dass er lügt.

Auch Stimme und Gesten können verräterisch sein

Gesten gehören ebenfalls zu den Ideomotorischen Effekten. Eine natürliche Gestik entsteht automatisch aus den inneren Bildern, den gedanklichen Reizen in uns. Einstudierte Gesten spiegeln in der Regel nicht das persönliche Gefühl wider und werden daher oft als »aufgesetzt, übertrieben« oder »antrainiert« empfunden.

Und wenn wir schon beim Aufdecken von Lügen sind, dann ist auch die Stimme ein Indikator für Glaubwürdigkeit und Wahrhaftigkeit. Denn besonders die Stimme ist anfällig für Ideomotorische Effekte. Sich stimmlich zu »verstellen« ist nahezu nicht möglich, ohne dass der »Schwindel« auffliegt. Wir hören allein an der Stimme, ob jemand traurig, verliebt, verärgert oder gestresst ist. Die Tonalität der Stimme bewusst zu steuern, braucht extrem viel Übung. Schauspieler beispielsweise lernen, sich gemäß Drehbuch innere Bilder zu erschaffen, die dann für die passende Mimik und auch die passende Einstellung der Stimme sorgen. Wie gut man an der Stimme »Wahrheit« lesen kann, zeigt ein kleines Alltagsexperiment.

ÜBUNG

Mithörer

Wenn Sie das nächste Mal mit Bus oder Bahn unterwegs sind, achten Sie darauf, wer um Sie herum telefoniert und versuchen Sie »mitzuhören«. Mithören bedeutet in dem Fall, dass Sie auf die Stimme (Tonlage, Stimmspannung, Melodie etc.) achten und dann versuchen, herauszufinden, in welchem Verhältnis der Telefonierende zu seinem Gesprächspartner steht und worum es in dem Telefonat geht. Kennen sich die Gesprächspartner gut? Sind sie frisch verliebt oder haben sie Stress? Sie werden überrascht sein, was Sie allein aus der Stimme über die beiden Gesprächspartner erfahren ohne genau zu verstehen, worum es auf der verbalen Ebene geht.

Versucht also z. B. ein Verkäufer, bewusst freundlich zu sein, obwohl ihn seine Kundschaft schon seit geraumer Zeit nervt, wird das jeder spätestens an der Stimme spüren.

Wenn EINE Meinung nicht MEINE Meinung ist

Vor allem bei Managern und Pressesprechern von Großunternehmen schlägt der Ideomotorische Lügendetektor in den Bewegtbildmedien häufig an. Denn nicht selten muss ein Manager die Botschaften und Linie seines Unternehmens kommunikativ vertreten, auch wenn er persönlich eine andere Ansicht oder Meinung zum Thema vertritt. Finden sich hier Widersprüche zwischen der Botschaft, die kommuniziert werden soll, und der Einstellung bzw. den inneren Bildern zum Thema, gibt es nur zwei Möglichkeiten, um authentisch, wahrhaftig und glaubwürdig zu bleiben:

1. Möglichkeit: Die Botschaft lässt sich entsprechend der inneren Bilder, Werte und Einstellungen ändern oder die zugehörigen inneren Bilder lassen sich der Botschaft anpassen. Dies funktioniert allerdings nur in sehr eingeschränktem Maße und nur, wenn die verbale Botschaft zu einem überwiegenden Teil als positiv bejahend empfunden wird.
2. Möglichkeit: Streichen Sie eine solche Botschaft von der persönlichen Kommunikationsagenda. Denn Worte können lügen, die nonverbale Kommunikation meistens nicht. Und die Ideomotorik ist ein gnadenloser Lügendetektor, der genau diese »nonverbalen Falschaussagen« aufdeckt.

TIPP

Bei der Vorbereitung von Botschaften die innere Haltung mit denken

Um ein solches inkongruentes Auftreten von persönlicher und zu kommunizierender Meinung zu vermeiden, sollten Sie bei der Vorbereitung auf Interviews und Medienauftritte die verbalen Botschaften nochmals mit den persönlichen Einstellungen, den inneren Bildern, Wertungen und Erfahrungen abgleichen. Machen Sie sich klar, zu welchen Aspekten des zu kommunizierenden Themas Sie persönlich stehen können und zu welchen weniger oder gar nicht. Schon die bewusste Klärung dieser Diskrepanz hilft Ihnen, souveräner und sicherer aufzutreten und ggf. Themen im Mediendialog nicht aktiv zu platzieren.

ÜBUNG

Ganz schön sauer

Stellen Sie sich folgende Szene ganz bewusst vor und achten Sie darauf, was in Ihrem Körper passiert:
Sie haben eine frische Zitrone in der Hand. Diese Zitrone schneiden Sie mit einem Messer in zwei Hälften. Beim Schneiden tropft der Zitronensaft am Messer herunter. Nun beißen Sie gedanklich in die Zitrone hinein.
Wo spüren Sie die Ideomotorischen Effekte, was passiert besonders in Mund und Rachen?

Lösungsvorschläge finden Sie auf Seite 257.

VIDEO

Zu diesem Kapitel finden Sie auch ein Video im Online-Bereich. Folgen Sie einfach dem QR-Code am Anfang dieses Buches.

»Krisenstatement Dieselaffäre« mit Martin Winterkorn
Ein Beispiel, wie Krisenkommunikation unglaubwürdig wird, weil Stimme und Mimik die fehlende innerer Haltung entlarven: ein Statement mitten in der größten Krise des VW-Konzerns – Dieselaffäre im Herbst 2015. Der damalige Vorstandsvorsitzende Martin Winterkorn stellt sich ins eigene TV-Studio. Seine PR-Abteilung hat ihm ein perfektes Krisenstatement geschrieben. Alles stimmt: Inhalt, Wortwahl, Länge. Und was macht Winterkorn damit? Er liest es wie ein Sprechroboter vom Teleprompter ab. Die Mimik leblos, die Stimme monoton, Lesepausen an den falschen Stellen. Man spürt, dass Winterkorn nicht fühlt, was er da sagt bzw. liest – eine verpasste Chance!

13 Erzähl doch mal

In diesem Kapitel erfahren Sie, wie Sie sich mit der Methode Kino-im-Kopf Inhalte besser merken können.

Thomas Klein ist Sprecher in einem großen Konzern. Morgen soll er die Schließung eines Standortes bekannt geben. Seine Presseabteilung hat ihm zur Vorbereitung auf mögliche Fragen von Medienvertretern die passenden Antworten zusammengetragen, die von der Konzernleitung auch bereits abgesegnet wurden. 25 mögliche Fragen mit 25 bis ins Detail vorbereiteten und ausformulierten Antworten zu Umsatzentwicklung, Unternehmensstrategie, Personalentwicklung und Sozialplänen liegen auf seinem Tisch. Auf dem fein säuberlich ausgedruckten Papierstapel klebt ein gelber Notizzettel seiner Assistentin: »Damit sollten Sie für den Fall der Fälle gut gerüstet sein. Gruß Vera«. Als Thomas Klein den Papierstapel und die vielen schwarzen Buchstaben auf dem weißen Papier sieht, bricht ihm der kalte Schweiß aus. Wie soll man sich das nur alles merken?

Antwort: So gar nicht. Sogenannte Q&As, also von Kommunikationsabteilungen zusammengetragene Fragen und Antworten zu Zahlen, Daten und Fakten, lassen sich in Fließtextform nur sehr schwer merken. Versuchen Sie es selbst.

ÜBUNG

Beine

Lesen Sie den folgenden Text einmal laut vor und versuchen Sie ihn anschließend ohne Vorlage wiederzugeben.

»Es war einmal ein Zweibein, das saß auf einem Dreibein und aß ein Einbein, da kam ein Vierbein und nahm dem Zweibein auf dem Dreibein sein Einbein und rannte davon.«

Konnten Sie sich alle Beine merken? Nein? Dann versuchen Sie es mit dem Lösungsvorschlag auf Seite 257.

Um sich Zahlen, Daten, Fakten, ja ganze Geschichten merken zu können, empfiehlt es sich, diese Informationen in Bilder zu verpacken. Bilder sind leicht zu merken und schnell abzurufen. In eine logische Reihe gebracht, ergeben aneinandergereihte Bilder eine Art Film. Wir nennen diese Methode Kino-im-Kopf. Mit einigen wenigen Bildankern lassen sich Inhalte einfach merken. Natürlich geht es dabei nicht ums Auswendiglernen, sondern darum, Inhalte sinngemäß und faktisch richtig wiederzugeben.

Wie gehen Sie vor, um sich den Sinn vorgefertigter Textinhalte möglichst schnell einzuprägen und so abzuspeichern, dass Sie ihn jederzeit – auch unter Stress – wieder abrufen können?

1. Lesen Sie den Text genau durch und versuchen Sie, die einzelnen Gedanken des Textes voneinander zu trennen und für Sie passend zu gliedern. Ggf. müssen Sie für Ihr persönliches Kopf-Kino eine andere logische Reihenfolge der Inhalte wählen als in geschriebener Form.
2. Suchen Sie zu jedem Gedanken, den Sie herausgearbeitet haben, ein oder mehrere passende Bilder, die den Inhalt des Gedankens beschreiben.
3. »Erzählen« Sie sich selbst – und zwar laut – die passenden Botschaften zu den Bildern in Ihrem Kopf-Kino.

ÜBUNG

Kino-im-Kopf für behagliches Wohnen

Versuchen Sie sich den folgenden Text mit Hilfe der Kino-im-Kopf-Methode zu merken. Hilfestellung finden Sie bei Bedarf weiter unten.

»Dämmen lohnt sich ganz besonders bei älteren Häusern oder dann, wenn ohnehin Arbeiten an der Fassade anstehen wie z. B. ein neuer Anstrich oder Putzarbeiten. Denn dann liegt die Zusatzinvestition nur noch im Anbringen der Dämmung und in den Dämmmaterialien. Die anderen kostenrelevanten Baumaßnahmen können mit genutzt werden. Und auch die Verbraucherzentralen bestätigen: Dämmen lohnt sich besonders beim Dach, denn Wärme steigt nach oben und entweicht hier am meisten. Gleichzeitig ist das Dämmen hier einfach und kostengünstig und lässt sich auch in Eigenleistung realisieren. Man erzielt also eine große Wirkung zum kleinen Preis. Entscheidend ist aber auf jeden Fall: Dämmen macht Wohnen behaglich. Man fühlt sich in gedämmten Häusern wohler, da sich in gedämmten Häusern die Wärme gleichmäßig im Raum verteilt. Es entsteht keine thermische Konvektion, also kein Luftzug durch den Unterschied zwischen kalten und warmen Flächen. Kalte Füße sind in gedämmten Häusern kein Thema mehr.«

In welche Gedankenschritte lässt sich der Text zerlegen und gliedern?

Gedanke 1: Dämmen lohnt sich bei alten Häusern oder wenn sowieso an der Fassade gearbeitet werden muss. Baumaßnahmen (wie z. B. das Gerüst) können mit genutzt werden und es fallen dafür keine extra Kosten an.

Gedanke 2: Verbraucherzentralen bestätigen, dass sich vor allem die Dachdämmung lohnt, denn hier verpufft die meiste Wärme und das Dämmen ist einfach. Es kann sogar in Eigenleistung realisiert werden.

Gedanke 3: Dämmen macht Wohnen behaglicher, denn durch die Dämmung bildet sich keine Zugluft zwischen kalten und warmen Flächen. Es entsteht ein Raumklima mit gleichmäßiger Wärmeverteilung und man hat immer warme Füße.

Mit welchen Bildern oder Szenen lassen sich die einzelnen Gedanken beschreiben?

- **Zu Gedanke 1**: Dämmen lohnt sich bei alten Häusern oder wenn sowieso an der Fassade gearbeitet werden muss. Baumaßnahmen (wie z.B. das Gerüst) können mit genutzt werden und es fallen nur noch Kosten für das Anbringen der Dämmung und das Dämmmaterial an.
  Bildbeispiel: Ein altes Haus mit abgebröckeltem Putz. Das Haus ist bereits mit einem Gerüst versehen. Ein Handwerker stapelt Dämmmaterial neben dem Gerüst.
- **Zu Gedanke 2**: Und auch die Verbraucherzentralen bestätigen: Dämmen lohnt sich besonders beim Dach, denn Wärme steigt nach oben und entweicht hier am meisten. Gleichzeitig ist das Dämmen hier einfach und kostengünstig. Es lässt sich sogar in Eigenleistung realisieren. So lässt sich also eine große Wirkung zum kleinen Preis erzielen.
  Bildbeispiel: Haus mit Giebeldach im Winter. Vom Dach steigt Wärmenebel auf. Familienvater kniet im Giebel und montiert Dämmmaterial.
- **Zu Gedanke 3:** Jeder fühlt sich in gedämmten Häusern wohler, da sich in gedämmten Häusern die Wärme gleichmäßig im Raum verteilt. Es entsteht keine thermische Konvektion, also kein Luftzug durch den Unterschied zwischen kalten und warmen Räumen.
  Bildbeispiel: Wohnzimmer mit Fenster, draußen liegt Schnee. Eine Frau sitzt mit angezogenen Füßen gemütlich auf dem Sofa und greift dann an die Wand hinter sich, um zu fühlen, wie kalt oder warm sie ist. Dann streckt Sie sich aus und stellt die Beine auf den Fußboden.

Und? Können Sie die Geschichte jetzt frei erzählen? Probieren Sie es doch einfach vor dem Spiegel einmal aus. Sie werden merken: Wenn Ihr Kino-im-Kopf anspringt, müssen Sie nur noch erzählen, was auf Ihrer »inneren Leinwand« gerade passiert.

14 Du bist, was Du sprichst

In diesem Kapitel erfahren Sie, wie die Wortwahl Ihre persönliche Wirkung prägt.

Wenn Sie dieses Buch in die Hand genommen haben, gehören Sie mit großer Wahrscheinlichkeit auch zu denjenigen Menschen, die schon ein Rhetorik-Seminar besucht haben. In vielen dieser Trainings werden die Teilnehmer völlig zu Recht dafür sensibilisiert, wie bestimmte Satzgebilde, bestimmte Gesten und eine bestimmte Wortwahl auf die Zuhörer und Zuschauer wirken. Der Klassiker in Rhetorik-Seminaren ist die totale Verbannung der sogenannten Weichmacher aus dem aktiven Wortschatz: »Vielleicht«, »ein bisschen«, »irgendwie« oder »ein Stück weit« machen Ihre Botschaft zu einem Pudding, den man bekanntlich nicht an die Wand nageln kann. Unpräzise, unverbindlich, wabbelig.

Hinzu kommen aktuelle Erkenntnisse der Hirnforschung. Sie ergänzen die Perspektive der Rhetoriker (Was kommt beim Publikum an?) um die Wirkung bestimmter Wörter auf den Sprechenden selbst (Wie stehe ich selbst eigentlich zu dem Gesagten?). Wenn Fußball-Bundestrainer Joachim Löw nach einem verlorenen Länderspiel auf der Pressekonferenz sagt: »Da haben wir vielleicht ein Stück weit unsere Chancen nicht gut genug genutzt«, heißt das im Klartext: Er weiß auch nicht, warum sein Team verloren hat. Er mag sich nicht festlegen: War es wirklich die Chancenverwertung? Oder doch die Konzentration? Oder gar die individuelle Fitness der Spieler? Soll heißen: Weichmacher wirken nach vorn in Richtung Publikum. Und sie wirken zugleich nach innen und lassen uns unscharf und unverbindlich bleiben. Eine klare Positionierung wird erschwert. Wer gedanklich viel in der Welt von »vielleicht, eigentlich, ein Stück weit« unterwegs ist, wird sich mit Entscheidungen schwer tun. Die eigenen Gedanken zu hinterfragen und schärfen ist somit Voraussetzung für eine klare Kommunikation in Richtung Publikum.

Im Folgenden stellen wir einige der häufig verwendeten Wörter und Satzkonstruktionen vor, die – oft unbewusst – beim Gegenüber eine bestimmte Reaktion auslösen. In vielen Fällen ist diese Reaktion Ablehnung. Ablehnung der Botschaft und oft auch Ablehnung desjenigen, der die Botschaft übermittelt. Zugleich schauen wir uns an, wie diese Botschaften auf uns selbst zurückwirken, was sie mit uns und unserer Haltung machen.

Reizwort »Müssen«

BEISPIELE

Kennen Sie das auch? Ihre Kinder kommen von der Schule nach Hause und legen gleich los: »Du musst mir bei den Hausaufgaben helfen!«
Viele Eltern werden – bewusst oder unbewusst – so reagieren: »Ich muss gar nichts!«
Oder ein Freund kommt auf Sie zu: »Du musst mir noch einen Tipp geben, wo es diese günstigen Autoreifen gibt«.
Auch hier – bewusst oder unbewusst – gehen wir häufig erst einmal auf Distanz.

Weitere Beispiele:
Das müssen Sie sich so vorstellen, Herr Müller…!
Da müssen Sie mal hinten links im Regal nachsehen.
Da müssen Sie wohl morgen noch einmal anrufen.
Ich muss nachher noch den Rasen mähen…

Wirkung auf Empfänger: Müssen – ein problematisches Verb. Wer will schon gern etwas »müssen«? Es erzeugt unbewusst einen Druck und schränkt die Entscheidungsfreiheit ein. Auf der Empfängerseite werden Sie sich eher der Aussage verschließen. Die meisten unbewusst, manche auch bewusst. Siehe oben. Motto: Gar nichts muss ich!

Natürlich hat auch dieses Wort in manchen Situationen seine Berechtigung, z. B. wenn es um eine echte Dringlichkeit geht: »Wir müssen die Asylverfahren für Flüchtlinge beschleunigen!«

Wirkung auf den Sprecher: Der Druck, den das Wort in Richtung Empfänger erzeugt, erzeugt es auch nach innen. Wie viel lästige Pflicht steckt in dem Satz: Ich muss nachher noch Rasen mähen? Oder: Ich muss nachher noch fünf E-Mails schreiben? Am deutlichsten wird es, wenn Sie »müssen« durch »werden« oder sogar »wollen« ersetzen. Die Aufgaben werden leichter, wenn es heißt: Ich *werde* nachher noch Rasen mähen. Oder gar: Ich *will* nachher noch Rasen mähen! Das ist übrigens auch *ein* Schlüssel zur Selbstmotivation: Wer immer nur in »müssen« denkt, dem wird vieles nicht wirklich leicht von der Hand gehen.

TIPP

Alternativen für »müssen«

Ersetzen Sie »müssen« so oft es geht durch »möchten«, »werden« oder »wollen«. Sie werden erleben, wie viel leichter Sie durchs Leben gehen.

Plattmacher »Aber«

BEISPIELE

Ich habe vollstes Verständnis für die Situation der Mitarbeiter, aber derzeit ist es leider nicht möglich…
Der Vorschlag ist ganz gut, aber wir haben nicht die Mittel, ihn umzusetzen.
Ihre Präsentation hat mir gut gefallen, aber…

Wirkung auf den Empfänger: Es sind nicht nur Bedenkenträger, die mit dem Wort »aber« inflationär umgehen. Die immer in einem Atemzug »ja, aber…« sagen und »Nein« meinen. Viele kleine »aber« schmuggeln sich in unsere Kommunikation und entfalten eine große, mitunter zerstörerische Wirkung. Denn eine Aussage, auf die ein »aber« folgt, ist entwertet, plattgemacht. An den genannten Beispielen ist erkennbar, dass die Aussage VOR dem Komma nicht wirklich ernst gemeint ist. Das merkt auch der Empfänger. Manchen wird es bewusst, sie fühlen sich nicht ernstgenommen. Andere spüren ein undefinierbares Unbehagen. Also: Vorsicht beim Umgang mit diesem Plattmacher!

Wirkung nach innen: Spannend – aber unseres Wissens nach noch unerforscht – ist die Frage, warum jemand mit vielen »aber« durchs Leben geht. Warum manchmal die Sätze direkt mit diesem Wort anfangen. Denn diese »aber« kosten Kraft. Sie beinhalten immer eine Abgrenzung, eine Distanz bis hin zur Konfrontation. Das heißt, in der Wirkung nach innen sind es Energiefresser, die es zwar manchmal braucht, aber nicht immer.

TIPP

Alternativen für »aber«

»Aber« möglichst häufig durch »und« ersetzen. Insbesondere in Feedbacks: »Ihre Präsentation hat mir gut gefallen. Und wenn Sie Ihr letztes Argument noch etwas deutlicher formulieren, wäre sie noch besser verständlich.«

Verneinung – gar nicht gut!

BEISPIELE

Du musst keine Angst haben!
Das war schon mal nicht schlecht.
Niemand hat die Absicht eine Mauer zu bauen.
Es gibt keinen Grund zu der Annahme, dass sich die Eröffnung des Berliner Hauptstadtflughafens weiter verzögert…

Wirkung auf den Empfänger: Auweia, diese Sätze sind gefährlich. Denn unser menschliches Gehirn hat im Laufe der Evolution (noch) nicht gelernt, die Verneinung vernünftig zu verarbeiten. Gerade in Nebenbei-Medien wie Radio oder Fernsehen werden Wörter wie »kein« oder »nicht« einfach überhört. Das Ohr meldet an das Gehirn: Angst! Es meldet »schlecht« und »Mauer bauen«. Und löst damit genau das aus, was der Sprecher nicht beabsichtigt: Sorge, Skepsis, Misstrauen.

Wirkung nach innen: Im Grunde kehrt der Sprecher in den o. g. Beispielen sein Innerstes nach außen. Er entlarvt meist unbewusst, worüber er sich Gedanken macht. Diese Botschaften wirken nach innen ähnlich kräftezehrend, wie der häufige Einsatz von »aber«. Probieren Sie es aus und denken Sie die genannten Beispiele mal in positiven Formulierungen: Hab‹ Vertrauen! Gut gemacht. (Nun ja, bei der Mauer und dem Berliner Flughafen ist das zugegebenermaßen schwierig…)

TIPP

Positiv denken!
Achten Sie auf positive Formulierungen in Ihren Kernbotschaften. Sie entfalten Kraft in alle Richtungen.

Wer ist eigentlich dieser »man«?

BEISPIELE

Da wird man schauen müssen, wie eine Lösung aussieht.
Man kann nicht immer darüber reden, jetzt sollte man auch mal handeln.
Man ist enttäuscht, man hat gekämpft und dann hat es doch nicht gereicht. (Häufig zu hören nach Fußballspielen aus den Reihen der unterlegenen Man-schaft, pardon Mannschaft.)

Wirkung auf den Empfänger: Als Vernebelungstaktik mag das Wörtchen »man« mitunter sinnvoll sein. Es lässt völlig offen, wer Handelnder ist, wer eine Lösung suchen wird, wer also verantwortlich ist. Im Falle der enttäuschten Fußballer (gilt natürlich auch für andere Sportler) enthält das »man« eine Distanzierung. »Man« traut sich nicht zu sagen: Ich bin enttäuscht – oder: Wir sind traurig.

Auf den Leser, Hörer oder Zuschauer wirkt das oft unscharf und unbefriedigend. Er hat nur eine ungefähre Vorstellung davon, um wen es hier geht. Es schafft viel Raum für Interpretationen, die Gedanken gehen auf Wanderschaft, die Aufmerksamkeit ist weg. Noch ein Risiko: Ein guter Journalist wird hier immer nachhaken und fragen: »Wer ist man?«

Wirkung nach innen: Für den Sprechenden wirkt »man« ähnlich wie die Weichmacher, die wir am Anfang des Kapitels erwähnt haben: Er will sich – aus welchen Gründen auch immer – nicht festlegen. Er bleibt auch vor sich selbst in einer wackeligen Position. Es fehlt der Mut zu sagen: Das Unternehmen wird jetzt schauen müssen, wie eine Lösung aussieht. Die Bundesregierung sollte jetzt handeln. Ich bin enttäuscht. Ausrufezeichen. Und dazu stehe ich!

TIPP

Alternativen für »man«
Ersetzen Sie möglichst oft »man« durch ich, wir, die Partei, die Unternehmensführung. Und hinterfragen Sie bei anderen, wer mit »man« gemeint ist.

Aufgezappt
Worte machen Leute – und prägen Verhalten

Dieses Buch beschäftigt sich im Schwerpunkt mit dem gesprochenen Wort, mit guten Botschaften und überzeugenden Argumenten. Doch es lohnt sich, noch einen Schritt – oder besser: einen Gedanken – vorher anzusetzen. Bei der Wortwahl in unserem Kopf. Die ARD-Sendung »Die große Show der Naturwunder« hat ein Experiment nachempfunden, das in Varianten schon in der Hirnforschung eingesetzt wurde. Ein Experiment in Zusammenarbeit mit dem Neurologen Prof. Christian Elger von der Universität Bonn, in dem es vordergründig um das Sortieren von Wörtern geht:

Die 30 Versuchspersonen lösen zunächst leichte Satzpuzzle. Dabei müssen sie Wörter in eine sinnvolle Reihenfolge bringen. Beispiel: »nachts – Katzen – grau – alle – sind« soll umgestellt werden zu »Nachts sind alle Katzen grau«. Die eine Hälfte der Teilnehmer löst thematisch neutrale Puzzle, die andere Hälfte löst Puzzle, in denen ganz bestimmte Wörter enthalten sind. Hier wurden Wörter platziert, die unter den Oberbegriff »Alter« fallen und die Probanden auf diesen Begriff prägen sollen: grau, weise, Falten, antik, Brille usw.

Wenn die Teilnehmer alle Puzzle sortiert haben, beginnt das eigentliche Experiment: Sie sollen ihr jeweiliges Arbeitsblatt am anderen Ende eines langen Ganges abgeben. Und tatsächlich gemessen wird die Zeit, die sie vom Testraum bis zum Abgabepunkt brauchen. Das verblüffende Ergebnis: Die Versuchspersonen, die sich in ihren Arbeitsblättern mit den Begriffen rund um das Altern beschäftigt haben, waren durchweg fast zwei Sekunden langsamer als die neutrale Kontrollgruppe.

Die Erklärung aus Sicht der Wissenschaft: Die unterschiedlichen Bereiche unseres Gehirns sind gut miteinander vernetzt und beeinflussen einander. Wenn wir emotional geprägte Wörter (»Alter«) auch nur denken, so aktiviert das den sogenannten Mandelkern im Gehirn, die Amygdala. Diese Aktivität überträgt sich auch auf den angrenzenden motorischen Cortex, der unsere Bewegungen steuert – wir handeln! Oder in diesem Falle – wir laufen langsamer.

Im Umkehrschluss heißt das: Wenn wir positivere, aktivierende Wörter denken, gehen wir dynamischer und leichter durchs Leben. Wir sind, was wir denken.

15 Gut gezählt ist halb gewonnen

In diesem Kapitel erfahren Sie, warum Sie Zahlensalat vermeiden sollten.

Rekordverdächtig, was Bayern-Stürmer Thomas Müller in einem Interview »ausgerechnet« hat. Mit Blick auf zwei späte Tore in einem Bundesliga-Spiel von Borussia Dortmund sagte er: »Die haben zwei Tore in zwei Minuten geschossen. So schnell kann's gehen. Wenn man das hochrechnet, kann man in 90 Minuten glatt 180 Tore schießen!« Wie bitte? Pardon, können wir das noch einmal in Zeitlupe hören? Ach so, war ja Radio, geht also nicht. Immerhin decken zwei wache Moderatoren auf, dass diese Rechnung wohl nicht aufgeht. Macht nichts. War eben ein echter Müller, der grüßt ja auch seine Großmutter übers Fernsehen.

Aber was halten Sie von diesem Fall? Tunnelbauspezialist Martin Herrenknecht rechnet in der Sendung Maybrit Illner vor, was er von der EEG-Umlage hält:

> *Wir zahlen 16,3 Cent pro Kilowattstunde. Ich hab mich dann mal erkundigt beim E-Werk in Mittelbaden, hab dort verhandelt und wenn ich den Energiepreis anschaue, verhandeln wir nachher über 5,30, nur der Energiepreis. Wenn ich dann den Preis komplett anschaue, komm' ich auf die 16,3. Das sind die EEG Umlage, die wir auch bezahlen, 2/12, 2/13. 5,2 Cent, dann die Stromsteuer 2,05, dann die gesamten Aufschläge Kraft-Wärme-Kopplungsgesetze und dann komme ich von dem Energiepreis von 5,30 auf 16,30 Cent pro Kilowattstunde…*
>
> Martin Herrenknecht in der Sendung »Maybrit Illner«.

Alles klar?! Alle Zahlen gemerkt und verstanden? Nein? Macht nichts, aber Herrenknecht klingt zumindest wissend. »Bewunderung« auch von Maybrit Illner: »Der Mann hat sich vorbereitet – sehen Sie das?« und gibt noch dezent den Hinweis an ihren Gast, der ein ganzes Blatt mit Zahlen vor sich liegen hat: »Aber nicht, dass Sie das jetzt alles vorlesen!«

»Der Mann« ist aber mächtig stolz auf sein Zahlenwerk und freut sich: »Ja, als Unternehmer bin ich schon gut vorbereitet.« Als Unternehmer mag das stimmen, als Gast in einer solchen Talkrunde eher nicht.

Zahlen in Interviews sind grundsätzlich gut, aber: Auf die Dosierung kommt es an. Zahlen machen eine Aussage authentisch und glaubwürdig, wenn der Zuschauer die Chance hat, sie zu verstehen. Wenn Zahlen wirklich sein müssen: bitte homöopathisch dosieren! Je weniger, desto klarer die Botschaft. Nennen Sie falls möglich, nur eine Zahl, die Ihre Kernbotschaft illustriert.

BEISPIEL

Das neue Betriebssystem fährt in weniger als 15 Sekunden hoch, es lohnt sich also noch nicht mal, in der Zeit einen Kaffee holen zu gehen.

Interessanterweise sind viele Hörer und Zuschauer durchaus in der Lage, die konkreten Zahlen zu verdauen. Das hat eine Wirkungsstudie des Bundesverbands der Medientrainer in Zusammenarbeit mit der Hochschule Offenburg aus dem Jahr 2016 ergeben. Sie müssen also nicht unbedingt »50 Prozent« umformulieren in »jeder Zweite« oder »die Hälfte«. Folgen Sie da eher Ihrem Gefühl: Um »100 Prozent gestiegen« klingt eindrucksvoller (vielleicht auch bedrohlicher) als »verdoppelt«. Entscheiden Sie also selbst, welche Variante zu Ihrer Botschaft passt und welche Ihnen persönlich in der Kommunikation besser liegt.

Auf keinen Fall sollten Sie die Zahlenebenen vermischen, also nicht Jahreszahlen, Prozentzahlen und absolute Zahlen in einem Atemzug. Dann wird es für viele Hörer oder Zuschauer wieder zu anstrengend, der Finger wandert über die Fernbedienung – und schwupps – Sie sind weggezappt!

TIPP

Wenn Zahlen unentbehrlich sind

Was wenn die Zahlen doch unentbehrlich sind? Wenn Sie etwas richtigstellen wollen, das vielleicht bisher nicht korrekt dargestellt wurde? Wenn es Ihnen also ein wirkliches Anliegen ist, die Zahlen rüberzubringen? Dazu bietet sich im Vorgespräch mit dem Journalisten die beste Gelegenheit. Füttern Sie den Kollegen gern mit den relevanten Fakten. Stellen Sie möglicherweise falsch kursierende Zahlen richtig. Regen Sie ggfs. an, den Zusammenhang noch einmal grafisch aufzubereiten. Entrümpeln Sie Ihre gesprochene Botschaft und Ihr Interview von zu vielen Rechenaufgaben.

16 Aufgeräumte Botschaften

In diesem Kapitel erfahren Sie, wie Ihr Publikum Ihnen leichter folgen kann.

Unser Gehirn verbraucht bei voller Leistung etwa ein Fünftel unserer Körperenergie, schätzen Hirnforscher. Aber was heißt schon: volle Leistung? Die volle Leistung bringt unser Gehirn nur widerwillig. Es ist sehr darauf bedacht, mit den Energien des Körpers sparsam umzugehen. Ein Relikt der Evolution, damals wusste man nie, wann man die Kraft wieder zur Flucht vor dem Säbelzahntiger brauchen würde.

In der Kommunikation ist es spielentscheidend, diese Vermeidungstaktik zu kennen. Was machen z. B. Zuhörer in einem Vortrag, wenn es inhaltlich anspruchsvoll und damit anstrengend wird? Was machen schon Kinder, wenn ein Gespräch für sie nicht mehr nachvollziehbar ist? Was tun Zuschauer einer Talkshow, wenn sie nicht mehr folgen können? Sie gehen in eine Vermeidungsstrategie hinein. Sie lenken sich ab, schalten innerlich ab – oder gleich auf einen anderen Kanal um.

Darf es also immer nur »leichte Kost« sein, egal ob im Vortrag, in der Talkshow oder im Interview? Ein klares Nein. Es kommt auf die Verpackung an. Es kommt darauf an, dem Gehirn der Zuhörer und Zuschauer immer wieder Signale zu senden, die das Verständnis erleichtern. Gut gewählte Vergleiche zum Beispiel erleichtern das Verständnis von komplexen Zusammenhängen sehr, erzeugen ein Bild aus einer anderen Welt.

Genauso wertvoll – und manchmal leichter zu finden – sind Beispiele. Je konkreter, desto besser. Das fängt schon beim Small Talk an.

BEISPIELE

So bitte nicht!

A: Und, was machen Sie beruflich?

B: Ich bin IT-Manager. Mein Team und ich helfen als Dienstleister beim Outsourcing und bei der Transition in die Cloud.

A: Aha.

B: Für mittelständische Kunden.

A: Ah ja. (keine weiteren Fragen…)

So kommt ein Gespräch jedenfalls kaum in Gang, weil die Antworten zu wenig eingängig und anschaulich sind:

So schon eher:
A: Und, was machen Sie beruflich?
B: Ich bin IT-Manager. Ja, ich weiß – ein weites Feld. Also ganz konkret arbeiten wir als Dienstleister mit mittelständischen Unternehmen zusammen. Mit einer Bäckerei-Kette zum Beispiel, die möchte ihre IT nicht mehr selbst betreuen, sondern auslagern. Da kommen wir ins Spiel, überlegen, was dieser Kunde braucht, um zum Beispiel immer die Lagerbestände an Mehl und Zutaten im Blick zu haben.
A: Ach so. Ich wusste gar nicht, dass eine Bäckerei auch so viel mit IT zu tun hat.
B: Ja, das ahnt kaum jemand. Auch zum Beispiel die Lohnabrechnungen der Bäcker und Verkäufer, die ganze Personalarbeit, das ist natürlich längst IT-basiert…

Merken Sie den Unterschied? Ein Beispiel macht es konkret, es entstehen meistens sogar Bilder im Kopf. Der Zuhörer findet einen Zugang zum Thema, und somit zu seinem Gegenüber. Sein Gehirn muss sich nicht anstrengen, um das Gehörte zu verarbeiten.

Welche Kraft Beispiele in der öffentlichen Kommunikation entfalten, ist immer wieder erstaunlich: Eine Unternehmensberaterin, die ausschließlich das Thema Personalabbau als Kernkompetenz hat, steht in einer Podiumsdiskussion Rede und Antwort. Personalabbau – ein schwieriges Thema, auch für das Publikum. Es gibt viele kritische Fragen, die auch von Journalisten kommen könnten. Anstatt darauf abstrakt zu antworten, bringt sie konkrete Beispiele – natürlich anonymisiert: »Bei der Fusion dreier Sparkassen standen wir vor der Herausforderung…Konkret sind wir so vorgegangen… Im Ergebnis haben wir eine Lösung gefunden, die im Betriebsrat und in der Belegschaft sehr gut akzeptiert wurde.« Manchmal spürt man in solchen Momenten, wie die Aufmerksamkeit des Publikums neu entfacht wird. Wie die Ohren aufgehen in der Hoffnung, dass es anschaulich wird. Leicht zu verstehen. Was ja gute Beispiele tatsächlich leisten.

TIPP

Erfolgsfaktor Beispiele

Gerade bei kritischen Themen oder wenn Sie in einer umstrittenen Position sind, können Beispiele sehr wertvoll sein. Neben dem Beitrag zur Anschaulichkeit will jeder, auch jeder Journalist, ein solches Beispiel hören (sonst müsste er sich womöglich selbst ein Beispiel suchen, und das ist – genau! – anstrengend). Und deswegen wird man sie höchstwahrscheinlich auch nicht unterbrechen. Achtung: Wenn das Beispiel zu lang ist, wird es unscharf. Es sollte kurz und einprägsam sein, möglichst nicht länger als 30 oder 40 Sekunden.

Persönliches einbringen

Eine Variante des Beispiels – mit ähnlich packender Wirkung für die Kommunikation – ist das, was Sie selbst erlebt haben. Oder was Sie aus Ihrer Erfahrung einbringen können. Viele unserer Trainingsteilnehmer wundern sich, wenn wir das ansprechen. Dürfen wir wirklich etwas Persönliches einfließen lassen? Ja, bitte!

BEISPIEL

Wahl zum US-Präsidenten

Die ZEIT- Interview mit Verteidigungsministerin Ursula von der Leyen nach der Wahl Donald Trumps zum US-Präsidenten

Die ZEIT: Wir hören amerikanische Musik, trinken Cola, schauen US-Serien und denken, die Amerikaner sind wie wir, nur reden sie englisch. War das ein Irrtum?

Von der Leyen: Nein, kein Irrtum. Als 16-Jährige bin ich ein halbes Jahr in Philadelphia zur Schule gegangen. 1992 bin ich mit Mann und drei Kindern in die USA gegangen und 1996 mit Mann und fünf Kindern wieder nach Deutschland gekommen. Ich bin bekennende USA-Freundin. Es gibt millionenfache Beziehungen zwischen uns und den Amerikanern, persönliche, kulturelle, wissenschaftliche, politische ...

Hier platziert von der Leyen (vermutlich wohlüberlegt) eine persönliche Botschaft, bevor sie ins Allgemeine übergeht. Das ist bei dieser Politikerin eher die Ausnahme, und in diesem langen ZEIT-Interview ein Höhepunkt.

Die Frage ist natürlich, wie persönlich darf es denn werden? Das lässt sich pauschal nicht beantworten. In jedem Fall darf der Unternehmenssprecher oder der Produktmanager in einem Messeinterview sagen, was ihm an dem neuen Produkt gut gefällt oder dass er es selbst schon ausprobiert hat. Wer als Branchenvertreter Rede und Antwort steht, darf natürlich seine Inhalte »menschlicher« machen, indem er Begegnungen oder Erlebtes einfließen lässt: »Erst vergangene Woche habe ich mit Herstellern aus dem Maschinenbau zusammengesessen. Wir haben uns über die Reform der Erbschaftsteuer unterhalten. Die Begeisterung hält sich in Grenzen, das können Sie mir glauben.«

Diese Art, eine Botschaft zu garnieren, macht Sie als Gesprächs- oder Interviewpartner authentisch. Das Publikum erkennt, dass hier jemand als Mensch Rede und Antwort steht, und nicht nur ein Funktionsträger. Es zeigt mitunter auch, wie Sie sich bis ins Detail mit einer Sache beschäftigt haben. Kurzum: Persönliches einzubringen zahlt auf Ihr Kompetenz- und Sympathiekonto ein! Und macht es leichter, Ihnen zu folgen.

Geben Sie Ihrer Botschaft Struktur – zum Beispiel durch Aufzählungen!

In der gesprochenen Sprache sind wir sehr flexibel. Wir können inhaltlich zurückspringen, vorauseilen, wir können aneinanderreihen oder auch weglassen. Im Grunde ist alles erlaubt – nur eins nicht: Wir dürfen das Publikum, die Zuhörer oder Zuschauer, nicht verlieren. Und da sind wir wieder am Ausgangspunkt: Das Zuhören darf nicht anstrengend sein. Wir müssen dem Publikum helfen, sich in dem Gesagten zu orientieren. Und das klappt in vielen Fällen sehr gut durch Aufzählungen.

BEISPIEL

ZDF-Interview mit Prof. Dennis Snower, Kieler Institut für Weltwirtschaft am 18. Januar 2017.

ZDF: Herr Snower, viele Experten sind in Sorge, weil sie nicht wissen, was sie von einem US-Präsidenten Trump zu erwarten haben. Sie auch?

> *Snower:* Absolut, ich bin in großer Sorge. Und zwar aus zwei Gründen: Erstens spricht Trump von Strafzöllen auf Importwaren. Das halte ich für völlig falsch und zerstörerisch. Zweitens besorgt mich das Thema Abschottung der USA. Wir brauchen in diesen Zeiten genau das Gegenteil…

Hier sendet der Wirtschaftsexperte ganz früh das Signal: Achtung – es kommen zwei Argumente. Nicht fünf, nicht zehn. Zwei Argumente, die auch noch schön sortiert nacheinander platziert werden. Das hilft dem Zuschauer, gerade in einem flüchtigen Medium wie dem Fernsehen. Vielen Menschen gibt das die Orientierung, die ihr Gehirn braucht.

Für den Interviewten stellt sich dabei die Herausforderung, aus all seinem Wissen tatsächlich DIE zwei oder drei wichtigsten Punkte herauszufiltern und sich darauf zu beschränken. Mehr dazu im *Kapitel 21 – Auf den Punkt*.

Aufgezappt
Die Kraft guter Vergleiche

Warum erleichtert eine gut gewählte Analogie das Verständnis?
Auf dem Weltwirtschaftsforum in Davos ist Donald Trump allgegenwärtig. Und das ohne selbst da zu sein. Seine Drohung, Strafzölle auf Importwaren zu erheben, wird unter Experten heftig diskutiert. Der Präsident des Instituts für Weltwirtschaft in Kiel, Dennis Snower, spricht sich im ZDF-Interview ausdrücklich gegen diese Zölle aus: »Das ist als würde man um eine Fabrik herum Stacheldraht ziehen. Niemand könnte, wollte mit dieser Fabrik zusammenarbeiten. Oder noch schlimmer: als würde man um die Produkte in dieser Fabrik Stacheldraht ziehen. Niemand würde sie haben wollen.« So hat Snower in rund 15 Sekunden die zerstörerische Wirkung von Strafzöllen anschaulich gemacht.
Das Beispiel zeigt: Gerade in der öffentlichen Kommunikation lohnt es sich, über leicht verständliche Analogien aus anderen Themenwelten nachzudenken. Auch und gerade für sehr komplexe Zusammenhänge.
Ein weiteres Beispiel: Um zu erklären, wie sich die Plagiatsvorwürfe und –nachweise von Karl-Theodor zu Guttenberg, Annette Schavan und Ursula von der Leyen unterscheiden, kann man natürlich einen juristischen Diskurs beginnen. Oder man veranschaulicht es so, wie ZEIT-Autor Martin Spiewak es mit einer Analogie aus dem Straßenverkehr tut:
»Während Guttenberg in volltrunkenem Zustand Dutzende rote Ampeln überfuhr und Schavan ein paar Stopp- und Einbahnstraßenschilder ignorierte, hat Ursula von der Leyen zweimal im absoluten Halteverbot geparkt.« Und schon hat der Leser ein Gefühl für die Schwere der Tat, oder?
Vergleiche gehören für uns Trainer zu den essenziellen »Zutaten« guter Kommunikation. Die Frage ist, weshalb viele Redner sie nicht häufiger einsetzen. Sie gehören unbedingt in die Vorbereitung eines Medienauftritts oder einer Rede. Denn: Gute Vergleiche fallen nur selten vom Himmel.
Das folgende Beispiel eines Kollegen aus der Redaktion ist da vermutlich eine Ausnahme. Er hatte ein schwieriges Gespräch mit einer Redakteurin hinter sich und musste Dampf ablassen.
»Ein Gespräch mit DER ist wie Heizen bei offenem Fenster: totale Energieverschwendung!«
Dieser Vergleich sagt mehr als tausend andere Worte.

VIDEO

Zu diesem Kapitel finden Sie auch ein Video im Online-Bereich. Folgen Sie einfach dem QR-Code am Anfang dieses Buches.

Nanotechnologie – anschaulich erklärt
So wird Forschung für jeden verständlich: Kieler Wissenschaftler haben es mit Hilfe von Nanotechnologie geschafft, Metalle dauerhaft mit anderen Stoffen zu verkleben. Und dem Forscher gelingt es im NDR sogar, seine Arbeit mit Hilfe guter Vergleiche anschaulich und kompakt zu vermitteln.

17 »Merk-würdig« werden

In diesem Kapitel erfahren Sie, wie Storytelling Erinnerungen schafft.

»Hänsel und Gretel gingen in den Wald…«

Sie kennen das Märchen. Wann haben Sie es zum letzten Mal gehört? Vor ein paar Jahren oder Jahrzehnten? Woran erinnern Sie sich spontan?

Wald, dunkel, kalt, Lebkuchenhaus, Hexe, Käfig, Feuer …

Ja, das werden vermutlich ein paar Bilder sein, die Ihnen Ihr Gedächtnis auf die Frage nach der Geschichte ins Bewusstsein schickt. Wenn Sie sich ein wenig Zeit nehmen und darüber nachdenken, was in diesem Märchen genau passiert, werden Sie merken, wie viele Details Ihnen noch dazu einfallen. Obwohl Sie diese Geschichte schon sehr lange nicht mehr gelesen oder gehört haben. Woran liegt das?

Als Sie dieses Märchen das erste Mal gehört haben, waren Sie vermutlich noch ein Kind, vielleicht vier oder fünf Jahre alt. Stellen Sie sich die Gefühle vor, die Sie damals – als kleines Kind – hatten, als Sie die Geschichte gehört haben:

Ihre Eltern wollen Sie loswerden – Trauer, Verzweiflung, Ohnmacht. Sie sind alleine nachts im dunklen kalten Wald – Angst, Unbehagen. Dann ein Haus aus Lebkuchen, wie an Weihnachten, verziert mit lauter Süßigkeiten – Freude, Lust. Die Bewohnerin: Eine Hexe, die Sie in einen Käfig sperrt – Bedrohung, Gefahr. Und schließlich das Feuer, in das die Hexe gestoßen wird – Macht, Schmerz.

Bilder und Emotionen als Schlüssel für Merk-Würdigkeit

Sie merken, mit den Bildern aus dem Märchen sind starke Gefühle verbunden. Es werden ungewöhnliche, bewegende Szenen geschildert, die für starke Emotionen sorgen. Und das ist das Geheimnis der »Merk-Würdigkeit«. In dem Moment, in dem wir Bilder sehen und Gefühle zulassen, speichern wir Informationen schneller und können leichter wieder darauf zugreifen. Aussagen, die weniger bildhaften Charakter haben oder keine Emotionen in uns erzeugen, können wir uns nicht oder nur schlecht merken.

Ein schönes Beispiel dafür ist, dass sich nur wenige spontan daran erinnern, was mit Gretel im Haus der Hexe passiert. Sie muss der Hexe zur Hand gehen, Hausarbeit machen. Warum erinnern wir uns nicht daran oder nicht sofort? Weil dieses Detail der Geschichte nicht emotional aufgeladen ist. Hausarbeit machen ist für die meisten von uns nichts

Besonderes. Es ist etwas ganz Alltägliches, es erzeugt keine besonderen Gefühle. Daher wird dieses Detail nicht als explizit »merk-würdig« abgespeichert.

Geschichten erzählen – Storytelling betreiben

Was bedeuten Hänsel und Gretel jetzt für die Kommunikation und den Transport von Botschaften? »Malen« Sie Bilder oder erzählen Sie Geschichten und man wird sich daran erinnern, was Sie gesagt haben. Marketingprofis nennen das »Storytelling«.

DEFINITION

Storytelling

Storytelling (deutsch: »Geschichten erzählen«) ist eine Erzählmethode, mit der explizites, aber vor allem implizites Wissen in Form einer Metapher weitergegeben und durch Zuhören aufgenommen wird. Die Zuhörer werden in die erzählte Geschichte eingebunden, damit sie den Gehalt der Geschichte leichter verstehen und eigenständig mitdenken. Das soll bewirken, dass das zu vermittelnde Wissen besser verstanden und angenommen wird.

Soweit die Definition von Wikipedia. Storytelling machen sich Unternehmen und Marken mittlerweile in großem Stil zunutze, um sich von der Masse abzuheben, um in der Flut von Reizen und Informationen nicht unterzugehen. Um gesehen, wahrgenommen und erinnert zu werden. Kurz: um »merk-würdig« im Sinne von »zu merken würdig« zu sein. Für ein solches Storytelling schreiben Kreative spannende Drehbücher und PR-Spezialisten entwickeln große Kampagnen.

Nun geht es in einem Interview nicht darum, Märchen zu erzählen oder spannende Kurzgeschichten aneinanderzureihen. Storytelling im Mediendialog heißt, Dinge anschaulich darzustellen. So anschaulich, dass unser Gehirn sie schnell und einfach verarbeiten und sich wieder daran erinnern kann.

Ein Bild ist schneller als 1000 Worte oder Bilder haben Vorfahrt ins Gehirn

Eine Erkenntnis aus der Hirnforschung heißt: Unbewusste Bewertungssysteme sind schneller als bewusste Bewertungsprozesse. Bevor wir Informationen bewusst wahrnehmen, verarbeiten und ggf. sprachlich ausdrücken können, hat unser emotionales Bewertungssystem (die Amygdala) die Information schon längst in ein emotionales Bewertungsraster eingeordnet. Verpacken wir Informationen in Bilder und Metaphern, arbeitet dieses emotionale Bewertungssystem noch schneller. Bilder sorgen außerdem dafür, dass Informationen komprimiert und ganzheitlich fassbar gemacht werden. Denn Bilder erzeugen Emotionen und an die erinnern wir uns besonders gut. Bilder sind also – vereinfacht gesagt – die Transportmittel für abstrakte Fakten.

Storytelling im Medienstatement

Storytelling im Interview bedeutet also im ersten Schritt, Bilder zu erzeugen. Bilder, die sich leicht verarbeiten und abspeichern lassen. Bilder, die klar, einfach und möglichst emotional sind. Im zweiten Schritt lassen sich durch geschicktes Aneinanderreihen dieser Bil-

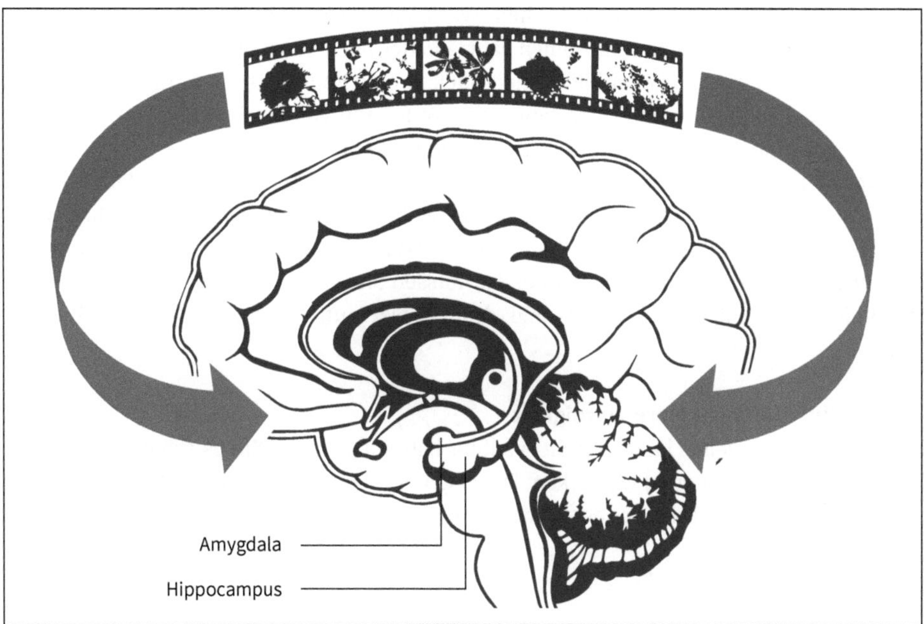

Quelle: Kathrin Adamski, Redefluss, Ulm

Abb. 17.1: Der Weg ins Gehirn geht am schnellsten über Bilder

der kleine Filme in die Köpfe der Zuschauer und Zuhörer projizieren. Wenn diese Bilder dann auch noch logisch verknüpft werden und einen roten Faden ergeben, sozusagen zu einem Kino-Film im Kopf werden, ist die Chance groß, dass sich der Zuschauer oder Zuhörer den Inhalt merkt und ihn sogar bei Gelegenheit wieder abrufen kann.

BEISPIEL

Lightmove

»Lightmove ist ein global agierendes Unternehmen für günstige Elektromobilität. Besonders Asien bietet ein großes Potenzial, denn hier ist Automobilität für knapp 50 % der Bevölkerung aus verkehrstechnischen Gründen keine Alternative mehr. Deswegen will das Unternehmen in den nächsten Jahren dort weiter expandieren.«

Welche Bilder haben Sie Im Kopf, wenn Sie das lesen oder hören? Was genau macht das Unternehmen? Sie können es sich nicht vorstellen? Dann versuchen wir es anders: »Lightmove entwickelt und produziert Elektrofahrräder. Das Unternehmen hat auf der ganzen Welt Shops, in denen die E-Bikes verkauft, gewartet und repariert werden. In den nächsten Jahren will das Unternehmen weitere Shops in asiatischen Großstädten wie Manila, Bangkok oder Jakarta eröffnen. Denn dort lässt mittlerweile wegen der Megastaus jeder Zweite sein Auto stehen.«

Jetzt können Sie vermutlich besser »sehen« was Lightmove macht. Sie sehen vielleicht eine Weltkugel vor dem inneren Auge, einen Fahrradladen, in dem viele glänzende Elektrofahrräder stehen. Sie werfen gedanklich einen Blick in eine Radwerkstatt, in der ein Mechaniker an einem Fahrrad hantiert. Sie sehen eine Autobahn vor der Skyline einer Großstadt, auf der sich eine Autoschlange bis an den Horizont reiht.

Storytelling in einem Statement heißt also Klartext sprechen, damit Sie klare Bilder in den Köpfen Ihrer Zuhörer erzeugen. Wenn Sie wollen, dass Leute einen Stau sehen, müssen Sie konkret ein Bild vom Stau beschreiben. Wenn Sie wollen, dass man weiß, womit Sie auf der ganzen Welt Ihr Geld verdienen, müssen Sie das konkret beschreiben. Je klarer die Bilder Ihres »Botschaften-Films« sind, desto besser läuft der Film im Kopf Ihrer Zuhörer ab.

Sprachbilder für mehr Merk-Würdigkeit

Noch eine Stufe weiter lässt sich Storytelling betreiben, wenn Sie es schaffen, Ihre Botschaften in Sprachbilder zu verpacken. Dabei geht es darum, eine Information nicht nur in einem Bild zu beschreiben, sondern eine Metapher zu zeichnen, die mit einem bestimmten Gefühl verbunden ist.

BEISPIEL

Storytelling als Metapher

Nach einem Amoklauf wird ein Polizeisprecher in einer Talksendung gefragt, wie er die Stimmung in der Bevölkerung wahrgenommen hat und was diese Stimmung für die Kommunikation der Polizei bedeutet habe. Er antwortet:

»Wir sind in einem ganz großen Chor von Stimmungsmachern eine Stimme – o.k. wir sind der Bariton – aber wir sind halt nur eine Stimme. Und die Kunst besteht darin, eine Sachbotschaft zu platzieren. Und wenn diese Sachbotschaft ist, »Wir haben's im Griff«, dann muss diese Botschaft ganz dringend in die Ohren der Bevölkerung und wenn Sie da übertönt werden, haben Sie ein Problem.«

Polizeisprecher Marcus da Gloria Martins in der Sendung »Hart aber Fair« am 24.7.2016 nach dem Amoklauf im Münchner Olympiaeinkaufszentrum.

Wir sind als Zuhörer emotional sofort in einem Konzertsaal, hören den tiefen Bariton, der einem Lied ein gewisses Fundament verleiht und können nachfühlen, wie es wäre, wenn der Bariton in der Überzahl von hellen, vergleichsweise schrillen Stimmen untergeht. Ein unangenehmes Gefühl. Und unbewusst übersetzen wir jetzt: Die Stimme der Polizei ist unglaublich wichtig. Und die Polizei hat einen guten Job gemacht, wenn ihre Botschaften gehört werden.

Merk-würdige Statements – wie geht das genau?

Nun stellt sich die Frage, was muss ein Statement, eine Antwort auf eine Interviewfrage haben, damit Sie nicht nur gehört wird, sondern auch »gemerkt« also »merk-würdig« wird? Aus Kommunikationssicht machen sechs Dinge ein Statement im Sinne eines einfachen Storytellings besonders gut erinnerbar.

Kürze

Damit eine Botschaft möglichst als ganze Geschichte und mit vielen Details abgespeichert und erinnert wird, sollten Statements nicht länger als 20 bis 30 Sekunden sein. Studien beweisen, dass die Aufmerksamkeit eines Rezipienten spätestens nach 30 Sekunden nachlässt und sich der Zuschauer jenseits der 30 Sekunden deutlich weniger Details einer Information merken kann (Medienwirkungsstudie Uni Offenburg 2016, Erfolgsfaktoren beim Auftreten vor der Kamera).

Einfachheit

Versuchen Sie, Ihren Inhalt so einfach wie möglich darzustellen. Lassen Sie in Ihrem Statement alle Randinformationen und »Schnörkel« weg. Konzentrieren Sie sich nur auf den Kern Ihrer Botschaft. Je klarer Sie Ihre Botschaft herausarbeiten, desto einfacher hat es der Rezipient, Ihrer Geschichte zu folgen. Mit verbalen Schleifen, die der Zuhörer aufbinden muss, machen Sie ihm keine Freude. Wie man auch komplexe Inhalte in eine einfache Form bringt, zeigt vorbildhaft die »Sendung mit der Maus«. Es ist kein Zufall, dass dieses schon legendäre TV-Magazin nicht nur von Kindern gern gesehen wird.

Struktur

Geben Sie Ihrem Inhalt eine klare Struktur, einen roten Faden: Wo fange ich meinen Gedanken an? Wo muss ich meinen Zuhörer »abholen«? Wo soll meine Geschichte enden und was ist meine Hauptaussage. In Märchen ist diese Hauptaussage übrigens oft: »Und die Moral von der Geschicht'…«.

Mehrwert

Sorgen Sie dafür, dass Sie in Ihren Statements echte Informationen vermitteln. Also keine Allgemeinplätze formulieren, sondern konkrete Aussagen treffen. Damit wird eine Aussage für den Zuschauer relevant, bietet einen Mehrwert und erweitert den Wissenshorizont. Also nicht »Wie viele Unternehmen beschäftigen auch wir uns mit Themen der Personalentwicklung«, sondern eher: »Mehr als 60 % der deutschen Unternehmen beschäftigen sich damit, wie Sie Ihre Mitarbeiter fit für Führungsaufgaben machen können. Bei uns gibt es dafür eine hauseigene Akademie«.

Bilder (und Emotionen)

Je klarer die Informationen sind, die Sie liefern, desto einfacher kann der Rezipient sich diese Informationen bildhaft vorstellen. Sprechen Sie beispielsweise von Ihrem Unternehmen als »global agierend«, muss der Zuschauer wahre Hirnakrobatik betreiben, um ein passendes Bild dafür zu finden. Und dieses Bild muss nicht das sein, das SIE mit »global agierend« meinen. Global agierend kann heißen: »Wir exportieren unsere Produkte in die ganze Welt« oder »Wir haben auf der ganzen Welt Niederlassungen, die unsere Produkte vertreiben« oder »Wir haben Partner in der ganzen Welt, die für uns arbeiten« oder »Wir haben auf der ganzen Welt eigene Werke, in denen wir produzieren«.

Authentizität

Wenn Sie in Ihren Statements ehrlich sind, wenn Sie an die Inhalte und Aussagen Ihres Statements glauben und fühlen, was Sie sagen, wird Ihre Geschichte ankommen. Vermeiden Sie, Dinge zu sagen, die zwar gut klingen, die Sie aber nicht so sehen oder fühlen können. Wenn Sie Aussagen treffen, die nur in Ihrem Kopf sind, nicht aber aus Ihrem Bauch, also Ihrem Gefühl, kommen, denken Sie darüber nach, ob die Aussage oder das Bild angepasst werden können.

18 Unter Druck

In diesem Kapitel erfahren Sie, was Stress mit Ihrer Wahrnehmung macht.

Wenn der Druck zu groß wird, fällt die Maske. Leo Martin

So beschreibt der ehemalige Geheimdienstmitarbeiter Leo Martin, was passiert, wenn Menschen zum Beispiel in einem Verhör die oberste Stufe der sogenannten Stresstreppe erreichen. Eine gezielte Frage am Ende dieser Stresstreppe – und der Verdächtige verrät sich. Auch, wenn er bis dahin kontrolliert gelogen hat.

Nun muss man kein Verbrecher sein, um mit der Stresstreppe zu tun zu haben. Mit der Stresstreppe und ihren Folgen haben wir im Alltag immer wieder zu kämpfen. Wenn die Tagesmutter ausfällt, der Chef ausgerechnet heute die Abteilungsleitersitzung überzieht, ganz nebenbei der Steuerberater durchklingelt und eine saftige Nachzahlung ankündigt und schließlich der Gatte noch mitteilt, dass er heute Abend die Kinder nicht ins Bett bringen kann, weil er dringend zum Jubiläum des Kegelvereins muss – dann kann jedem schon mal der Kragen platzen. Und nicht selten sagen wir in solchen Momenten Dinge, die wir später bereuen. Dinge, die wir in stressfreiem Zustand nicht sagen – selbst wenn wir sie denken. Was passiert unter Stress, wie genau entsteht eine Stresstreppe und welche Folgen hat es, wenn wir die Stresstreppe in einem Mediendialog erklimmen?

Die Stresstreppe hat zwei extreme Zustände: Die absolute Entspannung – unsere Komfortzone – und unsere Affektschwelle – den Zustand des größten Gestresst-Seins.

In der Komfortzone haben wir den größten Handlungsspielraum, können bewusst kontrollieren, was wir tun und sagen. Je mehr der Stress zunimmt, desto mehr übernimmt unser Unterbewusstsein das Ruder. Unter Stress greift das Unterbewusstsein auf Gelerntes und Verinnerlichtes zurück. Das können Handlungsmuster sein, aber auch tief verankerte Werte, Einstellungen und Meinungen. Und vor allem: Unter Stress befördert das Unterbewusstsein vermehrt unangenehme Dinge zutage oder Dinge, die wir bewusst verdrängt haben.

In der Regel schwanken wir im Alltag immer wieder zwischen den beiden Stress-Polen – mal mehr mal weniger (siehe Abbildung 18.1). Häufen sich allerdings die Stressfaktoren und bleibt zwischen den Stressfaktoren keine Zeit, den Stress wieder abzubauen, steigen wir auf der Stresstreppe nach oben.

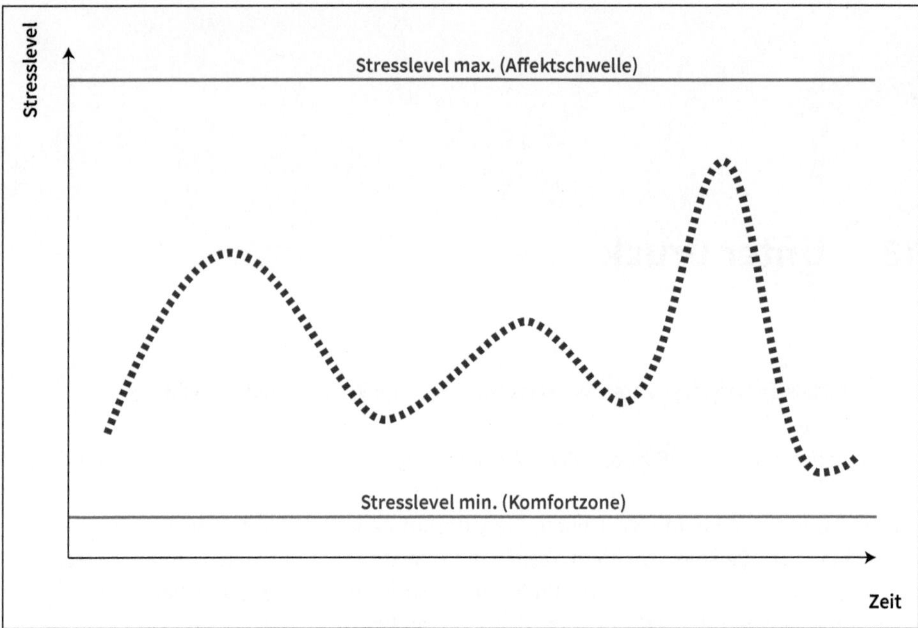

Quelle: Kathrin Adamski, Redefluss, Ulm

Abb. 18.1: Stresslevel im Alltag

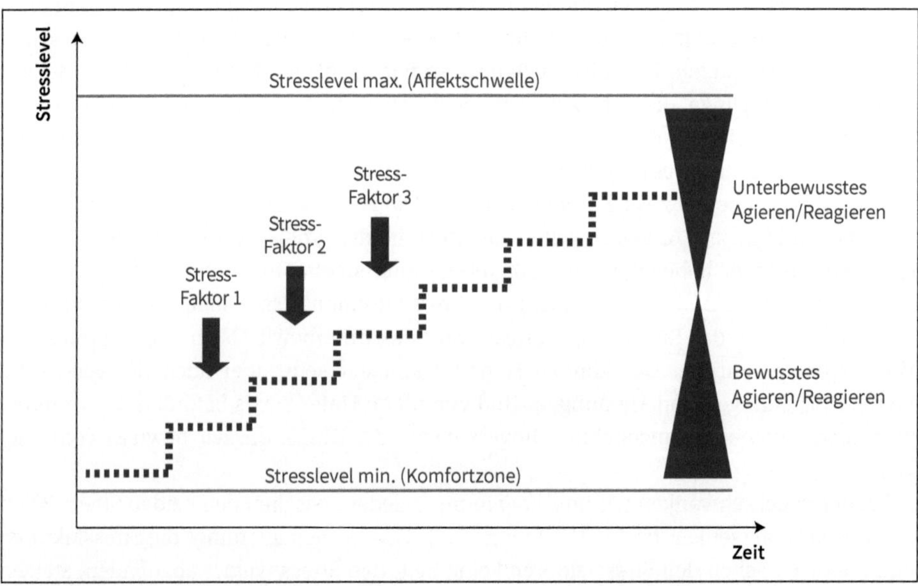

Quelle: Kathrin Adamski, Redefluss, Ulm

Abb. 18.2: Stresstreppe

Und genau dieses Phänomen machen sich investigative Journalisten zunutze, wenn Sie herausfinden möchten, ob jemand die Wahrheit sagt oder nicht, ob er das, was er nach außen sagt, auch wirklich so meint.

Zudem versuchen die Journalisten Stress zu erzeugen. Stressfaktoren können z.B. sein:

- der Journalist steht überraschend und unangekündigt vor Ihnen,
- der Kameramann dreht das Kameralicht auf „volle Pulle" und Sie müssen mit dem gleißenden Licht kämpfen,
- der Journalist hält dem Gesprächspartner das Mikrofon direkt unter die Nase, legt einen aggressiven Ton auf oder kommt dem Gesprächspartner rein physisch so nahe, dass der natürliche Schutzabstand zu gering ist.

All das sorgt dafür, dass der Stresspegel des Interviewpartners steigt, der Gesprächspartner die Stresstreppe hinaufsteigt, sein Handlungsspielraum für bewusstes, kontrolliertes Agieren kleiner wird, das Unterbewusstsein mehr und mehr das Sagen hat und die Ideomotorischen Effekte sich verstärken. Mehr zum Thema Ideomotorik lesen Sie in *Kapitel 12 – Lügendetektor der Kommunikation*.

Ist der Gesprächspartner dann weit genug die Stresstreppe hinaufgestiegen, stellt der Journalist seine entscheidenden Fragen. Und spätestens jetzt »fällt die Maske«, wird die Wahrheit ans Licht gebracht, eine interne Information ausgeplaudert, eine Lüge enttarnt. Denn Lügen gehören für unser Gehirn zu den komplexesten Prozessen. Sie brauchen extrem viel Kontrolle, bewusstes Denken und Strukturieren. Sie haben unter Stress also kaum eine Chance zu bestehen.

TIPP

Zeit gewinnen

Damit Sie also gar nicht erst auf der Stresstreppe nach oben klettern, brauchen Sie Zeit. Und diese Zeit sollten Sie sich gleich zu Beginn einer stressigen Kommunikationssituation verschaffen. Zeit gewinnen kann man auf verschiedene Weise, z. B. indem Sie selbst Fragen stellen. Dann muss Ihr Gegenüber in Aktion treten, muss sich Gedanken machen, wie er mit Ihrer Frage umgeht, was er darauf antwortet. Und Sie können in dieser Zeit Ihre Gedanken sortieren, die »Alarmglocken« im Gehirn einschalten und sich auf die potenzielle kommunikative Gefahrensituation einstellen. Und damit vermeiden Sie, die Stufen der Stresstreppe hinaufzusteigen.

Wenn Sie sich ausreichend Zeit verschafft haben, können Sie übrigens manipulative Fragestellungen viel einfacher entlarven und die Fettnäpfchen in den Fragen viel souveräner umschiffen. Woran man solche Fragen mit Fettnapfcharakter erkennt, haben wir in *Kapitel 29 – Vorsicht Falle* beschrieben.

Mehr zum Thema Umgang mit stressigen Kommunikationssituationen und wie sie diese souverän meistern, finden Sie außerdem im *Kapitel 46 – Kalt erwischt*.

Los geht's –
Vorbereitung auf den Medienkontakt

19 Ohne geht's nicht

In diesem Kapitel erfahren Sie, warum Kernbotschaften überlebenswichtig sind.

Bisher haben Sie gesehen, wie wichtig es ist, sich inhaltlich und strukturell darüber klar zu werden, *was, wer, wem* sagt und Sie haben viel über die Zutaten guter Kommunikation gelesen. Jetzt schauen wir auf die Herausforderungen für eine komplexe Verbands-, Firmen- oder Konzernkommunikation. Immer wieder haben sich die hauptamtlichen Kommunikatoren auf unterschiedliche Zielgruppen einzustellen. Die Inhalte sind vielfältig und sie variieren von Tag zu Tag; die Kommunikatoren und Zielgruppen aber auch. Das heißt, es bedarf eines Systems, mit dem sich flexibel und zielführend arbeiten lässt. Das Tool, das sich im Alltag wie im Training bewährt hat, ist das strukturierte Sammeln und durchdachte Formulieren von Inhalten. Wieder geht es ums Sortieren – ob es um Themen der Unternehmensbereiche Marketing, Vertrieb, Produktentwicklung usw. geht oder um spezifische Themen innerhalb eines Bereiches. Das lässt sich je nach Unternehmen beliebig unterteilen und spezifizieren. Doch zunächst ein Beispiel, das beim ersten Hinsehen nichts mit Kommunikation zu tun hat, das aber verdeutlicht, worum es geht.

BEISPIEL

Manuel Meier ist Spediteur und Hobby-Trödler. Er hat ein großes Lager geerbt – samt Inhalt. Und der besteht aus antiken Möbeln, Sperrmüll, Kunstwerken, Öl- und Lackresten, unübersehbar vielen Kisten und Kartons mit Lampen, Einrichtungsgegenständen, zahllosen Deko-Accessoires, aber auch Gemälden und vielem anderen mehr. Das Durcheinander in der riesig großen Lagerhalle lässt vermuten, dass es sich ausschließlich um Sperrmüll und Schrott handelt. Der erste Gedanke: entrümpeln, alles weg und die Halle vermieten. Manuel Müller sieht genauer hin: Er nimmt sich Zeit, sieht alles nacheinander durch und sortiert. Er trennt die Spreu vom Weizen, also das Verwertbare vom tatsächlichen Müll. Und so entstehen in der Halle nach und nach Bereiche sortierter Gegenstände wie Kunst, antike Möbel, Gebrauchsmöbel, verwertbare Maler- und Lackiermaterialien usw. Er spricht potenzielle Kunden an. Manuel Meier hat ein breites Spektrum an Angeboten – man könnte auch von Produktportfolio sprechen. Jedem ist sonnenklar, dass Manuel Meier einem Kunsthändler keine Industrie-Hochregale anbietet, sondern ihn gezielt auf die für einen Kunsthändler interessanten Objekte anspricht. Spediteuren bietet er keine Kunst an usw. Manuel Meier bietet jedem das an, was für den potenziellen Kunden relevant ist. Das leuchtet jedem ein – sofort. Ist ja auch logisch.

Dieses Vorsortieren scheint für den Bereich Kommunikation allerdings nicht zu gelten. Oder wie ist es zu erklären, dass der Physik-Professor vor dem Mikrofon eines lokalen Radio-Journalisten wie vor Fachkollegen wissenschaftlich doziert statt seine »Kundschaft«, in diesem Fall Zuhörer, die nebenher Radio hören, im Blick zu haben? Oder warum redet ein Politiker an der Frage des Journalisten vorbei und greift die gegnerische Partei anstatt die gestellte Frage zu beantworten? Und wenn ein Vorstandsvorsitzender eines global aufgestellten Unternehmens Bilanzzahlen in einer Pressekonferenz so zelebriert wie in der Steuerprüfung, dann hat doch wohl auch hier jemand nicht »vorsortiert«. Was lehrt uns das? Wir müssen aufräumen – und sortieren! Dies gilt nämlich auch für das Thema Kommunikation.

Bevor ein Kommunikator die einzelnen Produkte – in unserem Fall Botschaften – verkaufen kann, ordnet er sie, bereitet sie auf und stellt sie zielgruppenaffin zusammen.

1. Schritt: *Ermitteln*
   Stellen Sie sich die Frage, welche relevanten Botschaften generell zu transportieren sind – und zwar zunächst bezogen auf einen überschaubaren Themenbereich, ein konkretes Produkt oder eine konkrete Dienstleistung.
2. Schritt: *Fixieren*
   Filtern Sie die wirklich essenziellen von den weniger wichtigen Botschaften. Vielleicht drei bis fünf, maximal sieben. Sollten Sie wesentlich mehr wichtige Botschaften im Kopf haben, ist dies ein Indiz dafür, dass der Themenbereich zu groß, zu komplex, zu umfangreich ist.
3. Schritt: *Formulieren*
   Notieren Sie die fixierten Botschaften Satz für Satz. Es sollten pro Botschaft nicht mehr als ein bis zwei kurze Sätze sein.
4. Schritt: *Priorisieren*
   Nun fragen Sie sich, welche Botschaft wie bedeutsam ist. Welches sind die zweit- oder drittwichtigsten Argumente? Und welche sind zu nennen, aber nicht als prioritär zu betrachten?

Quelle: Stefan Klager, Der KommunikationsCoach, Köln

Abb. 19.1: Ermitteln, Fixieren und Priorisieren von Botschaften (1)

Wenn Sie quadratische Zettel nehmen, auf die Sie jeweils eine Botschaft (A bis G) schreiben, und diese Zettel ihrer Bedeutung nach von oben nach unten sortieren, entsteht eine klare Struktur, die an einen Baum erinnert.
Jeder Buchstabe steht für ein Argument – und die Spitze des Baums ist das Spitzenargument; es folgen zwei »mittelwichtige« Argumente und dann drei, die aber nicht von größter Bedeutung sind. Das vielleicht siebte vorhandene Argument ist nicht uninteressant, könnte aber unter den Tisch fallen.

Doch diese Priorisierung ist nicht in Stein gemeißelt – im Gegenteil, sie ist variabel, sie muss sogar variabel sein. Denn für die Priorisierung ist nicht nur Ihre Sicht der Dinge relevant, sondern auch die Erwartungshaltung und das subjektive Interesse des Gegenübers. Je nachdem wen Sie ansprechen, kann sich die Priorität der Botschaften schlagartig verändern. Hier gilt: An die Zielgruppe denken! Seien Sie sich immer bewusst, wer die Gesprächspartner oder Zuhörer sind. Ist bei der einen Zielgruppe die Priorisierung von A bis G genau die richtige, kann für ein anderes Medium (Zeitung, Hörfunk, Fernsehen) oder ein Auditorium, das über Fachwissen verfügt, eine andere Priorisierung von großer Bedeutung sein.

Quelle: Stefan Klager, Der KommunikationsCoach, Köln

Abb. 19.2: Ermitteln, Fixieren und Priorisieren von Botschaften (2)

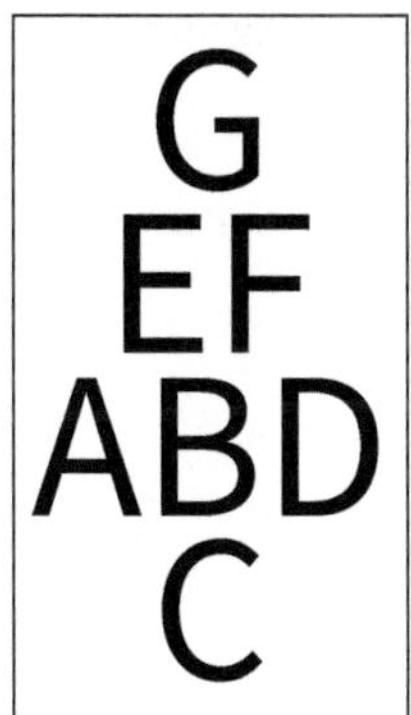

Quelle: Stefan Klager, Der KommunikationsCoach, Köln

Abb. 19.3: Ermitteln, Fixieren und Priorisieren von Botschaften (3)

Das folgende Beispiel beschreibt die Vorgehensweise.

BEISPIEL

Sie stellen ein neues Produkt Ihres Unternehmens vor und laden zu einer Pressekonferenz ein. Im Vorfeld gehen Sie strukturiert vor:

- *Ermitteln*
  Sie sammeln alle aus Ihrer Sicht wichtigen Kernaussagen zu dem Produkt. Ihnen fallen 15 attraktive Argumente ein, warum dieses Produkt jeder haben sollte.
- *Fixieren*
  15 Botschaften sind zu viele. Differenzieren Sie zwischen wirklich relevanten Argumenten und weniger wichtigen Inhalten. Sie kommen auf maximal sieben Kernbotschaften (A bis G).
- *Formulieren*
  Sie notieren je Botschaft die wichtigsten inhaltlichen Stichpunkte.
- *Priorisieren*
  Nun legen Sie die Bedeutung der einzelnen Botschaften fest und zwar – ganz wichtig – orientiert an der konkreten Zielgruppe.

BEISPIEL

Ein Unternehmen zieht Bilanz. Die Kernbotschaft ist das Umsatzplus im vergangenen Bilanzjahr in Höhe von 12 Prozent.
Das Unternehmen habe sich erfolgreich am Markt behauptet, könne nicht nur alle Arbeitsplätze sichern, sondern werde auch neue Stellen schaffen.
Zielgruppenaffine Kommunikation bedeutet in dem Fall:
Die wichtigste Botschaft für die

- … *Zielgruppe »Presse«* könnte lauten:
  »Wir haben ein Umsatzplus von 12 Prozent, und damit sind wir erfolgreicher als geplant.«
- … *Zielgruppe »Betriebsrat«* könnte lauten:
  »Wir haben ein Umsatzplus von 12 Prozent, und deshalb werden wir künftig mehr Personal einstellen.«
- … *Zielgruppe »Aktionäre«* könnte lauten:
  »Wir haben ein Umsatzplus von 12 Prozent, und deshalb fällt die Dividende sehr gut aus.«

Ihr persönlicher Workbook-Part

Jetzt sind Sie dran!

Nehmen Sie sich ein konkretes Thema aus Ihrem Arbeitsbereich vor; ermitteln, fixieren, formulieren und priorisieren Sie Ihre Kernbotschaften zum Beispiel Umstrukturierung, Fachkräftemangel, internationales Wachstum, Nachhaltigkeit oder Ähnliches!

Das Thema lautet:	
Die Botschaften sind:	
A	
B	
C	
D	
E	
F	
G	
Die Zielgruppe ist:	
Priorisierung der Botschaften	
Botschaft 1	
Botschaft 2	
Botschaft 3	
	© Kathrin Adamski/Dr. Katrin Prüfig/Stefan Klager

20 Die Zielgruppe fest im Blick

> In diesem Kapitel erfahren Sie, wie Ihnen das Pyramidenmodell bei der zielgruppengerechten Kommunikation hilft.

»Kernbotschaften – warum? Ich bin spontan und sage einfach, was mir wichtig ist.«

Es gibt interessante Phänomene: So sind viele, deren Aufgabe es ist, täglich professionell zu kommunizieren, der Ansicht, es sei nicht nötig, Kommunikation zu trainieren und die eigene Art der Kommunikation zu analysieren und zu schulen. Wenn es um fachspezifische Themen geht, stehen Fort- und Weiterbildungen wie selbstverständlich auf der Agenda. Kommunikation gilt mit dem Spracherwerb als abgeschlossen. So halten es viele auch mit Interviews oder Statements. »Ich kann sprechen und ich kenne mich in meinem Unternehmen bestens aus. Also? Noch Fragen? Gerne! Dann mal raus zum Interview – wird schon nicht so schlimm werden!«

Hand aufs Herz: Erkennen Sie sich? Oder sind Sie eher der Typ, der die Vogel-Strauß-Politik verfolgt: Nichts tun, nur wegducken, wenn's offiziell und öffentlich wird?

Egal zu welchem Typ Sie tendieren, Sie sind in guter Gesellschaft, zumindest was die Mehrheit der Menschen angeht.

Wir betrachten drei Annahmen und vermeintlich logische Schlussfolgerungen:

1. Sie können seit Kindheitstagen sprechen und haben in den vergangenen Jahrzehnten auch gelernt, eloquent zu artikulieren und mit großer Expertise zu sprechen. Stimmt das? Gut, aber genau das könnte schon ein Problem sein.
2. Sie sind der absolute Experte Ihres Themenbereichs. Auch gut, aber auch das muss nicht nur ein Vorteil sein.
3. Sie sind es seit Jahren gewohnt, in Ihrem Unternehmen vor der Belegschaft oder Geschäftsleitungskollegen zu sprechen. Ok, aber sind Sie deshalb vor Kommunikationsproblemen gefeit?

Zugegeben, das sind provokative Thesen, aber sie halten einer genaueren Betrachtung stand. Selbstverständlich sind Eloquenz, Fachwissen und Erfahrung wichtige Faktoren, um erfolgreich zu kommunizieren. Aber es sind – wie Mathematiker sagen würden – notwendige, aber nicht hinreichende Kriterien. Denn Eloquenz, Fachwissen und Erfahrung nützen wenig, wenn diese Faktoren nicht gepaart sind mit Verständlichkeit, Empathie und zielgruppenaffinem Verhalten.

In den vorangegangenen Beispielen sind wir von »Gernrednern« ausgegangen. Von gelungener Kommunikation kann aber auch keine Rede sein, wenn Sie informieren oder

Stellung beziehen sollten, stattdessen aber mauern, sich zurückziehen, die Öffentlichkeit – oder auch intern die eigene Belegschaft – gar nicht informieren.

Nun wollen wir nicht von Problemen sprechen, sondern von Lösungen. Doch es ist wichtig, sich erst der möglichen Risiken bewusst zu werden, um die Lösungen zu finden, die kommunikativ helfen und erfolgreich sind. Eine der Lösungen ist die sogenannte umgekehrte Pyramide – eine sehr hilfreiche Strategie, um Inhalte zu strukturieren und Statements oder Botschaften konkret zu formulieren.

Planung des Statements

Sie nehmen sich Zeit und beantworten folgende Fragen:

- Was ist das Ziel meiner Aussage?
- Welche Argumente sind wichtig?
- Wie ist die Perspektive der Zielgruppe, der Rezipienten?

Notieren Sie Stichworte zu Ihren Argumenten und Botschaften. Wenn dies geschehen ist, haben Sie eine wichtige Vorarbeit geleistet, um gezielt zu kommunizieren. Auf Ihrem Blatt Papier stehen jetzt Begriffe, die Ihnen noch einmal klar vor Augen führen, was Sie sagen wollen, welche Botschaften Sie argumentativ transportieren wollen und Sie haben sich vergegenwärtigt, zu wem Sie sprechen.

Formulieren des Statements

Wenn Sie jetzt das Statement konkret vorbereiten, arbeiten Sie sich von unten nach oben vor oder Sie drehen die Pyramide um.
Sie notieren zum Beispiel

- zunächst Stichpunkte zu Ihrer *Zielgruppe*

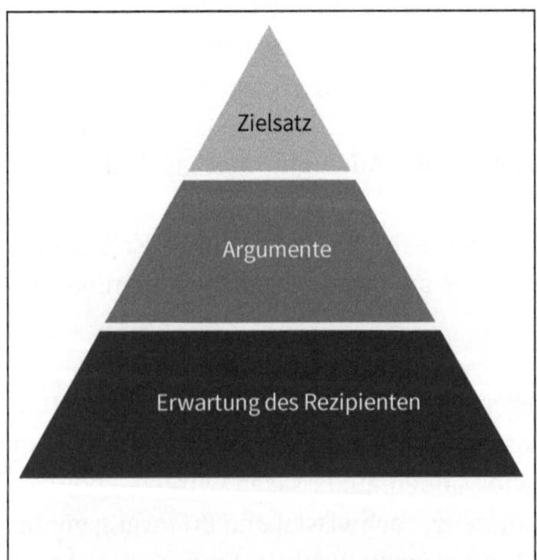

Quelle: Stefan Klager, Der KommunikationsCoach, Köln

Abb. 20.1: Planung von Statements – Die umgekehrte Pyramide

Quelle: Stefan Klager, Der KommunikationsCoach, Köln

Abb. 20.2: Formulieren von Statements – Die umgekehrte Pyramide

»Sehr geehrte Mitglieder des Betriebsrates, wir stehen vor einem innerbetrieblichen Umbruch und Sie erwarten zu Recht, dass wir keine Arbeitsplätze abbauen. Auch wir wollen dies verhindern.«
- dann folgen die *Argumente*
  - »Wir haben in unserer letztjährigen Bilanz ausgewiesen, dass...
  - Die Umsätze sind rückläufig, weil....
  - Aus Verantwortung für alle Beschäftigten möchten wir mit Ihnen gemeinsam...«
- und schließlich Ihr *Zielsatz,* die Schlussfolgerung, das folgerichtige Fazit oder Ihr Appell.

Diese so einfache, aber in jeder Situation hilfreiche Vorgehensweise erleichtert Ihre Kommunikation. Die vorgegebene Struktur sorgt nahezu wie von alleine dafür, dass Ihre Botschaften platziert werden. Sie zwingt Sie – im positiven Sinne – logisch und fokussiert vorzugehen, die wichtigsten Argumente trennscharf zu formulieren, sich nicht zu verzetteln.

21 Auf den Punkt

In diesem Kapitel erfahren Sie, wie Sie mit dem BotschaftenBaum® eine mediengerechte Struktur in Ihre Statements bekommen.

»Was genau macht Ihr Unternehmen?«, können Sie diese Frage beantworten? »Na klar!«, werden Sie sagen. »Ich arbeite dort ja schon seit Jahren. Ich weiß alles!«. Dann wollen wir die Frage anders formulieren. Können Sie in 30 Sekunden erklären, was Ihr Unternehmen genau macht? Oder was SIE in diesem Unternehmen genau machen? Ja, jetzt wird es schon schwieriger. Natürlich können die meisten Menschen in einer 30-minütigen Präsentation ihr Unternehmen, die Leistungen, Produkte, ggf. auch die strategischen Besonderheiten vorstellen. Aber in 30 Sekunden? Für die meisten Menschen scheint es unmöglich, so etwas Komplexes wie eine Firma in wenigen Sätzen zu beschreiben. Warum? Weil die Menschen, die in einem Unternehmen arbeiten, viel Hintergrundwissen zu Ihrer Firma haben. Da fällt es schwer, unvorbereitet und spontan herauszufiltern, mit welchen Informationen das Gegenüber sich im Gespräch ein Bild der Firma machen kann. Und vor allem: Wie viele Informationen finden in 30 Sekunden überhaupt Platz und mit welchen Informationen lassen sich die – im wahrsten Sinne des Wortes – »merk-würdigen« Bilder in die Köpfe der Zuschauer oder Zuhörer zaubern?

In 30 Sekunden die Welt erklären

Nun ist die Frage nach dem, was ein Unternehmen macht, nur ein Beispiel für viele Fragen, auf die Sie möglichst in 30 Sekunden eine gute Antwort finden müssen. Denn Sie erinnern sich: Sie sollten im Mediendialog in der Lage sein, die Welt in 30 Sekunden zu erklären. Und da gibt es eine ganze Menge Themen, zu denen Sie sicher auch drei Stunden lang reden könnten. In den Medien haben Sie aber nur 30 Sekunden. Solche Fragen können z. B. sein:

1. Was bedeutet soziales Engagement für Ihr Unternehmen?
2. Wie sieht Ihre Nachhaltigkeitsstrategie aus?
3. Welche Auswirkungen hat der Fachkräftemangel für Ihr Unternehmen?
4. Was bieten Sie als Unternehmen in Sachen Mitarbeiterentwicklung?

Filtern und Sortieren

Wenn Sie über diese Fragen nachdenken, werden Ihnen vermutlich zig Dinge einfallen, die Sie dazu erzählen könnten. Für ein Medienstatement müssen Sie das Thema aber reduzieren und komprimieren. Sie müssen Inhalte filtern, priorisieren und sortieren. Dabei sollten Sie sich an den folgenden Leitfragen orientieren:

- Welche Informationen sind am wichtigsten?
- Was kann ich zum Thema weglassen, was kann ich vernachlässigen?
- In welcher Reihenfolge muss ich die Informationen darstellen, damit man als Zuhörer folgen kann?

Dieses Vorgehen erfordert eine gute Vorbereitung. Wir wollen Ihnen im Folgenden eine Filter- und Sortierhilfe an die Hand geben, mit der Sie mediengerechte Statements planen und gestalten können. Sie hilft außerdem, sich geplante Botschaften besser zu merken. Die Idee dabei ist, komplexe Themen zu zerlegen und auf die wichtigsten Botschaften zu reduzieren; und zwar so, dass Sie dem Zuhörer eine bildhafte, logische Zusammenfassung eines Themas bieten und sich diese Botschaften in maximal 30 Sekunden zu einem logischen Bild zusammenfügen. Wir nennen diese Filter- und Sortierhilfe BotschaftenBaum®.

Der BotschaftenBaum®

Mit dem BotschaftenBaum® lassen sich standardisiert medien- und rezipientengerechte Statements entwickeln, insbesondere zu Fragen und Themen, die einen breiten Antwort- bzw. Erklärungsspielraum bieten oder zu Themen, die im Überblick dargestellt werden müssen. Der BotschaftenBaum® zeigt die Struktur und den optimalen Aufbau eines Statements, damit dieses in Interviews und O-Tönen vollständig zitiert wird und nicht durch Kürzungen manipuliert oder in einen missverständlichen Zusammenhang gesetzt werden kann. Außerdem bietet die Struktur des BotschaftenBaum® die Möglichkeit, schon bei der Planung eines Statements bildhafte Erklärungen oder Beispiele vorzusehen, die eine Botschaft für den Botschaftengeber leichter merkbar und für den Zuhörer verständlicher machen.

Ziel des BotschaftenBaum® ist es also, Statements so vorzubereiten, dass sie:

- das Wichtigste zu einem Thema im Überblick enthalten,
- für den Rezipienten einfach konsumierbar sind,
- die enthaltenen Informationen einprägsam und somit leicht wieder abrufbar machen,
- die enthaltenen Informationen in einer Zeit von maximal 30 Sekunden vermitteln,
- bei der Wiedergabe in Medien die Chance haben, vollständig zitiert zu werden.

Der BotschaftenBaum® basiert auf drei Erkenntnissen:

1. Die Aufmerksamkeit eines Rezipienten ist in den ersten 30 Sekunden eines audiovisuellen Auftritts am höchsten. Daher wird in der Medienproduktion mit einem 30-Sekunden-Rhythmus im Bildschnitt gearbeitet. Das wiederum heißt: In den Medien stehen uns meistens nur 30 Sekunden für den Transport einer Information zu Verfügung.
2. Wir können uns eine Information besser merken, je konkreter sie ein Bild in unserem Kopf erzeugt. Wir müssen also dafür sorgen, dass wir unsere Botschaften in gute Bilder packen und sie damit verständlich machen.

3. Aus der Rhetorik ist bekannt, dass Menschen einfache, wiederkehrende, bekannte Strukturen lieben. So erzeugt eine ungerade Anzahl an Teilen, Schritten, Gedanken oder Aspekten innerhalb einer Aussage ein Gefühl von »rund, geschlossen, vollständig, logisch«. Nicht umsonst werden Opern oder Theaterstücke in drei oder fünf Akten gespielt und Reden oder Vorträge auch nach diesem Schema gestaltet. Bei einem geplanten Statement von 30 Sekunden bietet es sich daher an, drei Gedanken zu setzen. So steht dann pro Gedanke, Schritt oder Aspekt eine Zeit von maximal zehn Sekunden zur Verfügung. In zehn Sekunden lässt sich bei guter Planung bereits ein vollständiges verbales Bild zu einem Gedanken zeichnen.

Diese drei Erkenntnisse sind die Grundlage für den Aufbau des BotschaftenBaum® (vgl. Abbildung 21.1).

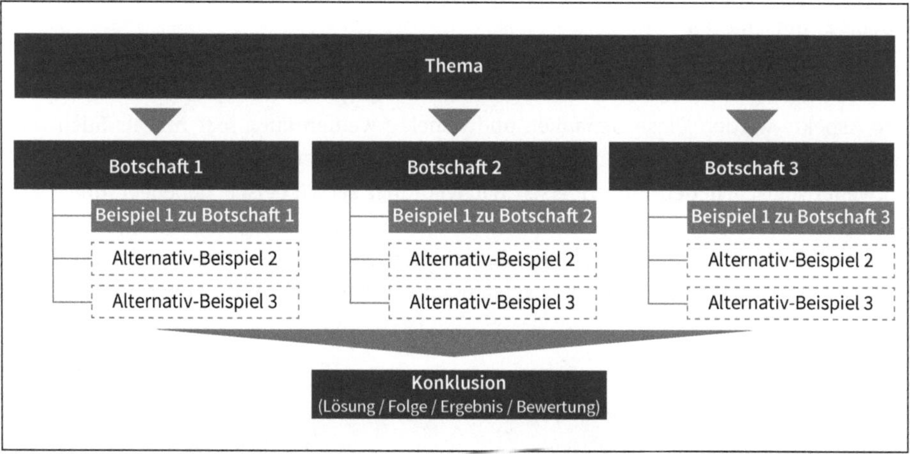

Quelle: Kathrin Adamski, Redefluss, Ulm

Abb. 21.1: Der BotschaftenBaum®

Der Aufbau des BotschaftenBaum®

Der BotschaftenBaum® besteht aus verschiedenen Elementen, die auf unterschiedlichen Ebenen bestimmte Funktionen übernehmen.

Ebene 1: Titel

Die erste Ebene des BotschaftenBaum® beinhaltet die Beschreibung des Themas, also: Worum geht es in einem Statement? Sie ist wie eine Art Titel oder Überschrift, die dem BotschaftenBaum® einen Namen gibt. Dieser Name sollte möglichst einfach und möglichst allgemein gehalten werden und nur aus einem, maximal aber aus drei Stichworten bestehen. Sie wollen z. B. ein Statement dazu planen, welche strategische Rolle das Thema Innovation in Ihrem Unternehmen spielt und wie sie damit umgehen. Dann wählen Sie am besten den schlichten Titel »Innovationen in der Firma XY«.

Ein einfacher Titel ist wichtig, um den BotschaftenBaum® später schneller in unserem

Kopf wiederzufinden, denn lange Sätze können wir uns nur schwer merken. Stichworte, die ein Bild in unserem Kopf erzeugen, kann unser Gehirn hingegen leichter verarbeiten. Dadurch können wir den vorbereiteten BotschaftenBaum® besser abspeichern und finden ihn später auch schneller wieder.

Bei der Benennung des BotschaftenBaum® ist es hilfreich, den Titel sehr offen zu formulieren. Je offener das Thema oder der Titel in einem BotschaftenBaum® gewählt wird, desto leichter lässt sich der BotschaftenBaum® später ggf. auch auf sehr unterschiedliche Fragen anwenden. Wichtig bei der verbalen Wiedergabe des BotschaftenBaum® ist es, dass der Titel ein Teil Ihres Statements ist. Sie sollten ihn bei Beginn Ihrer Antwort in irgendeiner Weise nennen. So verringern Sie das Risiko, dass ein Statement in einen falschen Zusammenhang gesetzt wird oder der Zuschauer nicht sofort versteht, worüber Sie in der Antwort sprechen.

Ebene 2: Botschaften

Die zweite Ebene des BotschaftenBaum® ist die Ebene der Botschaften. Hier finden sich die drei wichtigsten Gedanken zum Thema des BotschaftenBaum® oder dessen wesentliche Aspekte wieder. Diese Gedanken und Aspekte werden auch hier nur als Stichworte festgehalten – nicht als ausformulierte Sätze! Die Gedanken oder Aspekte können dabei entweder logisch neben- oder logisch nachgeordnet sein. Logisch nebengeordnete Botschaften sind unabhängig voneinander und lassen sich je nach Anlass in der Reihenfolge variieren. Bei logisch nachgeordneten Botschaften bleibt die Reihenfolge der Gedanken immer gleich, da Gedanke zwei nur verstanden werden kann, wenn zuerst Gedanke eins platziert wurde.

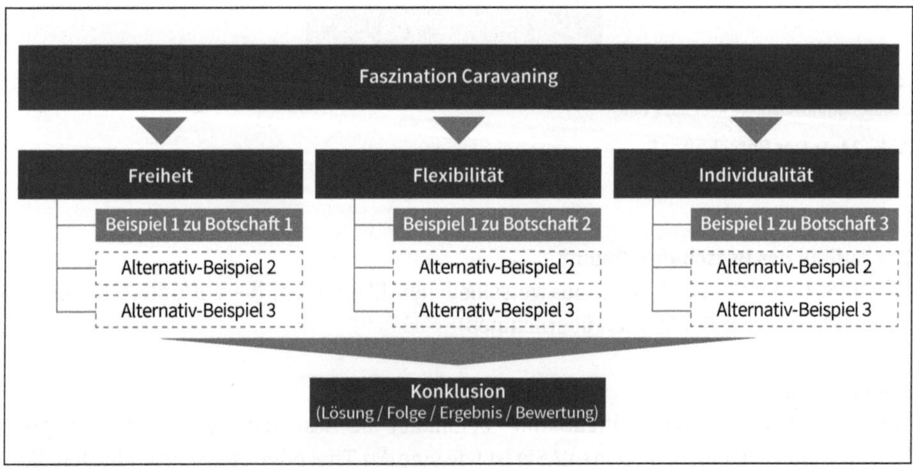

Quelle: Kathrin Adamski, Redefluss, Ulm

Abb. 21.2: BotschaftenBaum® – mit Botschaften

BEISPIELE

Nebengeordnete Botschaften

»Caravaning – also Urlaub machen im Wohnmobil oder mit dem Wohnwagen – ist faszinierend.
Man genießt eine große Freiheit, ist sehr flexibel in der Urlaubsgestaltung und der Urlaub im Wohnmobil ist immer individuell und einzigartig.«

Genauso gut ginge aber auch:
»Caravaning – also Urlaub machen im Wohnmobil oder mit dem Wohnwagen – ist faszinierend.
Urlaub im Wohnmobil ist immer einzigartig und sehr individuell. Man ist flexibel in der Urlaubsgestaltung und genießt eine große Freiheit.«

Ebene 3: Beispiele, Bilder und Beschreibungen

Die dritte Ebene des BotschaftenBaum® ist die Ebene der erläuternden Beispiele, Beschreibungen oder Bilder. Diese Elemente sorgen dafür, dass die Teilbotschaften klarer und lebendiger werden. Dass sich der Zuhörer besser vorstellen kann, was er sich unter den Botschaften aus Ebene zwei vorstellen muss. Diese dritte Ebene dient dazu, eine Art Film vor dem geistigen Auge des Zuhörers ablaufen zu lassen. Je fassbarer und vorstellbarer ein Statement ist, desto »merk-würdiger« wird es, desto besser kann es abgespeichert und erinnert werden. Wichtig dabei ist allerdings, dass die Beispiele, Bilder oder Beschreibungen so knapp formuliert sind, dass sie sich in maximal 10 Sekunden verbalisieren lassen. Je plakativer und konkreter Sie diese Ebene gestalten, desto einfacher können Sie sich auch selbst den BotschaftenBaum® merken.

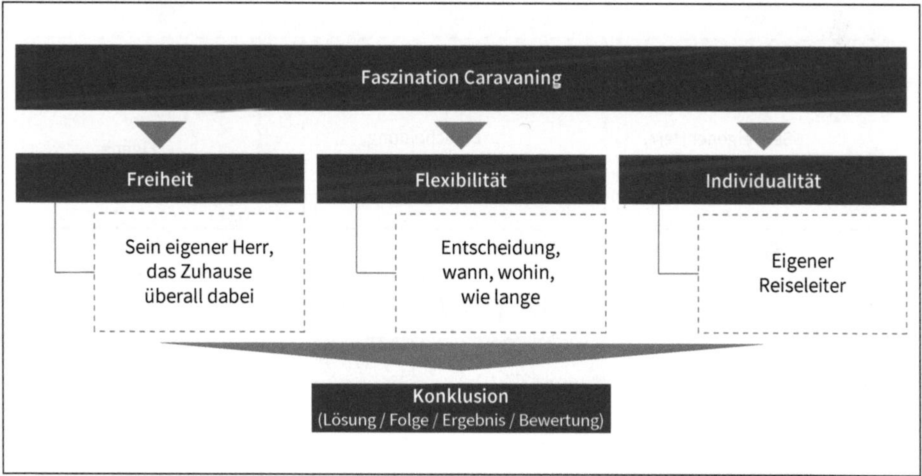

Quelle: Kathrin Adamski, Redefluss, Ulm

Abb. 21.3: BotschaftenBaum® – mit Beispielen

BEISPIEL

Caravaning – also Urlaub machen im Wohnmobil oder mit dem Wohnwagen – ist faszinierend:

- Beim Caravaning genießt man eine große Freiheit.
  - Das heißt, man ist von niemandem abhängig und hat sein Zuhause immer dabei.
- Caravaning ist eine flexible Urlaubsform.
  - Man kann spontan entscheiden, wann man wohin fährt und für wie lange.
- Caravaning ist eine individuelle Urlaubsform.
  - Man ist sozusagen sein eigener Reiseleiter und bestimmt, wie die Reise aussehen soll.

Ebene 2 und 3: Soundbites

Die Botschaften aus Ebene zwei zusammen mit den kurzen erläuternden Beispielen, Bildern oder Beschreibungen aus Ebene drei bilden in der vertikalen Struktur jeweils ein sogenanntes Soundbite. Somit besteht ein BotschaftenBaum® in der Regel aus drei Soundbites und jedes Soundbite wieder aus einer Botschaft und einem erläuternden Beispiel, einem Bild oder einer kurzen Beschreibung dazu. Diese Soundbites können sich als Gedankeneinheit auch in BotschaftenBäumen® anderer Themen wiederfinden und ggf. mehrfach in Statements platziert werden.

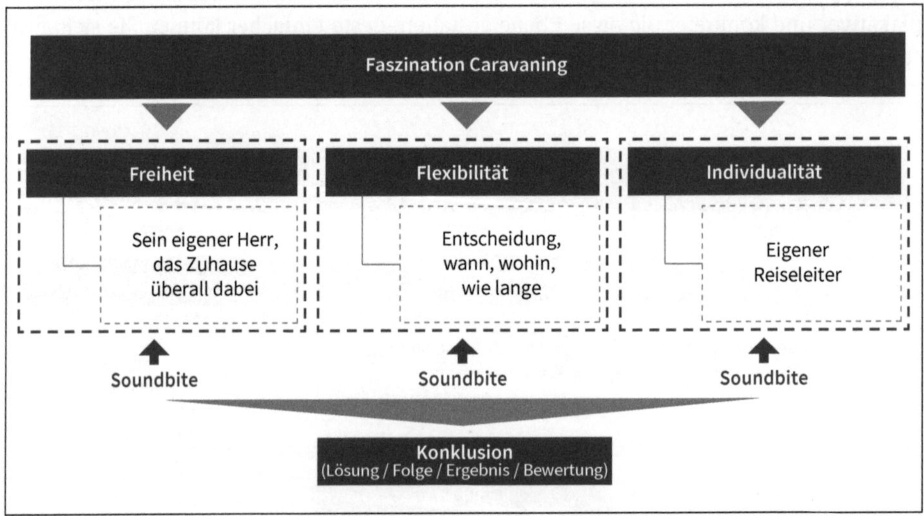

Quelle: Kathrin Adamski, Redefluss, Ulm

Abb. 21.4: BotschaftenBaum® komplett – mit Konklusion

Alternative Beispiele in Ebene 3: Bei einem 30-Sekunden-Statement ist in der Regel pro Soundbite nur Zeit für ein erläuterndes Beispiel, ein Bild oder eine Beschreibung. Dennoch ist es sinnvoll, sich ggf. mehrere alternative Beispiele, Bilder oder Beschreibungen pro

Soundbite vorzudenken, damit Sie je nach Situation, Gesprächspartner oder Zielgruppe individueller mit einem anderen Bild den gleichen Gedanken darstellen können.

Ebene 4: Konklusion

Schließlich kann der BotschaftenBaum® optional in der vierten Ebene noch einen abschließenden Gedanken in Form einer Konklusion umfassen. Eine solche Konklusion in Form einer Lösung, einer Folge, eines Ergebnisses, einer Bewertung etc. ist später ein Teil des Statements, das in einem Beitrag ggf. abgeschnitten werden kann, ohne dass wichtige Informationen verloren gehen oder durch die Kürzung Missverständnisse entstehen. Eine Konklusion einzuplanen, ist besonders für Diskussionsrunden sinnvoll, um einem Statement mit einer inhaltlichen Klammer (Titel-Konklusion) noch mehr Gewicht zu verleihen. Und es kann trotz »Streichrisiko« hilfreich sein, um z. B. einen nebengeordneten BotschaftenBaum® ggf. in umgekehrter Reihenfolge erzählen zu können und dann einen runden Einstieg zu haben. Die Konklusion bildet also zusammen mit dem Titel die Klammer eines Statements.

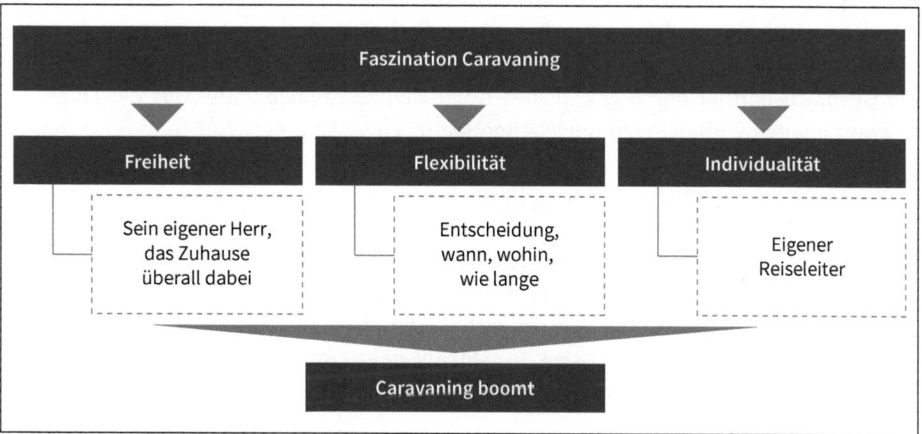

Quelle: Kathrin Adamski, Redefluss, Ulm

Abb. 21.4: Kompletter BotschaftenBaum® – mit Konklusion

BEISPIEL

Caravaning – also Urlaub machen im Wohnmobil oder mit dem Wohnwagen – ist faszinierend:

- Beim Caravaning genießt man eine große Freiheit.
  - Das heißt, man ist von niemandem abhängig und hat sein Zuhause immer dabei.
- Caravaning ist eine flexible Urlaubsform.
  - Man kann spontan entscheiden, wann man wohin fährt und für wie lange.
- Caravaning ist eine individuelle Urlaubsform.
  - Man ist sozusagen sein eigener Reiseleiter und bestimmt, wie die Reise aussehen soll.

Deshalb erfährt die Urlaubsform Caravaning derzeit einen wahren Boom.

In umgekehrter Reihenfolge kann das Statement auch so lauten:

Caravaning – also Urlaub machen im Wohnmobil oder mit dem Wohnwagen – erfährt derzeit einen großen Boom:

- Beim Caravaning genießt man eine große Freiheit.
  - Das heißt, man ist von niemandem abhängig und hat sein Zuhause immer dabei.
- Caravaning ist eine flexible Urlaubsform.
  - Man kann spontan entscheiden, wann man wohin fährt und für wie lange.
- Caravaning ist eine individuelle Urlaubsform.
  - Man ist sozusagen sein eigener Reiseleiter und bestimmt, wie die Reise aussehen soll.

Für viele Menschen ist Caravaning mittlerweile eine Urlaubsform mit einer besonderen Faszination.

Auf Fragen antworten mit dem BotschaftenBaum®

Wie lässt sich nun der BotschaftenBaum® im Gespräch einsetzen? Dabei hilft die sogenannte Bridging-Technik. Bei der Bridging-Technik, dem verbalen Brückenbauen, versucht der Gesprächspartner durch geschicktes Aufgreifen eines Stichwortes aus der Frage, die Antwort auf den vorbereiteten BotschaftenBaum® zu lenken.

BEISPIEL

Frage des Journalisten

»Urlaub mit dem Wohnmobil ist doch nur was für ältere Leute mit viel Geld. Denn wer kann sich sonst noch ein Wohnmobil für mehrere zehntausend Euro leisten. Ganz abgesehen von hohen Spritpreisen und den horrenden Campingplatzkosten.«

Antwort

»Wenn Sie von Caravaning als Urlaubsform sprechen (Bridging), kann man nur sagen, dass Caravaning derzeit einen regelrechten Boom erfährt. Für viele Menschen ist es eine faszinierende Urlaubsform, denn Urlaub mit dem Caravan bedeutet Freiheit. Man ist flexibel in der Urlaubsgestaltung, kann spontan entscheiden, wann man wohin fährt und für wie lange…«

Mit dem BotschaftenBaum® Interviews vordenken

Ist der BotschaftenBaum® in seiner Grundstruktur erstellt, können Sie überlegen, auf welche möglichen Fragen oder Situationen er sich im Gespräch anwenden lässt. Die Idee ist, möglichst viele potenzielle Fragen VOR-zudenken, auf die der BotschaftenBaum® angewendet werden könnte. Das Ziel ist es, in einem Mediengespräch die eigenen Kernbotschaften zu platzieren, indem Sie – per Bridging – in der Antwort auf eine Frage geschickt in den vorbereiteten BotschaftenBaum® einsteigen.

Besonders in kritischen Kommunikationssituationen ist der BotschaftenBaum® hilfreich, um sich nicht zu ungeplanten und unüberlegten Aussagen verleiten zu lassen. Hier gilt es, im Vorfeld einer Krise oder einer kritischen Kommunikationssituation Kernbotschaften zum Thema vorzubereiten und sich dann zu überlegen, auf welche möglichen Medienanfragen sich mit welchem BotschaftenBaum® am besten reagieren lässt. Wichtig ist dabei vor allem, sich die sogenannten »Aua«-Fragen zu stellen, also die Fragen, die Sie am liebsten nicht hören möchten. Zu diesen Fragen sollten Sie vorab überlegen, mit welcher verbalen Brücke (Bridge) Sie auf Ihren vorbereiteten BotschaftenBaum® gelangen können.

TIPP

Vom BotschaftenBaum® zum Botschaftenwald
Denken Sie den BotschaftenBaum® noch einen Schritt weiter: Erstellen Sie aus jeder der drei Teil-Botschaften zu einem Thema wieder einen neuen BotschaftenBaum® mit neuen Teilbotschaften, Beispielen und Konklusionen. So entsteht eine immer größere Sammlung an Botschaften und aus dem BotschaftenBaum® wird ein ganzer Botschaftenwald zu einem Thema. Und wer es geschickt anstellt und mit dem BotschaftenBaum® strategisch plant, kann damit sogar die Interviewführung bestimmen.

VORLAGEN

Vorlagen für den BotschaftenBaum® finden Sie im Online-Bereich. Folgen Sie einfach dem QR-Code am Anfang dieses Buches.

ÜBUNG

BotschaftenBaum®
Erstellen Sie zu einem der folgenden Themen einen BotschaftenBaum®

- Personalentwicklung in Ihrem Unternehmen,
- Herausforderungen der Zukunft in Ihrem Unternehmen,
- Innovationen in Ihrem Unternehmen.

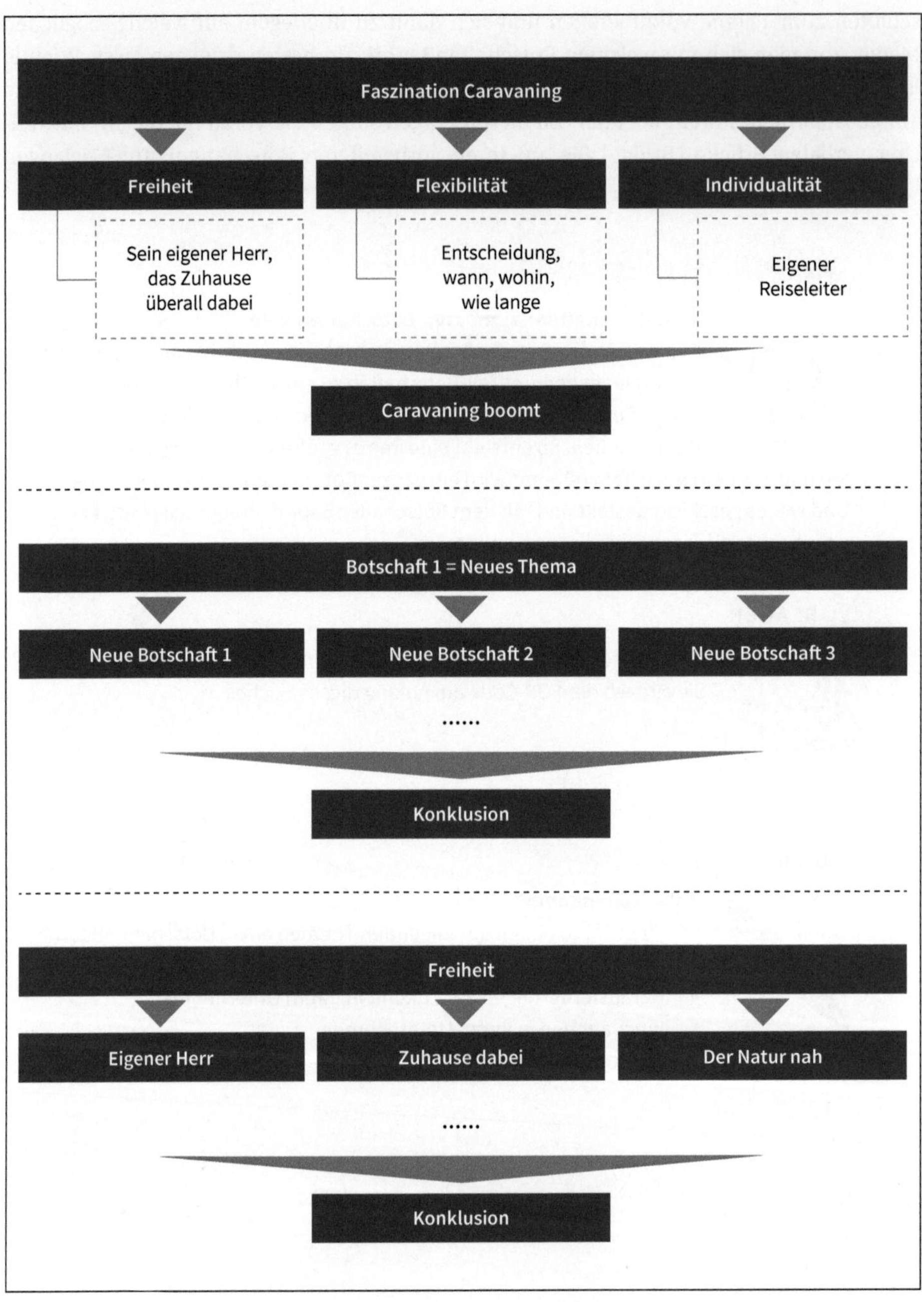

Quelle: Kathrin Adamski, Redefluss, Ulm

Abb. 21.6 Mehrere Botschaftenbäume bilden einen Botschaftenwald

22 Aufgeregt?

In diesem Kapitel erfahren Sie, wie Sie trotz Lampenfieber entspannt auftreten.

Das menschliche Gehirn ist eine großartige Sache. Es funktioniert vom Moment der Geburt an – bis zum Zeitpunkt, an dem Du aufstehst, eine Rede zu halten. Mark Twain

Finden Sie sich in diesem Zitat wieder? Dann gehören Sie zu den Menschen, die schon einmal Lampenfieber verspürt haben, vielleicht so deutlich, dass es Ihr Gehirn außer Funktion gesetzt hat. Lampenfieber kann in ganz unterschiedlichen Situationen auftreten. Sei es bei der Geburtstagsrede vor versammelter Verwandtschaft, der Führerscheinprüfung oder bei dem ersten Vortrag. Manchmal auch noch vor dem zehnten Vortrag. Die meisten Menschen fragen sich dann: »Was kann ich gegen mein Lampenfieber tun?« Gegenfrage: »Warum wollen Sie etwas dagegen tun?«

Lampenfieber ist gut!

Grundsätzlich ist Lampenfieber nämlich tatsächlich sehr hilfreich und notwendig – gut dosiert wohl gemerkt. Ohne Lampenfieber sind wir bei einem »Auftritt vor Publikum« nicht gut. Auch gestandene Medienprofis und Moderatoren haben Lampenfieber. Natürlich weniger, je länger Sie ein Format moderieren oder je häufiger Sie mit Medien zu tun haben. Aber ein gewisses Maß an Lampenfieber haben alle. Und das ist auch gut so. Denn Lampenfieber hilft, die nötige Aufmerksamkeit und Konzentration zu haben und den Körper in »Alarmbereitschaft« zu versetzen. Und das wiederum spiegelt sich in der Energie und Ausstrahlung des Auftritts wider.

Ein Relikt aus alten Zeiten

Die Symptome sind vielfältig: Der Mund wird trocken, die Hände feucht, der Atem beschleunigt sich. Manche Redner oder Interviewte bekommen hektische Flecken am Hals oder im Gesicht. Warum reagieren wir eigentlich so auf Situationen, die uns herausfordern und manchmal einfach auch fremd sind?

Ein kleiner Blick in die Evolution hilft, Anspannung und Nervosität als etwas sehr Hilfreiches und (früher zumindest) sogar Lebensrettendes zu verstehen: Unsere Vorfahren in der Steinzeit standen unter großer Anspannung, wenn sie sich zum Beispiel einer unbekannten Höhle näherten. Oder einem Gebüsch, aus dem sie ein Geräusch hörten. Sie waren innerlich vorbereitet auf den Angriff eines Säbelzahntigers oder eines Mammuts.

Adrenalin floss in diesen Momenten durch alle Zellen des Körpers. Bein- sowie Armmuskulatur wurden besonders durchblutet. Sie waren damit zum Kämpfen gerüstet – oder auch zum Flüchten, je nach Größe des Gegenübers. Denn Muskeln brauchen Adrenalin als »Treibstoff«.

Es wird warm und wir beginnen zu schwitzen. Dafür sind die Finger und die Zehen eiskalt. Sie werden nicht mehr so stark durchblutet, denn Sie sind für den Kampf oder die Flucht weniger relevant. Und auch das Gehirn ist jetzt nicht mehr darauf eingestellt, komplexe Zusammenhänge herzuleiten oder Langzeitwissen abzurufen. Das Gehirn ist nur auf die Gefahr fokussiert und auf Denkprozesse, die dem Überleben dienen. Magen und Darm dagegen stellen vorübergehend ihre Tätigkeit ein, denn für einen Angriff oder eine Flucht werden sie nicht gebraucht. An Essen ist da nicht zu denken.

Nervosität vor dem Auftritt – ja bitte!

Dieses Phänomen kennen wir heute noch: Lampenfieber und Aufregung verschlagen uns den Appetit, im Magen stellt sich ein flaues Gefühl ein. Adrenalin wird nicht abgebaut wie früher, als wir das Mammut entweder im Kampf besiegten – oder durch Weglaufen (und somit Bewegung) ebenfalls Adrenalin abbauen konnten. Insgesamt sind wir unruhig, schlafen schlecht, machen uns vielerlei Gedanken. Und eins ist klar: Ganz abstellen können wir die Nervosität nicht, höchstens durch Routine mildern. Aber vor allem können wir lernen, mit ihr zu leben und sie als etwas Sinnvolles zu akzeptieren.

Denn wer einem Vortrag oder einem Auftritt »entgegenfiebert«, der wird sich entsprechend vorbereiten. Der wird aktuelle Fakten und Entwicklungen zum Thema verinnerlichen, seine eigenen Aufzeichnungen noch einmal durchgehen, Argumente pro und contra abwägen, gründlich recherchieren. Nervosität ist in diesem Fall also ein Ansporn zur gründlichen Vorbereitung!

Ist der Zeitpunkt für den Auftritt gekommen, führt Nervosität – positiv betrachtet – dazu, dass wir auf den Punkt konzentriert sind. Wir haben keine Lust, über Urlaubserlebnisse zu sprechen. Wollen eher nicht die Anekdoten anderer hören. Sondern in erster Linie ist das anstehende Interview oder der Auftritt wichtig. Alles andere kann warten.

Für das Publikum ist übrigens oft nur ein Bruchteil der eigenen, gefühlten Nervosität sichtbar – auch das ist also kein Grund zur Sorge!

Die Nerven im Griff behalten

Was aber können Sie tun, um vom Lampenfieber nicht gelähmt zu werden – zum Beispiel durch den sprichwörtlichen »Pudding in den Beinen«, wenn sich Adrenalin stressbedingt im Körper staut, die Muskeln also übervoll davon sind? Der erste Tipp heißt: bewegen. Die Treppe nehmen, nicht den Aufzug. Im Sitzen: Beinmuskulatur im Wechsel anspannen und entspannen. Die Hände zu Fäuste ballen und wieder öffnen. Das reduziert das Adrenalin spürbar.

Dann ist natürlich die positive Einstellung gegenüber der Nervosität wichtig – siehe oben. Wir sollten akzeptieren, dass sie nun mal vor Auftritten dazugehört. Auch Schauspieler mit jahrzehntelanger Bühnenerfahrung berichten davon, dass sie immer noch Lampenfieber haben – und dass dieses Lampenfieber sie zu Höchstleistungen antreibt.

TIPP

Den gelungenen Auftritt vorwegnehmen

Wenn das Adrenalin kreist, stellen Sie sich schon einmal vor, wie Sie sich nach dem Auftritt fühlen werden. Wenn die Anspannung abfällt und es (ganz sicher!) alles gut gegangen ist. Antizipieren Sie also die Entspannung. Sie werden sehen, das fühlt sich gut an!

Und wenn die Stimme versagt oder zu zittern beginnt, ist das einfachste Mittel, etwas mehr Druck in die Stimme zu geben, also einfach etwas lauter zu sprechen. Die folgenden praktischen Übungen helfen, Adrenalin abzubauen:

- Bewusst lockeren Schrittes durch den Raum gehen.
- Auf der Stelle wippen oder hüpfen.
- Zügig eine Treppe hinauf- und hinuntersteigen.
- Für wenige Sekunden den Körper anspannen, so dass er fest wie ein Brett wird, dann die Spannung wieder lösen.
- Die Hände so fest wie möglich zu Fäusten ballen, ein paar Sekunden halten und dann langsam wieder öffnen.

Außerdem hilft vielen die Erkenntnis, dass sie ja zu ihren eigenen Themen befragt werden oder sprechen. Ein Mediziner wird nicht zum neuen Raumfahrt-Programm der NASA befragt; der Chef eines Maschinenbau-Unternehmens nicht zum Thema Herzchirurgie. Ganz wichtig: Sie sind *Experte* auf dem Gebiet, zu dem Sie sprechen. Sie können das. Es sind *Ihre* Themen. Alles wird gut.

Auch mit unserer Atemtechnik können wir Lampenfieber abbauen. Allerdings nicht durch den oft gehörten Ratschlag »Atmen Sie tief ein und aus«. Das würde im Körper nur zusätzlichen Stress schaffen. Wenn wir kontrolliert atmen, signalisieren wir unserem Gehirn: Alles ist gut. Kein Grund wegzulaufen! So geht es richtig.

ÜBUNGEN

Kontrolliertes Atmen

- Stellen Sie sich Ihre Atmung als Quadrat vor. Bei der Einatmung zählen Sie bis vier. Dann halten Sie den Atem ein – zählen bis vier. Dann atmen sie aus – zählen dabei bis vier. Und halten den Atem aus – zählen dabei erneut bis vier. Das Ganze gern mehrmals wiederholen. Das geht völlig unbemerkt, auch wenn Sie noch im Auditorium auf Ihren Einsatz warten.
- Rollen Sie Ihre Zunge seitlich so ein, dass sie wie ein Strohhalm aussieht. Durch diesen Zungenstrohhalm atmen Sie ruhig ein und aus. Allein die ungewöhnliche Form der Zunge führt dazu, dass der Atem (und damit auch Sie) ruhiger werden.

TIPP

Stärkende Geste nutzen

Wählen Sie für sich eine persönliche Geste der inneren Sammlung aus. Das kann eine kraftvolle Faust sein, das können – wie im Yoga – die Verbindung von Daumen und Zeigefinger oder Daumen und Mittelfinger sein oder andere kleine Gesten, die Sie unmittelbar vor einem Auftritt einsetzen. Verbinden Sie diese Geste mit der Ausatmung. Wenn möglich schließen Sie kurz die Augen. Üben Sie diese Geste in möglichst vielen Situationen, sodass Ihr Gehirn sie fest mit der inneren Sammlung verknüpft.

Entspannt dank guter Vorbereitung

Ein sehr wirkungsvolles Mittel gegen Lampenfieber sind natürlich auch eine gute Vorbereitung und das Wissen um die eigene Kompetenz. Dazu ist es empfehlenswert, folgende fünf Punkte zu beachten:

- Prägen Sie sich Ihre Kernbotschaften ein.
- Schreiben Sie sich die Kernbotschaften als sogenannten BotschaftenBaum® auf und sprechen Sie sie mindestens zweimal laut für sich.
- Achten Sie auf die Länge Ihrer Aussagen von maximal 15 bis 30 Sekunden.
- Nehmen Sie sich Zeit und Ruhe vor dem Auftritt und seien Sie früh da, um die Atmosphäre und Umgebung noch auf sich wirken zu lassen.
- Führen Sie kleine Selbstgespräche in Ihrer Fantasie und antworten Sie dabei laut auf gedachte Fragen.

Auch Kleidung kann nervös machen

Stress- und nervositätsmindernd ist es darüber hinaus, wenn wir dem Anlass entsprechende Kleidung tragen, von der wir wissen, dass wir uns darin wohl fühlen. Vor einem Auftritt möglichst keine Experimente aus dem Kleiderschrank zaubern und auch keine aus dem Schuhschrank. Es mag banal klingen, aber gut sitzende, nicht drückende Schuhe können ungemein entspannend sein – gerade wenn der Tag insgesamt sehr spannungsreich wird.

Was tun beim Blackout?

Trotzdem gibt es Momente vor der Kamera oder vor Live-Publikum, in denen der Kopf einfach leer ist. Was wollte ich sagen? Wie geht es weiter? Wo war mein roter Faden? Keine Ahnung. Ein Blackout. Der *kann* mit Nervosität zusammenhängen, tritt aber auch in relativ entspannten Situationen auf. Was tun? Ein Blackout ist eine Art Blockade im Gehirn. Wir können sie auf dreierlei Weise lösen:

- Erstens indem wir uns bewegen. Das Gewicht von einem Bein auf das andere verlagern. Einen Schritt vor oder zurück. Im Sitzen die Position wechseln. Manchmal auch einfach, indem wir nach unten schauen oder mal zur Seite. Bewegung lockert Blockaden – und löst den Blackout. Der Rhetorik-Trainer Thomas Skipwith hat es so formuliert: »Gehen Sie weg von dem Punkt, wo nichts ist. Gehen Sie woanders hin. Da finden Sie Ihren Gedanken wieder!«
- Zweitens kann es hilfreich sein, wenn wir einen schon gesagten Satz wiederholen. Ent-

weder unsere Kernthese, so als wollten wir sie dem Publikum noch einmal in Erinnerung rufen. Oder sogar den Titel der gesamten Veranstaltung. Oder den zuletzt gesagten Satz, an den wir uns noch erinnern. Also einfach auch sprachlich in Bewegung bleiben. Auch das löst den Blackout – und sehr wahrscheinlich sogar, ohne dass das Publikum etwas bemerkt.
- Wenn das nicht hilft, dann sprechen Sie das Problem offen an. Das Publikum wird mit großer Aufmerksamkeit und meistens auch mit Sympathie verfolgen, wie Sie den Faden wieder aufnehmen.

TIPP

Eigene Auftritte anschauen

Wenn möglich, schauen Sie sich Ihre Medienauftritte auf jeden Fall im Nachhinein an, auch mehrfach. So bekommen Sie ein Gefühl dafür, wie Sie wirken – auch auf andere. Und Sie können sich mit Ihren Stärken und Schwächen auseinandersetzen. Denn Lampenfieber hat auch viel mit der Angst zu tun, nicht so zu wirken, wie wir gerne gesehen werden möchten. Je mehr wir über uns und unseren Auftritt wissen, desto weniger Gedanken machen wir uns darüber im entscheidenden Moment. Und umso weniger Lampenfieber entsteht.

23 Haltung bewahren!

In diesem Kapitel erfahren Sie, warum Körperspannung so wichtig ist.

In der Art wie jemand geht wird seine Haltung deutlich: Schlurft jemand träge durch die Flure oder läuft er zügig und aufrecht? Trippelt er mit kleinen Schritten unsicher voran oder schreitet er und zeigt damit, dass er gesehen werden möchte? Allein die Art und Weise des Gehens ist ein Statement.

Auch an der Körperhaltung ist ablesbar, welche Einstellung, welche »Haltung« jemand zu (s)einem Thema hat. Ist der Oberkörper aufgerichtet oder hängen die Schultern und damit fast immer auch die Mundwinkel nach unten? Ist der Kopf gesenkt und gerade? Ist eine positive Spannung, die Agilität und Wachheit ausdrückt, im Körper wahrnehmbar? All dies sind nur wenige, äußerlich sichtbare Indizien, die Rückschlüsse darauf zulassen, wie es einem Menschen geht, wie er sich fühlt, ja sogar was er denkt. Wie er sich und seine Welt sieht oder – noch wichtiger – wie er sich in seiner Welt sieht.

Der Standpunkt ist wichtig! Wieder so ein Wort mit doppelter Bedeutung. »Standpunkt«. Wenn ich den Boden unter den Füßen spüre, wirke ich präsent. Einen Standpunkt einzunehmen, ist nicht nur im übertragenen Sinn wichtig: Wer festen Boden unter seinen Füßen spürt und von diesem sicheren Grund aus sein Statement gibt oder seine Meinung äußert, der wirkt überzeugend. Seine Präsenz verändert sich in dem Moment, in dem er seinen Standpunkt einnimmt. Spürbar. Sichtbar. Dass auch der inhaltliche Standpunkt transportiert wird, ist dann fast automatisch die Folge.

Diese kontrollierte Körperhaltung setzt sich in der Stimme fort. Die Muskelspannung sorgt auch für eine Festigkeit der Stimme. Und wenn ich jetzt noch tief aus dem Bauch heraus atme und nicht kurzatmig aus dem Brustkorb, dann habe ich noch zusätzlich an Präsenz gewonnen. Sobald ich diese positive Körperspannung selbst spüre, fühle ich mich stark. Selbstbewusst.

Aber Vorsicht! Übertreiben Sie es mit der Körperanspannung nicht! Denn auch das andere Extrem ist wahrnehmbar: Zu viel Spannung heißt, ich wirke »überspannt«, also überheblich und angespannt, angestrengt und verkrampft. Auch das ist wahrnehmbar und für jeden sichtbar.

ÜBUNG

Körperspannung

Setzen Sie sich gerade auf einen Stuhl, die Fußsohlen auf den Boden, das Kreuz gestreckt, der Blick geradeaus. Nehmen Sie Spannung in den Brustkorb und atmen Sie gleichmäßig. Beim Ausatmen bleibt der Körper in einer positiven Grundspannung. Schwierig zu beschreiben, was mit »Grundspannung« gemeint ist; am einfachsten formuliert:
Ziehen Sie die Gesäßbacken zusammen!

Diese Übung hilft, sich selbst zu spüren und zu testen, welche Spannung als positiv empfunden und wie viel Anspannung als unangenehm empfunden wird. Dies sollten Sie auch im Stehen ausprobieren. So können Sie üben, Herr und Frau Ihrer Muskelanspannung zu werden und sie bewusst einzusetzen.

24 Wohin mit den Händen?

In diesem Kapitel erfahren Sie, wie Sie Ihre Gestik sinnvoll einsetzen.

Die wohl am häufigsten gestellte Frage in Kommunikationstrainings: »Wohin mit meinen Händen, wenn ich im Stehen rede?« Sind sie denn im Weg, die Hände beim freien Sprechen? Ja, sie scheinen überflüssig zu sein. Und so wandern sie oft dahin, wohin sie am wenigsten gehören. Bei den einen in die Hosentasche(n), bei den anderen hinter den Rücken. Es gibt eine dritte „No-Go-Variante", und die ist fast am schlimmsten und gleichzeitig am häufigsten zu beobachten: beide Hände zusammen mittig gehalten unterhalb des Bauchnabels, die Rede ist von der sogenannten Freistoßhaltung, also genauer gesagt: die klassische Verteidigungshaltung eines Fußballspielers beim Freistoß. Auf dem Fußballplatz ist diese Haltung angeraten, aber auch nur dort. Auf der Bühne ist sie deplatziert und wirkt negativ. Was schützen die Hände und warum? Dort, unterhalb des Bauchnabels, sind die Hände definitiv falsch positioniert.

Und hinter dem Rücken? So stehen Kinder, die sich eine Standpauke anhören. Diese Haltung wirkt demütig und alles andere als selbstbewusst.

Quelle: Stefan Klager, Der KommunikationsCoach, Köln

Abb. 24.1: Haltung der Hände – Rücken

Quelle: Stefan Klager, Der KommunikationsCoach, Köln

Abb. 24.2: Haltung der Hände: Merkel-Raute

Und über die sogenannte Merkel-Raute ist ja inzwischen schon alles gesagt. Das »darf« nur eine.

Gehen Sie offensiv mit Ihren Händen um! Sie stören nicht, sondern sind ein wichtiges unterstützendes Mittel zum Zweck Ihrer Kommunikation. Gestik unterstreicht das Gesagte, betont und unterstützt. Aber auch hier: Alles ist gut, wenn es im Rahmen bleibt. Wenn die Hände sich im »positiven Bereich«, also angemessen zwischen Brust und Gürtelbereich bewegen, dann wird das Gestikulieren als unterstützendes Element wahrgenommen.

Quelle: Stefan Klager, Der KommunikationsCoach, Köln

Abb. 24.3: Haltung der Händ: »positiver Bereich«

Quelle: Stefan Klager, Der KommunikationsCoach, Köln

Abb. 24.4: Haltung der Hände: gegenseitig

Die Hände können sich auch mal gegenseitig halten, wenn nichts zu gestikulieren ist.

Oder ein Arm und die Hand berühren locker den Oberkörper, während die jeweils andere Hand beim Sprechen zum Einsatz kommt.

Warum ist es wichtig, auf die Hände zu achten und Sie mit in die Kommunikation einzubeziehen?

Quelle: Stefan Klager, Der KommunikationsCoach, Köln

Abb. 24.5: Haltung der Hände: variabel

Nicht nur, aber gerade bei einem Interview vor laufender Kamera ist dies von Bedeutung, denn der klassische Bildausschnitt für einen O-Ton, ein Interview oder Statement ist das »Portrait-Bild«, d. h., zu sehen ist entweder nur der Kopf (extreme Naheinstellung) oder am häufigsten ein Bildausschnitt, der das Gesicht, aber auch den Brustbereich bis zum angewinkelten Ellbogen zeigt.

Wer also nah zu sehen ist, aber viel »mit den Händen spricht« – mit Händen, die in dem Bildausschnitt allerdings nicht zu sehen sind – hat während des Sprechens sehr viel Bewegung im Oberkörper. Der Zuschauer ist irritiert und empfindet die Bewegung als hektisches Wackeln. Deshalb: Arme anwinkeln und aktiv, sichtbar mit Gestik kommunizieren.

Bei all diesen Tipps ist eines ganz wichtig: Nicht antrainieren! Sie sollten sich in Ihrer Haltung wohlfühlen. Denn auch die Gestik wird durch die innere Haltung gesteuert. Gesten sind Ideomotorische Effekte. Wenn Sie etwas nur tun, weil Sie glauben, dass es positiv wirkt, lautet die Empfehlung ganz klar: Lassen Sie es lieber! Antrainierte Gesten wirken aufgesetzt, unnatürlich, nicht authentisch und somit unsympathisch.

Zurück zum Einsatz von Gestik auf der Bühne. Wenn es die Möglichkeit gibt, einen Zettel, etwa einen Programmablauf oder eine Moderationskarte, in der Hand zu halten, sind die Hände automatisch involviert und somit »beschäftigt«.

Der Vorteil, wenn wir etwas in der Hand haben, ist offensichtlich: Die Frage, wohin mit den Händen, erübrigt sich. Eine Hand hält die Karte, die andere gestikuliert. Die Karte darf auch mal von der rechten zur linken Hand wandern – und schon haben die Hände einen Punkt zum Andocken.

Je nach Situation und Veranstaltung lässt sich auch ein Pointer oder die Fernbedienung für die Präsentation nutzen, um etwas Sinnvolles in der Hand zu halten. Ein Feuerzeug, eine Zigarettenschachtel oder etwas ähnlich Banales lenkt dagegen ab und ist deplatziert.

Stichwort »Moderationskarte«

Bei vielen Vortragenden, die nicht qua definitionem als klassische Moderatoren gelten, sind solche Moderationskarten oder Stichwortzettel verpönt. Viele behaupten »Ich weiß, was ich sagen will!« und befürchten außerdem, mit einem Zettel in der Hand einen schlechten Eindruck zu hinterlassen: «Wie sieht das denn aus, wenn ich mir Stichworte mache?«

1. Keine falsche Eitelkeit! Es ist professionell, wenn Sie – vor allem bei einem Statement im Krisenfall – einen Stichwortzettel in der Hand halten.
2. Die Moderationskarte oder ein Stichwortzettel hilft Ihnen – und das sogar in doppelter Hinsicht. Denn dass Sie Stichpunkte notieren setzt voraus: Sie haben sich die Zeit genommen, sich Gedanken zu machen, was Sie eigentlich sagen wollen. Das heißt, Sie gehen strukturiert vor und die Stichpunkte sortieren Ihre Gedanken, verdeutlichen Ihre Argumentationslinie.
3. Im nächsten Schritt notieren Sie die wichtigsten Schlüsselbegriffe. Genau diese Vorgehensweise führt dazu, dass Sie möglicherweise tatsächlich nicht auf den Spickzettel gucken. Aber nur, weil Sie sich vorbereitet und die inhaltlich wichtigsten Punkte notiert hatten. Nicht, weil Sie sowieso immer schon wussten, wie Sie was sagen wollen.

Der Stichwortzettel sollte zu Recht diesen Namen tragen und ein Zettel mit Stichworten sein. Schreiben Sie Schlüsselwörter auf! Keinen Fließtext. Es sei denn, es ist eine ausgefeilte Rede – hier greifen allerdings ganz andere Mechanismen.

Stichpunkte helfen, die geplante Struktur der Inhalte beizubehalten und – sollten Sie den Faden verlieren – mit einem kurzen Blick auf die Notiz den Gedankengang wieder aufzunehmen und präsent zu bleiben. Der Spickzettel bewahrt den Redner auch davor, sich zu verfransen und vom berühmten Hölzchen aufs noch berühmtere Stöckchen zu kommen.

TIPP

Wohin mit den Händen: Der Cent-Tipp

Nehmen Sie etwas Unauffälliges in die Hand, zum Beispiel eine Fünf-Cent-Münze. Wenn wir etwas in der Hand halten, sind unsere Hände automatisch auf Bauchnabelhöhe und wir müssen uns keine Gedanken machen, ob die Hände an der richtigen Stelle sind. Die Fünf-Cent-Münze einfach mit dem kleinen Finger in den Handteller drücken und schon signalisiert das unserem Gehirn, dass wir etwas »in der Hand halten«. Das gibt Sicherheit, und für das Publikum ist dieser Trick nicht erkennbar.

25 Gut gestimmt

von Annalena Schmidt[1]

In diesem Kapitel erfahren Sie, wie Sie Atem und Stimme für den Auftritt vorbereiten.

Stellen Sie sich vor: Es kursieren Gerüchte, dass Ihr Unternehmen in einer großen Krise steckt und umfangreiche Kündigungen anstehen. Das interessiert die Öffentlichkeit und damit die Presse. Sie sind zu einem Interview eingeladen, um zu den Gerüchten Stellung zu beziehen. Nach aktueller Sachlage können und wollen Sie mit innerer Überzeugung folgendes Statement abgeben: »Wir meistern die Herausforderung – ich kann Ihnen versichern, es wird keine personellen Veränderungen geben!«

Und dann – ups! – Sie öffnen den Mund, können kein Wort sagen, müssen sich zunächst räuspern und dann schlucken. Das macht Sie zusätzlich nervös, die Mundwinkel zucken, Sie kommen in Atemstress, treten von einem Fuß auf den andern und schon ist Ihre inhaltliche Botschaft geschwächt. Auf der entscheidenden personalen, emotionalen Ebene vermitteln Sie – im wahrsten Sinne des Wortes – da stimmt etwas nicht! Der Zuschauer wird zu Ihnen und Ihrer Botschaft auf Distanz gehen.

Damit es nicht zu Unstimmigkeiten kommt: Bereiten Sie Ihr Sprechinstrument vor!
Jeder Violinspieler stimmt sein Instrument, bevor er auf die Bühne geht: die Saiten seiner Violine *aber* auch seinen Körper – von Kopf bis Fuß und bis in die Fingerspitzen.

Jeder Sänger bringt seinen Körper, seine Atmung, seine Stimme und seine Artikulationswerkzeuge auf »Betriebstemperatur«, bevor er die Bühne betritt.

Jeder Sportler macht sich vor dem Wettkampf warm. Nur dann kann er wirklich von Anfang an die volle Leistung bringen.

Kaum jemand bereitet sich jedoch körperlich und stimmlich auf das Sprechen vor. Wir begreifen den Umgang mit unserer Stimme als etwas Selbstverständliches. Weil wir von morgens bis abends sprechen, glauben wir, dass uns dieses Instrument sowieso und jederzeit zur Verfügung steht. Das ist ein Trugschluss! Prüfen Sie selbst: Wie klingt Ihre Stimme

---

1 Annalena Schmidt ist Schauspielerin, Sprecherin und Sprechtrainerin in Hamburg. Stimm- und Sprechausdruck sind seit mehr als drei Jahrzehnten Annalena Schmidts Metier – als Schauspielerin auf der Bühne und vor der Kamera, als Sprecherin sowie seit 1993 als Atem-, Stimm- und Sprechtrainerin. Sie ist für zahlreiche Radio- und Fernsehsender, Verlage und in der journalistischen Aus- und Weiterbildung tätig. Auch Mitarbeiter aus dem Finanz- und Wirtschaftsmanagement gehören zu ihren Kunden. Kontakt: www.sprechtraining.info

nach dem Aufstehen, wie in einer Stresssituation? Sie klingt unterschiedlich, aber weder die eine noch die andere Stimme ist optimal für einen erfolgreichen Gang vor Mikrofon und Kamera.

Die folgenden Übungen bringen Ihr gesamtes Atem-, Stimm- und Sprechinstrument auf die richtige Betriebstemperatur. Sie sorgen für den *muskulären und mentalen Spannungsausgleich,* damit Ihre Kommunikation zu jedem Zeitpunkt und in jeder Situation störungsfrei verlaufen kann.

Lesen Sie die Übungen nicht nur durch – setzen Sie sie um! Schwimmen lernen Sie nicht, indem Sie ein Buch darüber lesen oder darüber meditieren. Sie müssen schon ins Wasser steigen!

Sollten Sie individuelle Grundprobleme mit der Atmung, Stimme und Aussprache oder auch körperliche Haltungsschäden haben, dann ist es sinnvoll, einen professionellen Trainer, einen Atem-, Stimm- und Sprechtherapeuten oder auch einen Facharzt aufzusuchen.

Muskulärer und mentaler Spannungsausgleich zur Vorbereitung

Die A + O-Übung: Sie dehnen, räkeln, strecken sich und gähnen dabei hörbar. Gähnen weitet den Mund und Rachen, es schafft Raum für eine große Stimme. Sie wippen aus den Füßen mit lockeren Knien und lassen die Schultern mitgehen. Dabei öffnen Sie den Mund und lassen Ihrer Stimme freien Lauf. Sie schütteln sich wie ein nasser Hund und lassen die Stimme frei tönen.

Schon mit diesen wenigen Übungen schütteln Sie nicht nur Müdigkeit oder Verspannung aus Ihrem Körper und Ihrer Stimme. Sie lüften auch Ihren Geist und können Ihre Gedanken wieder klar fassen und Ihre Gesprächspartner besser wahrnehmen.

Ihr Atem: Der Atem ist bei den meisten Menschen besonders stressanfällig. Im normalen Alltag nehmen wir unseren Atem meist gar nicht wahr. Er steht uns sicher zur Verfügung, er funktioniert sogar im Schlaf. Aber kaum stehen wir vor einer Kamera oder es richten sich zweihundert Augenpaare aus einem Saal auf uns, geraten wir in Stress. Uns stockt der Atem, wir werden kurzatmig, es kommt zur Hochatmung und wir können nicht mehr ausatmen, nicht mehr loslassen und damit auch nicht mehr klar denken.

Was viele nicht wissen: Wir können diesen Stress, diese innere Aufregung, Anspannung mit Hilfe der Atmung selbst – mit der *AUS*atmung sogar reduzieren. Wir können Atem-Stress abbauen, den Stress verscheuchen.

Verscheuchen Sie den Stress mit einer entsprechenden Arm-/Handgeste – rechts/links im Wechsel – in alle Richtungen und begleiten Sie die Bewegung mit einem kraftvollen »ksch!!!«/»weg!!!«/»hau ab!!!«.

Üben Sie alles in der gleichen Reihenfolge mit den Füßen.

Achtung: Nie aktiv Luft holen – Sie bekommen die Einatmung immer geschenkt!

Nun sind Sie den Atemüberschuss garantiert losgeworden und können wieder durchatmen. Aber vielleicht fehlt Ihnen vor Ihrem Auftritt noch die innere Ruhe, die eigene Mitte. Da hilft eine weitere Übung.

Wasserball vor der Körpermitte ins Wasser drücken: Stellen Sie sich einen Wasserball vor, den Sie in Höhe des Rippenbogens/Ende Brustbein halten und drücken Sie ihn mit beiden Händen gegen den Wasserwiderstand ins Wasser; lassen Sie ihn, wenn die Hände gestreckt sind, wieder los. Der Ball springt federnd in die Ausgangsposition zurück. Sie begleiten die Bewegung mit einem »fff« und die Einatmung kommt wieder automatisch.

Das Zwerchfell lockern: Staub wegpusten (von der Kameralinse, vom Mikro), Sie spüren dabei wie Ihr Zwerchfell hüpft. Sie werden auch hierbei merken, dass Sie keine Luft HOLEN müssen, sondern dass die Luft von alleine kommt.

Stimme braucht Raum zur Enfhaltung
Erforschen des Mundinnenraums: Erforschen Sie Ihren Mundinnenraum mit der Zunge, so als würden Sie mit Ihrer Zunge die Zähne und Wangen, den Gaumen und Mundboden putzen. Sie werden erstaunt sein, wie groß der Raum ist. Von seiner Größe und der Weite des Rachens (Gähnen!) hängt maßgeblich die Klangqualität Ihrer Stimme ab.

Summen und kauen: Stellen Sie sich vor, Sie haben eine «Luftkugel« im Mund, die Sie kauen und kneten. Tun Sie dies mit einem »hmmmm« im Sinne von »das schmeckt lecker…«. Summen Sie mit gut tönendem »mmm« und fügen Sie Vokale hinzu: »mmom-mommomm«/»mmammammamm« (u/e/i). Üben Sie ebenso mit »nnn«…

Sprechen Sie:
- kleine Silben: »mu – mo – ma – me – mimmm/nu – no – na – ne – ninnn«
- kleine Wörter: »nun – nimm – mal – Mann – manchmal
- Sätze: »Nun nimm mal!«, »Manchmal mag ich nicht!«, Müde Stimmen am Morgen machen Mitarbeiter niemals munter.«

Diese Übungen fördern die Resonanz und Kraft der Stimme und den ökonomischen Sitz der Stimme vorn im Mundraum. Dadurch wirkt die Stimme intensiver, lauter, ohne dass die Kehle belastet wird. Gleichzeitig wird der Zuhörer von der Stimme angenehm berührt.

Lippentriller: Eine facettenreiche Übung für die Stimme ist der Lippentriller. Flattern Sie geräuschvoll mit den Lippen, spielen Sie unter Einsatz der Hände und Arme »Autofahren durchs Gebirge« und ziehen Sie dabei die Töne in Berg- und Talfahrt rauf und runter. Diese Übung macht nicht nur Spaß, sie regt spielerisch alle Höhen und Tiefen der Stimme an und lockert die Kehlkopfmuskulatur. Ist die verspannt, wirkt die Stimme meist hart und fest. Außerdem befreit diese Übung am Morgen vom Nachtschleim, denn nicht »Morgenstund' hat Gold im Mund« heißt die Devise, sondern »Morgenstund' hat Schleim im Schlund!«. Also, trillern Sie sich frei!

Artikulation muss deutlich sein
Unterkiefer lockern: Streichen Sie Ihr Gesicht aus: Mit den Händen von oben nach unten über die Wangen bis über den Unterkiefer hinweg. Dann sagen Sie »na«. Sie fangen langsam an, werden immer schneller bis zu einem federnden »nanananana« – und lassen auf

den Vokal «a« Ihren Unterkiefer federnd, wie an einem Gummiband, los. Durch das «n« wird ihre Stimme gleichzeitig aus dem Hals in den vorderen Resonanzbereich »gelockt«.

Lippen – Breitmaulfrosch: Ziehen Sie Ihre Lippen in die Breite, dann zur Schnute – und das in schnellem Wechsel. Das fördert die Beweglichkeit der Lippen.

Die Zunge in Aktion: Kreisen Sie mit der Zunge zwischen Lippen und Zähnen. Das aktiviert den Mundvorhof. Schnalzen Sie mit der Zunge und verändern Sie dabei immer wieder die Größe des Mundraums.

Korkensprechen: Sprechen Sie 3 bis 4 Zeilen (nicht mehr, sonst verkrampft der Kiefer!) eines Textes mit dem Korken in den Mund. Dabei beißen Sie mit den Zähnen kräftig auf den Korken und versuchen die Konsonanten kraftvoll und deutlich gegen den Widerstand des Korkens zu sprechen. Nicht zu den Vokalen hin spreizen! Danach holen Sie den Korken heraus, schütteln das Gesicht aus, wiederholen den Text und reden weiter. Wer keinen Korken hat, kann auch den Daumenknochen in den Mund stecken.

Achtung: Diese Übung funktioniert nicht bei jedem! Probieren Sie, ob Sie damit erfolgreich sind.

Haltung gehört zum guten Ton

Bereitschaftsstand: Stehen Sie hüftbreit auf beiden Füßen. Das Gewicht soll jeweils auf dem ganzen Fuß ruhen, mit der Tendenz eher auf den vorderen Zehenballen – nicht auf den Fersen! Achten Sie darauf, dass die Knie gelöst sind.

Mit einem gut gestimmten Instrument gewinnen Sie Ausdruckssicherheit und können sich auf Ihren Gesprächspartner und Ihr Thema fokussieren – klar, offen und interessiert zugewandt. So wirken Sie als Person sympathisch und können auch für Ihr inhaltliches Thema Sympathien wecken.

Checkliste

Atem und Stimme vorbereiten	
So bitte nicht	**Besser so**
Hunger und Durst vor dem Interview! • Also noch schnell mein Lieblingsgericht, ein scharfes Curry, zum Nachtisch einen Milchkaffee mit einem Stück Schokolade und kurz vor dem Interview Sprudelwasser trinken. • Die Schärfe des Currys reizt die Stimmbänder, Kaffee trocknet die Kehle aus, aber Milch und Schokolade wiederum sorgen, wie alle Milchprodukte und Süßigkeiten, für zu viel Schleimbildung. Das Sprudelwasser gibt uns den Rest und sprudelt schon mal mit den Worten wieder aus der Kehle – rülps!	Belasten Sie Ihren Magen, Ihre Verdauung und Ihr Sprechinstrument nicht! • Essen Sie eine Kleinigkeit, damit der Magen nicht knurrt. Mit Reis und Gemüse machen Sie nichts verkehrt. • Trinken Sie Kräutertee, aber möglichst keine Kamille. Sie trocknet ebenfalls die Schleimhäute aus. • Trinken Sie nur stilles Wasser (Zimmertemperatur). Sie werden sich körperlich leicht und energievoll fühlen, klar denken und sprechen können! Nach dem erfolgreichen Interview belohnen Sie sich mit allem, wonach Ihnen gelüstet!
Noch bevor Sie zu sprechen beginnen, geraten Sie in Stress. • Sie werden kurzatmig, Ihr Mund wird trocken, das Herz pocht bis zum Hals. • Ihre Konzentration ist abgelenkt vom Wesentlichen – Ihrem Thema, Ihrem Zuschauer. Sie wirken nervös, unkonzentriert und dadurch wenig überzeugend.	Nehmen Sie sich Vorbereitungszeit! • Machen Sie »im stillen Kämmerlein« ein paar Übungen aus dem Warm-up. • Atmen Sie kraftvoll und ruhig aus. Der Einatem geschieht von allein. • Summen Sie, um den Kehlkopf zu entspannen und Ihre Stimme in eine bequeme Stimmlage zu bringen. • Bei Mundtrockenheit beißen Sie sich leicht auf die Zunge, das bringt den Speichelfluss in Gang. Sie werden ruhiger und können sich besser konzentrieren. Das gibt Ihnen Sicherheit!
Sie klemmen am Ende eines Satzes den Mund zu oder Sie lassen während des Sprechens allmählich die Spannung aus der Stimme entweichen. • Sowohl Klemmen am Ende als auch Erschlaffen führen zu hörbarer Schnapphaltung während des Sprechens. • Sie verlieren den Kontakt zu Ihrem Zuschauer.	Halten Sie die Spannung während des Sprechens! • Lösen Sie sauber Kiefer und Lippen am Ende einer Sprecheinheit, damit sich die Luft automatisch und geräuschlos auffüllen kann. • Atemergänzung erfolgt durch den Mund. Sie haben immer genügend Luft zur Verfügung und können störungsfrei kommunizieren.

Atem und Stimme vorbereiten	
So bitte nicht	**Besser so**
Sie haben wenig Zeit für viel Inhalt und sprechen daher zu schnell. Das Gesagte rauscht am Ohr des Zuschauers vorbei.	Geben Sie Ihrem Zuschauer die Zeit, die er braucht, um auch komplexe Inhalte ohne Anstrengung nachzuvollziehen! • Packen Sie nicht mehr Inhalt in ein Zeitfenster als objektiv möglich ist. • Haben Sie Mut zu Pausen, aber gehen Sie nicht in der Pause innerlich auf Urlaub! • Bleiben Sie während des Sprechens mit wachen Sinnen bei Ihrem Interviewpartner/Zuschauer und Ihrem Thema • Sie halten Ihren Gesprächspartner auch während der Pause in (Atem-) Spannung!
Sie haben ein vorformuliertes Skript und lesen nur »gut betont« vor. Der persönliche Funke springt nicht über, und Sie erreichen Ihre Zuschauer nur unzulänglich.	Ihre Zuschauer möchten von einem lebendigen Menschen angesprochen werden. • Wenden Sie sich mit Freude und Engagement Ihrem Zuschauer zu. • Denken und empfinden Sie das, was Sie sagen mit, statt nur »gut betont« zu lesen. Ihre Zuschauer fühlen sich angesprochen!
Sie möchten intensiv und nachdrücklich wirken und erhöhen deshalb den Stimmdruck. • Die Stimme wird eng und fest und verliert ihren Klang. • Sie erdrücken damit Ihre Gesprächspartner. • Diese gehen auf Distanz.	Benutzen Sie Ihr körpereigenes »Megaphon«! • Weiten und öffnen Sie Ihre Klangräume (Rachen-, Mund- und Nasenraum). • Machen Sie sich bewusst, dass Ihr gesamter Körper die Resonanz verstärken kann. Ihre Stimme ist tragfähig, klingt angenehm und wirkt damit positiv auf Ihre Zuschauer.
	© Annalena Schmidt

VIDEO

Zu den Übungen in diesem Kapitel finden Sie auch Videobeispiele und Anleitungen im Online-Bereich. Folgen Sie einfach dem QR-Code am Anfang dieses Buches.

Vorbereitung/Stimmentfaltung/Artikulation/Haltung

1. Übungen zur Vorbereitung von Stimme und »Sprechinstrument«: dehnen, räkeln, schütteln, Atem-Stress abbauen, das Zwerchfell lockern.
2. Übungen zur Stimmentfaltung: Mundinnenraum erforschen, summen und kauen, Lippentriller, kleine Silben zum Tönen.
3. Übungen zur Artikulation: Unterkiefer lockern, Breitmaulfrosch.
4. Übungen zum Stand.

Aufgezappt
Wer es mit Druck versucht…

Der professionelle Umgang mit Stimme und Atmung sollte zum Handwerkszeug eines jeden Kommunikators gehören. Viele machen sich darüber allerdings keine Gedanken – mit klangvollen Folgen:
Cem Özdemir – der schwäbische Deutsch-Türke soll zusammen mit Katrin Göring-Eckardt dafür sorgen, dass die Grünen bei Umfragen wieder besser dastehen. Und Cem Özdemir versucht auf ganz eigene Weise, diesem Ziel Ausdruck zu verleihen: Nämlich mit Druck in der Stimme.
Egal, wann und wo er spricht, Cem Özdemir hat es sich angewöhnt, seine Zuhörer mit stimmlichem »Nachdruck« zu überzeugen. In jedem Satz hebt er an, als ob es der wichtigste Satz seiner Aussage wäre. Dem folgen dann allerdings unzählige weitere Sätze in gleicher Machart, viele mit inhaltlichen Schleifen und Kurven. Und statt der natürlichen Sprachmelodie, in der man üblicherweise nur eine Betonung setzt, betont Özdemir auch gern mehrere Worte eines Satzes, gibt dem Stimmdruck immer wieder einen Impuls, hängt mit kurzen Satzpausen Gedanke an Gedanke oder macht Sprechpausen mitten im Satz, wo natürlicherweise keine Pause im Gedankenfluss entsteht.
Die Folge: Es entsteht ein anstrengendes Stakkato-Geleier ohne klare Signale, was Haupt- und Nebeninformationen sind, was sich der Zuhörer merken soll und was nur inhaltliches Beiwerk ist. Ebenso wenig wird hörbar, was Özdemir wirklich fühlt. Es klingt emotional nach Einheitsbrei. Denn gerade Stimme und Sprachmelodie in ihrer Natürlichkeit machen verbale Äußerungen greifbar und glaubwürdig.
Selbst Özdemirs Nachruf auf den Altbundeskanzler Kohl an seinem Todestag wirkt in der Collage seiner Politikerkollegen wie eine roboterartige Wahlkampfrede aus alten Zeiten statt des wertschätzenden, emotionalen Abschiednehmens von einem bedeutenden Politiker.
Warum spricht Cem Özdemir mit so viel Druck? Ist es der Druck, den er selbst verspürt? Oder versucht Özdemir mit dieser Art zu sprechen, das Motto der Grünen umzusetzen: »Zukunft wird aus Mut gemacht«. Ist es Mut, den sich Özdemir mit seiner überbetonten, druckvollen Kommunikation selbst zusprechen will?
Wir wissen es nicht. Und leider ist Druck auf der Stimme das falsche Mittel. Denn er führt häufig dazu, dass Gesprächspartner oder Zuschauer auf Distanz gehen, bewusst oder intuitiv. Druckvolle Sprecher sind anstrengend. Also: Wer auf natürliche Weise erklärt, wovon er überzeugt ist, kann auch andere überzeugen. Dann entstehen automatisch laute und leise Töne, lassen sich Emotionen und Haltung erspüren. Und gerade die leisen Zwischentöne im gekonnten Redemix sind es, die neugierig machen und gehört werden wollen.

VIDEO

Zu diesem »Aufgezappt« finden Sie auch ein Videobeispiel im Online-Bereich. Folgen Sie einfach dem QR-Code am Anfang dieses Buches.

Cem Özdemir auf dem Parteitag

Egal, wann und wo er spricht: Der Grünen-Politiker Cem Özdemir versucht, seine Zuhörer mit stimmlichem »Nachdruck« zu überzeugen. Jeder Satz klingt dadurch, als ob es der wichtigste wäre. Das ist für den Zuhörer auf Dauer anstrengend, weil eine natürliche Sprachmelodie als Orientierung fehlt. Es gibt keine leisen oder nachdenklichen Töne. Cem Özdemir »erdrückt« seine Zuhörer mit zu viel Druck in der Stimme.

26 »War das so abgesprochen?«

In diesem Kapitel erfahren Sie, ob Fragen nach den Fragen sinnvoll sind.

Sie haben soeben ein Interview vereinbart; soweit ist alles klar: Sie wissen für welches Medium der Journalist berichtet, das Thema steht fest, die Zielgruppe ist definiert. Der eine traut sich, der andere nicht: die Frage nach den Fragen zu stellen.

Viele glauben, dass es gut ist, im Vorfeld zu wissen, welche Fragen konkret gestellt werden. Manche halten es sogar für einen guten Stil, den Fragenkatalog präsentiert zu bekommen. Oder sogar umgekehrt: Für schlechten Stil, ihn nicht ungefragt vorgelegt zu bekommen.

TIPP

Fragen Sie nach dem Thema, nach den Schwerpunkten des Interviews, aber nicht nach den konkreten Fragestellungen. Investieren Sie Ihre Vorbereitungszeit in die Kernbotschaften, die Ihnen wichtig sind. Dann sind Sie unabhängiger von den Fragen und dem Verlauf des Interviews.

Warum nicht nach den Fragen fragen?

Gehen wir zunächst davon aus, Sie bekommen die Fragen vorab genannt. Was macht das mit Ihnen? Sie sind so sehr fixiert auf diese konkreten Fragen, dass Sie in der Vorbereitung auf das Gespräch möglicherweise Ihre Antworten sogar auswendig lernen. Was dann passiert, ist, dass von einem »Gespräch« keine Rede sein kann, denn da gibt es einen, der Fragen stellt, und einen, der roboterähnlich antwortet. Sie werden wenig authentisch wirken und sich auch unwohl fühlen – ganz zu schweigen von der fehlenden Spontaneität und dem »Aufsagen« der Antworten.

Und was, wenn die Fragen zwar wie abgesprochen gestellt werden, aber in einer anderen Reihenfolge? Was macht das mit Ihnen? Es wird Sie irritieren, weil es nicht Ihrer Erwartung entspricht. Sie werden möglicherweise aus der Kurve getragen, was sogar zu einem Blackout führen kann. Kurzum: Die Sicherheit, die Fragen genau zu kennen, ist eine vermeintliche Sicherheit. Sie kann dazu führen, dass das Interview einen Verlauf nimmt, der Sie schlecht aussehen lässt.

Abgesehen von dem, was ein vorbereiteter Fragenkatalog mit Ihnen macht: Viele Journalisten kommen mit der Idee einer Fragestellung zum Interview. Etwaige Fragen haben sie im Kopf, aber nicht auf dem Papier stehen. Und selbst wenn jemand kommt, der seine Fragen notiert und sie Ihnen sogar vorab zur Kenntnis gegeben hat: Wer garantiert, dass genau diese Fragen auch gestellt werden? Demjenigen, der sich jetzt entrüstet und darauf pocht, dass das doch bitte schön zur Fairness gehört, sei widersprochen. Vereinbart ist ein Interview – nicht mehr und nicht weniger. Welche Fragen gestellt werden, bleibt dem überlassen, der interviewt. Sie können notfalls die Antwort verweigern, aber Sie dürfen nicht erwarten, dass Sie die Fragen diktieren. Umgekehrt gilt das auch: Sie lassen sich nicht sagen, was Sie wie zu formulieren haben. Gleiches Recht für alle.

Zurück zum Interview ohne vorbereitete Fragen: Sie wittern Verdacht? Sie halten es für möglich, dass Ihnen Fragen vorenthalten werden, weil der Journalist Sie in die »Pfanne hauen« und mit Fangfragen überfallen will? Warum diese Annahme? Ist sie denn begründet?

Viel wahrscheinlicher als ein sogenanntes Überfallinterview ist, dass das Gespräch, welches der Journalist mit Ihnen führt, ein Teil seiner Recherche ist. Dies bedeutet, er leitet seine Fragen aus Ihren Antworten ab. Und genau das ist Ihre Chance, denn auch als Interviewter können Sie ein Gespräch inhaltlich steuern und mitgestalten. Wenn Sie Antworten geben, die neugierig auf Mehr machen, wird ein guter Journalist gezielt nachfragen. Dann haben Sie die richtigen Botschaften als Anker gesetzt. So wird ein vorbereitetes, aber im Vorhinein nicht akribisch ausgetüfteltes Gespräch wesentlich lebhafter, authentischer und interessanter als jedes vorher genau fixierte »Fragen-Antworten-Pingpong-Interview«.

27 Das Auge guckt mit

In diesem Kapitel erfahren Sie, warum Kleidung, Make-up und Accessoires wichtig sind.

Nun sind Sie inhaltlich gut gerüstet, haben Ihre Kernbotschaften formuliert, Ihr Instrument gestimmt und Ihr Lampenfieber im Griff. Insbesondere für TV-Auftritte ist jedoch eine wichtige Fragen noch offen: Was ziehe ich an? Denn gerade vor der Kamera zählt natürlich auch die Optik. Das Bild, Ihr Bild muss einladend sein. Nichts darf irritieren.

Schauen wir doch einmal gemeinsam in Ihren Kleiderschrank. Sicher hängen schwarze und dunkelblaue Anzüge drin, schwarze oder dunkelblaue Business-Kostüme, weiße Hemden und Blusen, vielleicht auch etwas Pinkfarbenes oder Hellblaues dazwischen. Das ist wunderbar – nur nicht fürs Fernsehen!

Vielleicht finden sich im Schrank ja sogar farbenfrohe Krawatten mit aufregendem Muster. Oder Tücher und Schals mit bunten Motiven. Jacketts mit Hahnentritt- oder Pepita-Muster. Auch diese Kleidung und diese Accessoires können Sie gern tragen – nur nicht im Fernsehen!

Folgende Tipps beruhen einzig auf den technischen Anforderungen der audiovisuellen Medien sowie auf der Wirkung bestimmter Farben und Accessoires. Wir erheben ausdrücklich nicht den Anspruch einer Typ- und Farbberatung, sondern formulieren Anforderungen an einen stimmigen Auftritt, der dem Kameramann nicht die Schweißperlen auf die Stirn treibt.

Schwarze Kleidung beispielsweise wirkt in der Kamera selten gut. Der Kameramann sagt dann: »Das Bild säuft ab.« Ein schwarzer Rollkragenpullover oder ein schwarzer Schal schlucken so viel Licht, dass der Gesamteindruck des Bildes schnell düster wird. Die (oft unbewusste) Assoziation der Zuschauer ist: Oh, das wirkt problembeladen, das Gegenteil von einladend. Dazu kommt, dass Schwarz keinerlei Licht reflektiert. Selbst wenn Sie frisch rasiert oder gut geschminkt vor die Kamera treten, schluckt ein schwarzes Oberteil so viel Licht, dass häufig ein Bartschatten entsteht. Das Gesicht wirkt grauer, alle Linien und eventuelle Schatten werden verstärkt. Und letztlich macht es keinen großen Unterschied, ob Sie Dunkelblau oder ein dunkles Anthrazit tragen. Die Kamera »sieht« auch diese Farben als Schwarz.

Weiße Kleidung ist auch nicht die Lösung. Das Weiß überstrahlt häufig das Bild, der Kameramann muss die Blende weiter schließen, Ihre Haut wird dann dunkler.

Und nun die gute Nachricht: Alle Farben dazwischen funktionieren durchaus vor der Kamera. Von beige über grau, oliv, blau, grün, rot, orange, gelb – helle und mittlere Farbtöne machen das Bild, IHR Bild, freundlicher und einladender. Frauen haben da natürlich mehr Möglichkeiten: Die vielen, unterschiedlichen Jacketts von Angela Merkel zeigen es. Und tatsächlich sehen Akzente in Rot, Pink, Orange oder Rosa auf dem Bildschirm oft besonders schön aus. Als Mann kann man da nur beherzt zu einer frischen Hemdfarbe greifen oder mit der Krawatte einen Farbtupfer ins Spiel bringen. Wenn Sie die Wahl haben zwischen einem hellgrauen und einem dunkelgrauen Anzug: Wählen Sie den helleren!

Farbe ja, Muster nein. In Zeiten von Ultra-HD wird das Fernsehen wieder zur »Flimmerkiste«. Denn schon grob gewebte Stoffe irritieren die Kamera. Sie erkennt keine Fläche, aber auch keine klaren Linien. Das Ergebnis ist der Moirée-Effekt, das Flimmern. Und das lenkt viele Zuschauer so ab, dass sie nicht mehr zuhören.

Hohes Flimmer-Risiko besteht auch bei kleinen Streifen oder Karos, beim Pepita-Muster und beim Hahnentritt- oder Fischgrät-Muster. Nadelstreifen-Anzüge sind oft okay. Wenn das Ihr Lieblingsoutfit ist, sollten Sie es einfach ausprobieren.

Schwierig sind auch große Muster: Blumenmotive, Paisley-Muster und Ähnliches. Hier ist weniger das Flimmern ein Risiko als die optische Ablenkung an sich. Wenn Sie möchten, dass Ihre Botschaft gehört wird, verzichten Sie lieber auf solche Kleidung. Es sei denn, Sie heißen Claudia Roth, sind bei den GRÜNEN und kommen sowieso jeden Tag ins Fernsehen. Claudia Roth trägt ja gern farbige, groß gemusterte Schals und Tücher. Sie hat aber auch fast täglich die Chance, diese als persönliches Erkennungsmerkmal für ein großes Publikum zu etablieren.

TIPP

Auswahl der Kleidung

Wenn ein Interview mit etwas zeitlichem Vorlauf geplant werden kann, bringen Sie doch einfach zwei Outfits, in denen Sie sich wohlfühlen, zum Dreh mit. Dann können Sie gemeinsam mit dem Kameramann entscheiden, welches besser wirkt. Das empfiehlt sich besonders für Einladungen ins Studio, denn Sie möchten vielleicht nicht die gleiche Farbe tragen wie der Moderator oder Ihr inhaltlicher Kontrahent.

Schmuck und Accessoires – für die Frau

Hier gilt ausdrücklich: weniger ist mehr. Solange Sie nicht als Vertreterin der Schmuckindustrie unterwegs sind, tauschen Sie große, auffällige Ohrringe lieber gegen kleine und legen Sie die opulente Designer-Kette lieber für die Dauer des Interviews ab. Bei Ketten mit Anhängern besteht zudem das Risiko, dass sie schief hängen. Aufmerksame Kameraleute korrigieren das, aber wollen Sie sich darauf verlassen?

Schals und Tücher können generell zwar ein Farbtupfer sein, wirken aber in der zweidimensionalen Fernsehwelt oft zu überladen und eingeengt. Außerdem werfen manche Schals Fragen auf: Ist sie krank? Hat sie vielleicht Halsweh? Wird da im Büro nicht genügend geheizt…?

Schmuck und Accessoires – für den Mann

Einige Unternehmen haben ihr Logo als kleinen Pin herstellen lassen, der prima vorne an den Kragen des Jacketts passt. Manche Clubs und Verbindungen geben diese Pins auch für ihre Mitglieder aus. Und die Versuchung ist groß, einen solchen Anstecker auch beim Interview zu tragen. Unser Rat: lieber nicht! Denn häufig sind die Logos zu klein, als dass man sie im Kamerabild erkennen könnte. Manche reflektieren auch das Licht, so dass es plötzlich im Interview aufblitzt. Auf jeden Fall aber werfen diese Logos Fragen auf. Und binden die Aufmerksamkeit der Zuschauer. Das wollen Sie nicht – insofern legen Sie diese Accessoires vor dem Interview ab. Die Rolex übrigens auch, es sei denn, Sie brauchen sie als Statussymbol. Manchmal sind die Hände im Bild, und auch an einer auffälligen, hochwertigen Uhr können sich die Zuschauer »festgucken«. Wie wirkt es z. B. in einem Interview zum Sparkurs Ihres Unternehmens, wenn Sie eine Luxusuhr am Arm haben?

Beim Thema Krawatte ist es komplett Ihnen überlassen, ob Sie »oben ohne« gehen. Für viele Branchen passt eine Krawatte heutzutage nicht mehr zum Stil. Manche empfinden eine Krawatte auch als Signal der Distanzierung. Aber *wenn* Sie zur Krawatte greifen, darf sie gern eine kräftige Farbe haben.

Make-up – für Frau und Mann

Seit der technische Standard bei Ultra-HD bzw. 4K angekommen ist, bleibt der Nation keine Pore mehr verborgen. Die Kosmetikindustrie hat schnell reagiert und HD-Schminke auf den Markt gebracht. Interessanterweise wird die nicht etwa noch dicker aufgetragen als die bisherige Fernsehschminke, sondern eher dezenter.

Lieber Leser, wir müssen es so deutlich sagen: Sie als Mann sind von Natur aus mit großen Poren ausgestattet. Und diese produzieren mehr Fett und Schweiß als jene der Damen. Deshalb lassen Sie sich auf jeden Fall pudern und schminken, wenn es Ihnen angeboten wird. Das ist bei Einladungen ins Studio normalerweise der Fall. Falls das Kamerateam zu Ihnen kommt: Schauen Sie selbstkritisch vor dem Interview, ob Sie glänzen oder ob es Stellen auf der Haut gibt, die Sie besser abdecken. Gut sortierte Kamerateams haben sogar Puder dabei, das Sie vielleicht mit einem eigenen Taschentuch vorsichtig auftragen können.

An alle Damen geht ebenfalls der Rat, professionelle Unterstützung durch eine Maskenbildnerin anzunehmen, sofern sie angeboten wird. Die kümmert sich dann auch um die Frisur. Ansonsten schauen Sie, dass Sie bei Make-up und Rouge eher dezent bleiben. Ob Sie Ihre Augen schminken und Lippenstift auftragen, ist wiederum Ihnen überlassen. Nur die Haut im Gesicht, am Hals und am Dekolleté braucht definitiv etwas Make-up.

28 Keine Überraschung bitte!

In diesem Kapitel erfahren Sie, warum Sie Interviews vordenken sollten und wie Sie dabei am besten vorgehen.

»Hätte ich gewusst, dass der Redakteur mich das fragt, dann hätte ich die passenden Zahlen herausgesucht...« oder »Dass der Reporter das wissen will, hätte ich nicht gedacht. Wir wollten doch eigentlich über ein ganz anderes Thema sprechen...«

Solche Sätze hören wir als Medientrainer oft, wenn wir nach den Erfahrungen mit Interviewsituationen fragen oder uns erzählen lassen, wie ein Medienkontakt verlaufen ist. Hinter diesen Aussagen steckt Überraschung und Verwunderung. Warum fragt ein Journalist nicht das, was ich erwarte? Warum fragt ein Journalist nach den Dingen, zu denen ich nichts sagen will, kann oder darf? Und warum sagt der Journalist vorher nicht genau, was er von mir wissen will?

Journalisten denken anders

Drei Aspekte gilt es bei Interviewanfragen zu bedenken:

1. Was ein Journalist genau fragen wird, erfahren Sie in den seltensten Fällen vorab. Selbst wenn Sie vorab um die Fragen bitten, bekommen Sie vermutlich nicht exakt die Fragen gestellt, die der Journalist Ihnen im Vorfeld zukommen lässt. Lesen Sie dazu auch *Kapitel 26 – »War das so abgesprochen?«*
2. Journalisten denken anders als Sie. Sie als Interviewpartner möchten Botschaften platzieren – meist im Sinne Ihrer Person, Ihres Unternehmens, Ihrer Produkte. Der Journalist möchte aufklären, aufdecken, vergleichen, objektiv bewerten, umfassend zu einem Thema informieren. Diese Ziele widersprechen sich an vielen Stellen eines Mediendialogs. Wenn Sie also zu einem Interviewthema nur aus Ihrer Perspektive denken, dann werden Sie vermutlich im Interview von der Perspektive des Journalisten überrascht sein.
3. Selbst wenn Sie ein Interviewthema vereinbart haben, kann es sein, dass der Journalist am Ende noch zu aktuellen oder auch kritischen Themen nachhakt. Er wird sich denken: Wenn ich schon mal einen solch interessanten Gesprächspartner vor der Linse oder dem Mikrofon habe, versuche ich, noch mehr zu erfahren.

Mit Vorbereitung kein Überraschungsmoment

Was also tun, um in einem vereinbarten Interview nicht auf dem falschen Fuß erwischt zu werden und möglichst viele Chancen zu nutzen? Wie gelingt es, im Gespräch die ein oder andere eigene Botschaft unterzubringen?

Grundsätzlich sollten Sie nie mit der Einstellung in ein Interview gehen, dass Ihnen das Thema ja bekannt ist und Sie dazu sowieso alles »auf dem Schirm« haben. Nehmen Sie sich für die Vorbereitung eines Interviews Zeit. Und vor allem: Bereiten Sie sich zusammen mit einem Kollegen oder einer Kollegin auf das Interview vor. Denn zwei Gehirne denken anders als eines. Zwei Gehirne haben mehr Ideen. Zwei Gehirne können sich den Verlauf eines Gesprächs anders vorstellen als eines. Und Sie können gemeinsam den advocatus diaboli spielen und sich gegenseitig hinterfragen.

Die Perspektive ändern – journalistische Sichtweisen einnehmen

Damit Sie sich ein wenig klarer darüber werden, was ein Journalist an Informationen braucht und wo es für ihn spannend wird, hilft es, sich in die Rolle des Journalisten hineinzudenken und das Interview aus journalistischer Sicht vorzudenken.

Dazu tragen Sie im ersten Schritt alle Fragen zusammen, die Ihnen spontan zum Interviewthema einfallen. Unsortiert und ohne Priorisierung. Das werden vermutlich die Fragen sein, zu denen Sie einfach und auch gern Auskunft geben können und wollen, zu denen Sie ggf. auch vorbereitete Botschaften haben. Schreiben Sie dazu auch stichpunktartig mögliche Antworten oder Aspekte zu den Antworten auf. Wichtig ist dabei, dass Sie sich klarmachen, mit welchen Botschaften Sie sich dort positiv im Vergleich zu anderen Unternehmen oder Statementgebern abgrenzen können. Diese Botschaften formulieren Sie im Vorfeld als Kernbotschaften, damit Sie sie im Gespräch parat haben und mit den passenden Zahlen, Daten und Fakten darstellen können.

Im zweiten Schritt wechseln Sie jetzt die Perspektive und versetzen sich in die Lage des Journalisten. Welche der gesammelten Fragen sind für den Journalisten wichtig, wenn er noch keine Ahnung vom Thema hat? Welche Informationen braucht er, um das Besondere an einem Thema herauszuarbeiten? In welcher Reihenfolge wird er ggf. die Fragen stellen? Welche Informationen sind aus PR-Sicht interessant, aber – genau deswegen – für den Journalisten weniger von Interesse? Auf welche Fragen sind die Antworten ggf. sehr komplex und brauchen mehr Hintergrundinformationen?

Dann überlegen Sie sich anhand der gesammelten Fragen und Antworten, was den Journalisten darüber hinaus noch zum Thema interessieren könnte. Wo kann er ggf. nach weiteren Zahlen fragen? Wo interessieren weitere Details, bis hin zur Frage: Wo grenzt ein Thema nah an ein anderes, für den Journalisten ebenfalls interessantes Thema? Und möchten Sie zu diesem angrenzenden Thema etwas kommunizieren oder lieber nicht?

Im letzten Schritt geht es darum, die möglichen kritischen Aspekte eines Themas vorzudenken. Diese Denkarbeit ist – zugegeben – nicht einfach, denn Sie müssen sich Schwächen und Risiken des Themas in Gänze bewusst machen, ohne Schönfärberei und ohne die Augen zu verschließen. Gehen Sie nicht davon aus, dass da sicher keiner nachfragen wird oder niemand von diesem kritischen Punkt wissen kann. Es gibt immer Menschen, die Dinge wissen oder erfahren, von denen bisher keiner etwas wusste.

TIPP

Denken Sie auch die »Aua«-Fragen vor

Sich diese potenziellen »Aua«-Fragen bewusst zu machen, ist eine der wichtigsten Vorbereitungen auf Interviews. Denn normalerweise drücken wir uns vor unangenehmen Gedanken, vor Fragen, zu denen wir keine gute oder überhaupt keine Antwort haben. Und genau diese Stellen spürt unser Gegenüber und kann sie sogar an der sogenannten Ideomotorik – also unserer unbewussten Mimik, Gestik und Haltung – ablesen. Und dann ist es für den Journalisten natürlich noch interessanter, an diesen Stellen nachzuhaken, weiter zu bohren.

Um die Vorbereitungsschritte ein wenig greifbarer zu machen, stellen Sie sich vor, Sie sind Personalvorstand und bekommen eine Interviewanfrage zum Thema Mitarbeiterentwicklung. Klassische Fragen, die Ihnen aus PR-Sicht vermutlich sofort einfallen, könnten z. B. sein:

- Was tun Sie in Sachen Mitarbeiterentwicklung?
- Welche Rolle spielt Mitarbeiterentwicklung in Ihrem Unternehmen?
- Welche Erfahrungen haben Sie mit Maßnahmen zur Mitarbeiterentwicklung gemacht?
- Wie setzt man Mitarbeiterentwicklung erfolgreich um?
- Wie wirkt sich Mitarbeiterentwicklung auf den Erfolg Ihres Unternehmens aus?

Wenn Sie jetzt einen Schritt weiterdenken, kommen Ihnen vielleicht noch Fragen, die Sie für Ihr Unternehmen nicht als kommunikationswürdig einstufen, zu denen Sie nichts sagen möchten oder zu denen Sie spezielle Zahlen, Daten oder Fakten parat haben müssen, die nicht einfach darzustellen sind:

- Wie viel Geld investieren Sie in Mitarbeiterentwicklung?
- Wie rechnen sich Maßnahmen zur Mitarbeiterentwicklung monetär?
- Wo stößt Mitarbeiterentwicklung an ihre Grenzen?
- Welche negativen Erfahrungen haben Sie mit Mitarbeiterentwicklung gemacht?
- Inwieweit nutzen Mitarbeiter Entwicklungsmaßnahmen aus?
- Um welchen Faktor kann Mitarbeiterentwicklung die Fluktuation senken?

Und dann gibt es noch die kritischen Fragen, wenn z. B. Mitarbeiter keine Förderung bekommen haben, obwohl Sie eine beantragt hatten. Wenn ein Mitarbeiter sich über die Qualität der Entwicklungsmaßnahme beklagt hat oder eine Entwicklungsmaßnahme nicht den Qualifikationen des Mitarbeiters entspricht.

Das sind nur einige beispielhafte Themen, aus denen schnell kritische Fragen erwachsen können. Und genau diese Fälle und Situationen sollten Sie sich unbedingt vor Augen führen und mögliche kritische Fragen dazu ableiten. Zum Beispiel:

- Inwieweit ist Mitarbeiterentwicklung ein kommunikativer Marketing-Schachzug, um attraktiv für potenzielle Fachkräfte zu sein?
- Wann lehnen Sie als Unternehmen eine Weiterbildung ab?
- Warum bekommt dieser oder jener Mitarbeiter keine Weiterbildung?
- Welche Rolle spielen Sympathien der Vorgesetzten bei der Vergabe von Weiterbildungsmaßnahmen?

- Wann rechnet sich eine Mitarbeiterentwicklung fürs Unternehmen, und wo lehnen Sie aus Wirtschaftlichkeitsgründen Förderungen ab?
- Wie viele Mitarbeiter gibt es, die bisher keine Förderung bekommen haben, obwohl Sie eine Förderung beantragt haben?
- Welche Mitarbeiter werden bei Ihnen niemals Karriere machen?

Sie merken sicher schon jetzt, wenn Sie das Thema weiterdenken und ggf. in einzelne Details gedanklich tiefer einsteigen, kommen Ihnen immer mehr Fragen, aus denen sich auch aus journalistischer Sicht Fragen und damit eine Story ableiten lassen. Und nicht immer ist eine solche Story aus Ihrer Sicht günstig für Ihr Unternehmen. Wenn Sie allerdings auf all diese Themen vorbereitet sind, ggf. auch auf die ein oder andere kritische Frage eine clevere Antwort parat haben, fällt es Ihnen im Gespräch leichter, souverän zu antworten und das Gespräch mehr mit Ihren Botschaften zu bestimmen.

Themenfremde Fragen am Ende des Gesprächs

Überraschungsmomente erleben Interviewpartner aber nicht nur, wenn der Journalist zu einem vereinbarten Gesprächsthema kritische Fragen stellt oder gar mit Wissen aufwartet, das er »eigentlich« gar nicht haben dürfte. Oder wenn er Sie mit Vorwürfen konfrontiert, zu denen Sie als Interviewpartner keine Stellung beziehen können, möchten oder dürfen.

Überraschungen überleben Interviewpartner auch, wenn Sie sich darauf verlassen, dass der Journalist Sie nur zum abgesprochenen Themenbereich befragt und dann am Ende plötzlich noch Fragen zu einem aktuellen und ggf. sogar kritischen Thema stellt. Dies kommt nicht selten vor, wenn zu diesen Themen wenig oder sogar nichts kommuniziert wird, wenn die Kommunikation intransparent ist und sich Unternehmen und/oder Führungskräfte dazu nicht äußern. Dann kann ein Interview zu einem vermeintlich harmlosen Thema vom Journalisten als Türöffner genutzt werden, um dort Informationen zu einem heiklen Thema zu bekommen.

In Vorbereitung auf Interviews sollten Sie sich deshalb auf jeden Fall alle Krisen- und potenziellen Krisenthemen in Ihrem Unternehmen bzw. Kommunikationsbereich bewusst machen und dazu eine entsprechend abgestimmte Sprachregelung parat haben.

TIPP

Eine Sprachregelung regelt in wenigen Sätzen, was zu einem möglichen kritischen Thema geäußert werden darf. Wichtig ist, dass Sie mit einer solchen Sprachregelung die erste Frage nach einem Krisenthema sicher beantworten können, um Zeit zu gewinnen und Herr der Lage zu sein. Dann gelingt es besser, den Dialog souverän und charmant zu beenden oder wieder auf das Ursprungsthema zurückzuführen.

Aufgezappt
Einfache Frage – schwere Antwort

In der hr-Info-Serie »Das Interview« war am 16. März 2017, wenige Wochen vor der Bundestagswahl, Stefan Merz zu Gast, der »Direktor Wahlen« bei Infratest dimap, dem Umfrageinstitut, das die Umfragen und auch die 18-Uhr-Prognosen und späteren Hochrechnungen für die ARD erstellt. Die Interview-Sendung ist knapp 25 Minuten lang. Merz freut sich offenbar auf das Gespräch – das ist an seiner Stimme zu erkennen – und er ist gut drauf.

Gleich zu Beginn wird deutlich, wie sehr Mimik zu hören ist, denn Merz lacht charmant – das macht ihn sympathisch. Auf die erste Frage, ob denn der Wahltag etwas ganz Besonderes für ihn sei, liefert er sofort eine schlagzeilenfähige Antwort: »Ja, Wahlabende sind so etwas wie eine Heilige Messe«. Prägnant. Aussagekräftig. Auf den Punkt. Kein Wunder, dass dieser Satz später bei »hr online« in einem Bericht über das Gespräch als Headline übernommen wird. Merz hat eine relativ hohe Sprechgeschwindigkeit, aber er formuliert leicht verständlich. Es ist kein Problem ihm zu folgen. Die Frage, was der Unterschied zwischen Umfrage, Prognose und Hochrechnung ist, hätte Merz erwarten können. Doch hier formuliert er verquast und nicht trennscharf. Erstaunlich, denn dies ist ja sein Tagesgeschäft. Vermutlich können ihm an der Stelle nur bereits informierte Hörer folgen. Die bessere Strategie ist, kein oder nur relativ wenig Wissen vorauszusetzen. Und innerhalb eines solchen Radiointerviews nicht nur an die unmittelbaren Gesprächspartner denken – den oder die Interviewer –, sondern an die Hörer der Sendung. Erst auf Nachfrage bringt er den Unterschied zwischen Umfrage vor der Wahl und Prognose deutlich auf den Punkt. Sehr geschickt ist, dass er bei dem wichtigen Satz, die Erhebungen vor der Wahl seien ja nur Stimmungen in der Bevölkerung und keine konkreten Prognosen, seine Sprechgeschwindigkeit verlangsamt. Dadurch bekommen seine Worte ein zusätzliches Gewicht.

Unscharf bleibt Merz auch bei einer interessanten Frage der Journalistin, ob die Prognose denn nur das Auswerten von Daten sei. Er habe einmal gesagt, es gehe unmittelbar vor der 18-Uhr-Prognose auch ums Knobeln. In der Tat eine Frage, die aufhorchen lässt und auf die Merz vorbereitet sein muss, denn dieser Begriff ist offenbar im Vorgespräch gefallen. Umso erstaunlicher, dass Merz hier völlig unklar bleibt. Es gebe keine Zauberformel, aber viele Daten, die ausgewertet werden, und es bedarf auch einer gewissen Erfahrung. Aha, aufgrund der »Erfahrung« werden die konkreten Prognosedaten ermittelt? Hier verliert Merz seine Zuhörer, denn er bleibt unklar. Eine Boulevardzeitung hätte aus dieser schwachen Antwort eine Schlagzeile kreiert: »ARD: Die Wahl-Prognose wird geknobelt!«

Die Methode von Befragungen erklärt Merz unmotiviert; er wirkt unkonzentriert, fast gelangweilt. Seine Spannung in der Stimmung fehlt, wobei es für die Hörer ja interessant ist zu erfahren, wie die Erhebungen zustande kommen. Ein einziger Satz bleibt hängen: »Der Zufall braucht seinen Raum.« Wie bitte?

1.000 Befragte stehen für 60 Millionen Wahlberechtigte – wie ist bei all den Zufälligkeiten gewährleistet, dass die Umfragen repräsentativ sind? Und wieder fällt der Satz: Dem Zufall Raum geben. Und es folgt keine erhellende Erklärung. Vertane Chance!

Die auflockernden Elemente wie das Auspacken einer Tüte mit Überraschungen meistert Stefan Merz charmant und locker, aber als gefragt wird, welche Koalition seiner Meinung zustande kommt, gerät Merz wieder ins Trudeln. Dies liegt aber diesmal nicht an ihm, sondern

an der falschen Frage. Dies ist keine Frage für einen Wahlforscher. Recht spät bekommt er die Kurve: »Die Frage ist nicht von den Demoskopen zu beantworten, sondern von den politischen Akteuren.« Richtig.
Und jetzt kommen die kritischen Fragen: Trumps Wahlsieg hätten die Wahlforscher nicht vorausgesagt, auch beim Brexit hätten sie danebengelegen. Das Abschneiden der SPD bei Landtagswahlen in NRW, im Saarland und in Schleswig-Holstein sei falsch prognostiziert worden. Merz verliert an Lockerheit, seine Stimme verrät Anspannung. Es gebe viele verschiedene Dinge, die hier wichtig seien. Wieder beruft er sich auf den Unterschied zwischen Umfrage und Prognose. Ansonsten nennt er keine weiteren Argumente – obwohl er »viele« angekündigt hatte. Eine Frage, mit der er hätte rechnen können, nein, müssen. Bei dem Thema »Parteien kaufen sich für sie genehme Umfragen« kontert Merz stark: »Wir arbeiten nur für Medien, nicht für Parteien.«
Fazit: Merz wirkt sympathisch und grundsätzlich kompetent. Er zeigt aber durchaus schwache Phasen, was die Vermutung nahelegt, dass er sich auf das Interview nicht gut vorbereitet hatte. Seine Kernbotschaften hätte er schärfer formulieren sollen – doch darüber hatte Merz vermutlich vorher nicht nachgedacht.

VIDEO

Zu diesem Kapitel finden Sie auch ein Videobeispiel im Online-Bereich. Folgen Sie einfach dem QR-Code am Anfang dieses Buches.

Deutsch-Russisches Forum

Wie Kommunikation zur Krise werden kann: »Moral oder Geschäft« heißt dieser Beitrag aus den ARD-Tagesthemen. Der Reporter ist ganz offiziell mit seinem Kamerateam beim Treffen des Deutsch-Russischen Forums dabei. Seine einfachen Fragen bringen einige von Deutschlands Topmanagern in höchste Bedrängnis. Sie haben sich offensichtlich nicht darauf vorbereitet, dass Journalisten Fragen stellen könnten. Die Reaktionen reichen von wenig souverän bis peinlich.

29 Vorsicht Falle

In diesem Kapitel erfahren Sie, wie Sie Fragetechniken mit Fettnapfcharakter entlarven.

»Wie groß ist Ihr schlechtes Gewissen, wenn Sie so viele Mitarbeiter entlassen?«, »Aus Mitarbeiterkreisen hört man, dass Sie bei der Auswahl Ihrer Dienstleister mehr Wert auf einen niedrigen Preis als auf Qualität legen.«, »Der Unfall zeigt doch, dass es gefährlich ist bei Ihnen zu arbeiten, oder?«

Autsch – solche Fragen tun weh. Und Hoppla – solche Fragen werden meist dann gestellt, wenn man nicht damit rechnet und dann auf dem falschen Fuß erwischt wird. Fragen wie diese gehören in die Kategorie der Fettnäpfchen-Fragen. Fragen mit Fettnapf-Charakter werden gern in kritischen oder krisenhaften Kommunikationssituationen gestellt. Und sie werden dann gestellt, wenn die Beteiligten restriktiv oder gar nicht auf Medienanfragen reagieren. Oder wenn sie versuchen, Krisen zu beschönigen, vielleicht sogar zu vertuschen.

Diese Fragen dienen dazu, ein bestimmtes Bild eines Unternehmens und seiner Führungskräfte zu zeichnen oder aus den Aussagen von beteiligten Personen einen Beweis abzuleiten. Einen Beweis, der die These des Journalisten untermauert oder die Storyline des journalistischen Beitrags (den roten Faden einer Geschichte) ergänzt. Der Journalist will mit solchen Fragen sichtbare Reaktionen der Befragten erzeugen. Und manchmal will er mit solchen Fragen auch einfach nur ausloten, ob an einem Thema »etwas dran« ist oder ob jemand irgendwo »Dreck am Stecken« hat. Fragen mit Fettnapf-Charakter lassen sich in unterschiedliche Kategorien einteilen und es gibt einige »Rezepte«, mit denen man die Fettnäpfchen in den Fragen geschickt umgehen kann.

Einfach reizend!

Fragen mit Reizwörtern gehören zu den größten Fettnäpfchen, in die man im Interview stolpern kann. Reizwörter sind Wörter, die in unserem Unterbewusstsein ein bestimmtes positives oder auch negatives Bild erzeugen. Sie sind fest mit bestimmten Werten, Assoziationen und Emotionen verbunden. So erzeugen Wörter wie »Gefahr«, »tödlich«, Entlassung«, »Einbuße«, »giftig«, »Unfall« oder »Problem« ein ungutes Gefühl. Dieses Gefühl verbindet unser Unterbewusstsein automatisch mit demjenigen, der das Wort benutzt. Will ein Journalist mit einem O-Ton nun ein negatives Bild des Gesprächspartners in unsere Köpfe zaubern, versucht er, dem Interviewpartner möglichst viele solcher Reizworte in den Mund zu legen. Je öfter der Interviewpartner ein Reizwort in der Antwort verwendet, umso besser bleibt es beim Zuhörer hängen, umso eher wird es erinnert, umso mehr Gewicht bekommt es. Das Prinzip dahinter heißt: Wiederholung erzeugt Verstärkung.

Ein Reizwort in der Antwort des Interviewpartners zu platzieren und es ggf. durch mehrmalige Nennung zu verstärken, gelingt am besten, wenn der Journalist das Reizwort mehrfach in die Frage einbaut, vor allem am Ende seiner Frage. Der unerfahrene Interviewpartner wird dieses Wort sehr wahrscheinlich in der Antwort aufgreifen. Denn um Zeit zu gewinnen und einen passenden Einstieg in die Antwort zu finden, nehmen die meisten Menschen den letzten Teil einer Frage auf und steigen damit in ihre Antwort ein. Und schon ist das Reizwort aus der Journalistenfrage in die Antwort gewandert.

BEISPIEL

Frage eines Journalisten

Viele Mitarbeiter fürchten jetzt, dass die Arbeit mit solchen gefährlichen Stoffen der Gesundheit schadet. Wie gefährlich sind diese Stoffe denn wirklich und wie gefährlich ist es, damit zu arbeiten?

Antwort des Interviewpartners

Es ist nicht *gefährlich*, mit diesen Stoffen zu arbeiten, da die Stoffe in gebundener Form nicht *gesundheitsschädlich* sind. Und auch das Arbeiten mit den Stoffen stellt keine *Gefahr* dar, da die Mitarbeiter nicht direkt mit diesen Stoffen in Kontakt kommen.

Im Unterbewusstsein des Zuhörers häufen sich nun die negativen Assoziationen zu den Worten »gefährlich«, »Gefahr« und »schädlich« sorgen für ein ungutes Gefühl in Bezug auf den Interviewpartner.

Nicht geht nicht

Negative Reizwörter zu wiederholen, erzeugt also die Verstärkung des negativen Gefühls. Doch damit nicht genug. Meist versuchen Interviewpartner ein negatives Reizwort in der Antwort zu negieren, indem Sie ein »nicht« oder »kein« vor das negative Reizwort setzen. »Bei uns ist es *nicht gefährlich* zu arbeiten…« oder »Wir werden *keine* Mitarbeiter *entlassen…* oder »Den Wettbewerb sehen wir *nicht* als *Gefahr…*«, »Es ist *kein Problem* für uns, wenn…«.

Das Ziel solcher Verneinungen ist klar: Der Interviewpartner will damit bekräftigen, dass der Journalist falsch liegt, dass es nicht stimmt, was in der Frage behauptet wird. Leider schlägt auch hier das Prinzip »Wiederholung erzeugt Verstärkung« zu. Denn unser Unterbewusstsein bewertet nicht, in welchem Zusammenhang ein Reizwort steht. Es bewertet nur das Reizwort an sich. Es ist also egal, ob man sagt, dass etwas gefährlich ist oder dass etwas nicht gefährlich ist. Unser Unterbewusstsein bewertet nur das Wort »gefährlich« und sorgt dafür, dass wir die negativen Assoziationen der »Gefahr« wahrnehmen und dem Statementgeber zuordnen. Deshalb ist es sinnvoll, Reizwörter aus der Frage in der Antwort zu ignorieren und durch ein anderes, neutrales Wort zu ersetzen. Oder den kompletten Gedanken in eine positive Form zu drehen.

BEISPIEL

Frage des Journalisten
Wie hoch sind die roten Zahlen, die Ihr Unternehmen jetzt schreibt und wie viele Mitarbeiter müssen Sie deswegen entlassen?

Antwort mit negierten negativen Reizwörtern
Wir schreiben derzeit keine roten Zahlen, die Bilanz ist leicht positiv. Deshalb müssen wir auch keine Mitarbeiter entlassen.

Antwort ohne negative Reizwörter
Wir schreiben derzeit schwarze Zahlen, die Bilanz ist leicht positiv. Deswegen wird es in Sachen Personal so bleiben, wie es ist.

Fragen mit Wüstenperspektive
Auch unkonkrete, sehr weit gefasste Fragen gehören zu den Fettnäpfchen-Fragen. Wir nennen Sie Fragen mit Wüstenperspektive. Eine Wüstenperspektive haben Fragen dann, wenn sie einen extrem weiten Raum für eine Antwort bieten, wenig bis keine Grenzen setzen und das Informationsziel am Horizont kaum erkennen lassen. Solche Fragen werden gern eingesetzt, um herauszufinden, ob es zu einem Thema irgendeinen angreifbaren Aspekt gibt. Ziel des Journalisten ist, die Frage so offen zu stellen, dass es dem unvorbereiteten Statementgeber schwerfällt, das Thema auf einen Punkt zu bringen oder aus der Informationsfülle einzelne wichtige Aspekte zu filtern. Und da unser Unterbewusstsein in Stresssituationen als erstes die problembehafteten, kritischen und schmerzenden Details eines Themas ins Bewusstsein transportiert, besteht aus Sicht des Journalisten die große Chance, die »Aua-Aspekte« zu einem Thema auf dem silbernen Tablett serviert zu bekommen.

BEISPIEL

Frage des Journalisten
Korruption, Betrug, Vorteilsnahme – es gibt alle Arten von Fehlverhalten von Mitarbeitern in einem Unternehmen. Wie gehen Sie damit um?

Antwort des Interviewpartners
Also bei uns gab es bisher keinen Korruptionsvorwurf. Dazu können wir nichts sagen. Auch mit Betrug hatten wir bisher nichts zu tun. Natürlich gibt es manchmal Mitarbeiter, die sich nicht ganz korrekt verhalten oder Dinge aus dem Arbeitsbereich für private Zwecke nutzen, aber Vorteilsnahme im großen Stil ist bei uns noch nicht vorgekommen.

Nachfrage des Journalisten
Also eher Betrug im Kleinen, mal Büromaterial mitnehmen oder im Internet auf Geschäftskosten surfen…

Und schon hat der Journalist zu einem Thema – ohne eine genaue Frage gestellt zu haben – einen wunden Punkt gefunden, den er im Zweifel weiter ausloten wird.

Bei Fragen mit Wüstenperspektive gilt deshalb: Fragen Sie noch einmal nach, worauf genau die Frage abzielt, ob der Journalist seine Frage konkretisieren kann. Oder – wenn

Sie gut vorbereitet sind – parieren Sie eine solche Frage mit einer Ihrer vorbereiteten Kernbotschaften.

BEISPIEL

Frage des Journalisten

Korruption, Betrug, Vorteilsnahme – es gibt alle Arten von Fehlverhalten von Mitarbeitern in einem Unternehmen. Wie gehen Sie damit um?

Antwort des Interviewpartners

Wir haben sehr strenge Compliance-Richtlinien und unsere Mitarbeiter werden mindestens einmal im Jahr zum Thema Compliance geschult. Die Teilnahme an der Schulung ist für jeden Mitarbeiter Pflicht.

Viel-in-eins-Fragen

Beliebt zur Verwirrung des Interviewpartners sind sogenannte Viel-in-eins-Fragen. Mit Viel-in-eins-Fragen versuchen erfahrene Journalisten, den Interviewpartner bewusst zu überfordern. Denn sich als Gefragter gleich mit mehreren Themen gedanklich zu beschäftigen, um jeweils eine passende Antwort zu finden, ist schwierig. Und meist versucht der Gefragte bereits, die erste Antwort gedanklich vorzubereiten, während der Rest der Frage noch gestellt wird und hört dabei nicht mehr genau hin, was noch gefragt wird.

BEISPIEL

Frage des Journalisten

»Wie wird die – wie Sie es genannt haben – sukzessive Schließung des Standortes genau ablaufen und was genau heißt es für die Mitarbeiter, wenn Sie davon sprechen, dass mögliche Stellen sozialverträglich abgebaut werden, wie viele Leute stehen dann auf der Straße?«

Hier gibt es zwei Möglichkeiten, dem Journalisten den »Wind aus den Segeln« zu nehmen. Erstens: Sie weisen ihn darauf hin, dass er gerade mehrere Fragen auf einmal gestellt hat und erläutern ihm zunächst nur den ersten Teil. Dann setzen Sie bewusst einen Punkt und lassen den Journalisten nochmals nachhaken bzw. den nächsten Teil seiner Frage als neue Frage formulieren. Oder Sie hören sich die verschiedenen Teile der Frage an und überlegen dabei, zu welchem Teil der Frage Sie gerne antworten möchten. Auch hier setzen Sie wieder einen Punkt und lassen den Journalisten eine weitere Frage stellen. So gewinnen Sie Zeit und können sich ganz auf den Inhalt *einer* Antwort konzentrieren. Wichtig ist dabei nur, dass Sie zu Beginn Ihrer Antwort klarmachen, worüber Sie sprechen, damit die Antworten später nicht falsch zugeordnet werden.

Antwort des Interviewpartners

»Wir planen eine schrittweise Verlagerung der Produktionskapazitäten. Das bedeutet, dass wir im ersten Jahr nur Teile der Entwicklung in das Schwesterwerk nach XY verlegen. Dann soll im zweiten Jahr die Produktion von den Kollegen aus YZ übernommen werden und das Lager bleibt noch mindestens drei Jahre am bisherigen Standort bestehen.«

Hier ist es jetzt wichtig, einen Punkt zu machen und dem Journalisten den Ball zurückzuspielen. Er muss jetzt eine weitere Frage anschließen und Sie haben Zeit, sich auf diese nächste Frage gedanklich einzustellen.

Fragen ohne Frage

Auch Fragen ohne Frage sind eine beliebte Art der verwirrenden Interviewführung. Damit ist gemeint, dass der Journalist sogenannte Aussagesätze benutzt, um eine Frage zu suggerieren. Hört man nicht genau hin, kann es leicht dazu führen, dass der Interviewte eine solche Aussage als Frage versteht und versucht, sich zu verteidigen, etwas zu erklären oder eine bestimmte Position zu vertreten.

BEISPIEL

Frage des Journalisten

Viele Großunternehmen bauen darauf, dass Mitarbeiter Angst haben, krank zu werden und den Job zu verlieren. Sie schleppen sich lieber mit einer Grippe an den Arbeitsplatz, um beim Vorgesetzten nicht in Ungnade zu fallen und als schwarzes Schaf oder notorischer Blaumacher zu gelten. So drücken Führungskräfte auch gern den prämienrelevanten Krankenstand nach unten.

Antwort des Interviewpartners

Also bei uns muss kein Mitarbeiter um seinen Arbeitsplatz fürchten, wenn er krank ist. Jeder, der krank ist, soll zu Hause bleiben und sich auskurieren. Natürlich müssen sich die Leute krankmelden und zum Arzt gehen, aber das ist selbstverständlich. Insgesamt ist unser Krankenstand trotzdem niedrig.

Gute Antwort? Gute Frage! Denn was genau wollte der Journalist eigentlich wissen? Richtig! Wir wissen es nicht, denn er hat ja keine Frage gestellt. Vielleicht wollte er wissen, wie man Führungskräfte besser im Umgang mit Mitarbeitern schult, wie man ein vertrauensvolles Klima im Unternehmen erzeugt, wie man mit notorischen Blaumachern umgeht oder mit welchen Krankheiten Mitarbeiter trotzdem zur Arbeit kommen. Wir wissen es nicht. Fühlen uns aber trotzdem zu einer Antwort verführt. Besser ist, Sie fragen bei Fragen ohne Frage nach der Frage. Ganz einfach oder?

BEISPIEL

Frage des Journalisten

Viele Großunternehmen bauen darauf, dass Mitarbeiter Angst haben, krank zu werden und den Job zu verlieren. Sie schleppen sich lieber mit einer Grippe an den Arbeitsplatz, um beim Vorgesetzten nicht in Ungnade zu fallen und als schwarzes Schaf oder notorischer Blaumacher zu gelten. So drücken Führungskräfte auch gern den prämienrelevanten Krankenstand nach unten.

Antwort des Interviewpartners
Und was genau möchten Sie zum Thema wissen?

Unterstellende Fragen und Falsche-Fakten-Fragen

Fragen mit unterstellendem Charakter werden gern zur Provokation genutzt. Hier behauptet der Journalist etwas und formuliert die Behauptung dann in Form einer Suggestivfrage. Oder er führt bewusst falsche Fakten an bzw. setzt diese in einen falschen Zusammenhang, um auszuloten inwieweit ein Interviewpartner zu einem Thema angreifbar ist. Hier gilt – ebenso wie bei den Reizwortfragen: Wiederholen Sie die falschen Fakten oder Unterstellungen nicht, auch nicht in der Verneinung. Besser Sie führen gleich die richtige Faktenlage an oder stellen bei Fragen mit unterstellendem Charakter das Thema richtig dar.

BEISPIEL

Frage des Journalisten
Hätten Sie sich nicht schon lange über die hohen Kosten für die Materialbeschaffung wundern müssen? Da sollen ja einige hunderttausend Euro in den Bilanzen gefehlt haben. Da hat das Management doch komplett versagt, oder?

Antwort des Interviewpartners
Das stimmt so nicht. Grundsätzlich ist es so, dass die Wirtschaftsprüfer der Geschäftsführung sofort Bescheid geben, wenn Unregelmäßigkeiten auffallen, auch, wenn es sich – wie in diesem Fall – um kleinere zweistellige Beträge handelt. Und das ist in diesem Fall umgehend passiert.

Fragen ohne Quelle

Fragen ohne Quellenangabe gehören zu den Fragetechniken, mit denen versucht wird, ins Wespennest zu stechen, um zu schauen, ob der Insektenschwarm reagiert. Fragen ohne Quellennennung beginnen meist mit »Wir haben gehört, dass…«, »Es gibt viele Stimmen, die sagen…«, »Man hört aus der Belegschaft…«, Wie wir erfahren haben, …«

Hier ist es wichtig, dass Sie die manipulative Fragestellung des Journalisten entlarven, in dem Sie konkret nach der Quelle der Information fragen. Unter Umständen kann es sein, dass der Journalist tatsächlich Informationen zu einem Thema hat, das Ihnen bisher nicht bekannt ist. So können Sie bei der Frage nach der Quelle herausfinden, ob es sich um echte Informationen handelt oder nur um ein »Austesten«, ob Sie zum Thema etwas zu sagen haben.

Fettnäpfchen-Fragen geschickt umschiffen

Um Fragen mit Fettnapf-Charakter souverän zu umschiffen, braucht es absolute Aufmerksamkeit, offene Ohren, die Fähigkeit, verbale Brücken zu bauen. Zudem ist ein Pool von unverfänglichen Kernbotschaften wichtig, die Sie im Schlaf herunterbeten können. Mit Aufmerksamkeit und offenen Ohren ist gemeint, dass Sie bereits bei der Frage des Journalisten ganz genau hinhören sollten.

Hinhören statt Zuhören

Zuhören oder hinhören – wo liegt der Unterschied? Für die meisten Menschen ist es das gleiche. Falsch, denn es macht einen gewaltigen Unterschied, ob ich *Zu*- oder *Hin*höre.

Üblicherweise ist es in einer Frage-Antwort-Situation so, dass der Befragte bereits nach der Hälfte des Gesagten weiß, worauf der Fragende hinauswill und dann anfängt, sich die passende Antwort vorzubereiten. Dabei gehen – bildlich gesehen – die Ohren des Befragten zu, noch bevor das Ende der Frage formuliert wurde. Und genau dieser Moment ist gefährlich, denn wir hören nicht bewusst auf das, was im weiteren Verlauf gesagt wird, und überlassen den Rest unserem Unterbewusstsein. Damit können wir manipulative Formulierungen, Reizwörter, Unterstellungen, falsche Fakten oder fehlende Quellenangaben nicht mehr wahrnehmen und tappen damit in die Antwort-Falle. Besser ist es, bewusst HINzuhören, also das Ende der Frage bewusst aufzunehmen, innerlich zu prüfen und dann über eine passende Antwort nachzudenken.

TIPP

In der Ruhe liegt die Kraft (einer guten Antwort)

Lassen Sie sich immer – und besonders in kritischen Kommunikationssituationen – Zeit zum Antworten, auch wenn das Mikrofon unter der Nase Sie zu einer schnellen Antwort verführen will. Denn manchmal genügen schon Bruchteile von Sekunden, um unser Gehirn in Alarmbereitschaft und damit in den sicheren Hör-Modus zu versetzen. Und auch das Suchen nach passenden, unverfänglichen Antworten gelingt mit etwas mehr Zeit besser.

30 Fallschirme für schwierige Gespräche

In diesem Kapitel erfahren Sie, wie Sie kommunikativ weich landen.

Im Vorfeld eines Trainings fragen wir regelmäßig, was die Teilnehmer lernen und aus dem Training mitnehmen möchten. Eines der häufigsten Ziele ist: mit unangenehmen Fragen besser umgehen zu können. Wir fragen dann weiter, was »unangenehme Fragen« denn ausmacht? Denn es sind nicht nur die kritischen, bohrenden Fragen, die manchem Probleme bereiten. Auch emotionale Fragen und Vorwürfe sind nicht leicht zu kontern. Häufig haben die Befragten auch Angst vor Fragen, die sie nicht beantworten können oder dürfen. Gute, inhaltliche Vorbereitung der Kernbotschaften ist ein wichtiges Fundament. Und zusätzlich packen wir Ihnen für diese Varianten von schwierigen Gesprächen in diesem Kapitel *acht* Fallschirme. Echte Fallschirmspringer wissen natürlich, dass man nur mit dem Fallschirm springt, den man selbst gepackt hat. Und so soll es in Ihrer Kommunikation künftig auch sein: Packen Sie sich diejenigen Fallschirme für ein Gespräch oder Interview, die Ihnen sympathisch sind und mit denen Sie umgehen können. Denn wir sind überzeugt: Jede Frage ist eine Chance auf gute Kommunikation!

Fallschirm 1 – Böse Wörter bleiben auf der anderen Seite!
Wenn Journalisten fragen, geht es oft hart zur Sache. Sie spitzen zu, verdichten, provozieren. Die Wortwahl ist entsprechend.

BEISPIEL

»Wie sehr steht Ihre Partei unter Druck?«
»Haben Sie nicht Angst, die falsche Entscheidung zu treffen?«
»Ist das der Anfang vom Ende Ihres Unternehmens?«
»Sind Sie mit der Aufgabe überfordert?«

Der normale Reflex im Gespräch wäre nun, Teile der Frage aufzugreifen, um besser in die Antwort hineinzukommen. Also:

»Wir stehen gar nicht unter Druck. Im Gegenteil, wir sind gerade dabei…«
»Von Angst kann gar keine Rede sein. Wir entscheiden immer auf Basis…«
»Wieso sollte das der Anfang vom Ende sein? Ganz und gar nicht…«
»Wie kommen Sie darauf, dass ich überfordert sein könnte? Ich freue mich auf…«

Und genau davon raten wir ab! Wenn Sie die »bösen Wörter« aus der Frage zu Ihren eigenen machen, verstärkt das dieses Wort unnötig. Es ist dann schon zweimal gefallen – und *Sie* haben es gesagt. Die Verneinung macht es auch nicht besser. Hinzu kommt, dass in Interviews häufig die Frage gar nicht mehr im finalen Text oder Beitrag auftaucht. Dann hat man nur *Ihren* O-Ton – und wundert sich, dass Sie über Angst, Druck und den Anfang vom Ende sprechen. Und stellen Sie sich eine Schlagzeile vor, natürlich in Anführungsstrichen, die da lautet: »Wir stehen nicht unter Druck.« Schön wäre das nicht.

Also, lassen Sie die bösen Wörter vorbeischwimmen. Weisen Sie die Fragen mit einem klaren »Nein« oder »im Gegenteil« zurück und fahren Sie dann fort. Das ist zugleich eine Chance, den negativen Fragen etwas Positives entgegenzusetzen.

Fallschirm 2 – Persönliche Wertschätzung und Verständnis signalisieren

Dieser Fallschirm ist sehr wertvoll, wenn die Fragen emotionaler werden. Das kann auch passieren, wenn der Journalist stellvertretend fragt, z. B. für enttäuschte Kunden, deren Geldanlage futsch ist oder deren Handy nicht funktioniert. Sobald Emotionen im Spiel sind, wird es schwer, auf der Faktenebene zu punkten. Es braucht ein Signal, dass Sie als Befragter zumindest nachvollziehen können, dass Menschen unzufrieden, enttäuscht, frustriert sind.

BEISPIELE

Emotionale Aussagen

»Warum können Sie den Arbeitnehmern nicht mehr zahlen, das finden die ungerecht!?«

»Ihre Anleger fühlen sich veräppelt. Manche haben Ihre ganze Altersvorsorge verloren. Lässt Sie das kalt?«

»Die Kunden sind sauer! Erst warten sie monatelang, dass das Gerät überhaupt kommt. Und dann funktioniert es nicht. Was sagen Sie denen?«

Antworten mit persönlicher Wertschätzung

»Ich kann verstehen, dass die Arbeitnehmer gern mehr Geld in der Tasche hätten. Mit Blick in unsere Kasse allerdings kann ich nur sagen…«

»Ganz und gar nicht. Wir verstehen, dass manche nun enttäuscht sind und vielleicht auch gar nicht begreifen, wie es dazu kommen konnte. Dazu möchte ich sagen…«

»Wir bedauern, dass es in einzelnen Fälle offenbar Funktionsstörungen gegeben hat. Die betroffenen Kunden können jederzeit in unser Kundenzentrum kommen und erhalten dort ein Ersatzgerät. Wir kümmern uns intensiv darum, die Ursache zu finden.«

Wenn Sie als Befragter die emotionale Frage mit Verständnis und Wertschätzung entgegennehmen, können Sie selbst auf die Sachebene zurücksteuern. Wichtig dabei ist, dass Sie glaubhaft sind, wenn Sie von Bedauern oder Verständnis sprechen. Es dürfen keine leeren Phrasen sein.

Fallschirm 3 – Konkretes, Erlebtes, Beispiele einbringen

Konkrete Beispiele sind in der Kommunikation unschätzbar wertvoll. Deshalb sind sie auch fester Bestandteil des BotschaftenBaum® – siehe *Kapitel 21 – Auf den Punkt*. Beispiele veranschaulichen und machen den Befragten menschlicher. In schwierigen Gesprächen gilt das ganz besonders: Bringen Sie ein konkretes Beispiel ein, das Ihre Position oder Ihre Entscheidung untermauert! Wenn dieses Beispiel oder das Erlebte gut gewählt und gut erzählt ist, will es jeder hören. Der Journalist auf jeden Fall, d. h. er wird sie zunächst nicht unterbrechen. Dieser Fallschirm sollte gut vorbereitet sein, denn die Wahrscheinlichkeit, dass Ihnen ein kurzes, prägnantes Beispiel oder Erlebnis einfällt, ist nicht sehr groß. Auch bei anderen Fallschirmen empfiehlt es sich, sie im Vorfeld zu durchdenken und mit Inhalt zu füllen.

Fallschirm 4 – Koalitionen bilden

Auf der politischen Bühne braucht es Koalitionen, um regierungs- und handlungsfähig zu sein. Auf der kommunikativen Ebene sind Koalitionen toll, um Ihre Argumente zu stärken. Sie müssen dann nicht alles selbst inhaltlich durchboxen, sondern bringen Dritte ins Spiel: ihre Koalition. Was genau meinen wir mit Koalition? Das sind diejenigen Stakeholder oder Akteure, die in Ihrem Sinne argumentieren.

BEISPIELE

Frage der Journalisten

Ihre neue Waschmaschine ist vom Handy aus steuerbar. Ist das nicht nur eine technische Spielerei?

Antwort des Interviewers

Keineswegs. Es ermöglicht dem Kunden, auch von unterwegs eine Maschine zu starten, z. B. auf dem Heimweg. Und durch Feedback unserer Kunden wissen wir, dass gerade diese Neuerung sehr gut ankommt.

Frage der Journalisten

Ist das der Anfang vom Ende Ihres Unternehmens?

Antwort des Interviewers

Ganz und gar nicht. Wissen Sie, ich habe erst vorhin mit dem Betriebsrat zusammengesessen. Wir pflegen da eine sehr offene und transparente Kommunikation. Und wir sind gemeinsam weitere Möglichkeiten der Umstrukturierung durchgegangen. Am Ende haben wir uns angeschaut und sind beide überzeugt: Nur so machen wir das Unternehmen fit für die Zukunft.

Wenn Sie beim zweiten Beispiel genau hinschauen, haben wir sogar eine Vielfalt von Fallschirmen, die angewendet wurden: Fallschirm 1 – die bösen Wörter sind auf der anderen Seite geblieben. Fallschirm 3 – Erlebtes wurde eingebracht. Und Fallschirm 4 – die Koalition mit dem Betriebsrat, man ist sich einig. Und genau so sind die Fallschirme auch zu verstehen: flexibel anwendbar und miteinander kombinierbar.

TIPP

Wägen Sie gut ab, wann Sie den Koalitions-Fallschirm ziehen. Vertrauen Sie im ersten Schritt auf Ihre eigenen Argumente. Erst wenn die Fragen bohrend werden und Sie einen Befreiungsschlag brauchen, ziehen Sie Fallschirm 4. Sonst könnte Ihnen die Koalition auch als Schwäche ausgelegt werden.

Übrigens: Eine wunderbare »Koalition« auf der Produktebene sind – neben den Rückmeldungen der Kunden – Testergebnisse. Wenn Ihr Produkt oder Ihre Dienstleistung bei der Stiftung Warentest oder bei Ökotest gut abgeschnitten hat: Bringen Sie es ein! Oder Sie verweisen auf Studien, die Ihre Meinung stützen. Oder Sie benennen Experten und Wissenschaftler, die inhaltlich auf Ihrer Seite stehen.

Fallschirm 5 – Neue Impulse setzen, Thema wechseln, »Bridging«

Spätestens mit diesem Fallschirm sind wir in der Welt der gewieften Politiker angekommen. Denn was machen die, wenn sie eine unliebsame Frage zum Thema A gestellt bekommen? Sie antworten mit Thema B. Oder gleich mit Z. Soll heißen: Sie umgehen die Frage, indem sie etwas anderes anbieten. Das erfordert Mut und klar durchdachte Kernbotschaften. Denn wenn Sie auf Thema A nicht eingehen wollen, sollten Sie wissen, wohin Sie selbst steuern. Einige Journalisten werden diese Ab- und Umlenkungsversuche durchschauen und nachhaken. Aber die Chancen, damit durchzukommen sind gut – und Sie sollten sie nutzen.

BEISPIEL

»Das ist jetzt schon das zweite Mal innerhalb von zwei Jahren, dass Sie einen Personalabbau kommunizieren müssen. Es wird sogar über eine Schließung des Standorts spekuliert. Inwieweit muss man dem Management Versagen vorwerfen, weil es den Standort nicht halten kann?«

Puhh, eine gemeine Frage, aber durchaus berechtigt, wenn es um Standortschließungen, Personalabbau und mögliche Managementfehler geht. In einem solchen Fall hilft die sogenannte Bridging-Technik – das verbale Brückenbauen, um von der Frage eines Journalisten geschickt den Weg in eine Antwort zu finden, die unverfänglich und nicht angreifbar ist oder auch eine Antwort zu finden, in der sich die eigenen Kernbotschaften wiederfinden.
Beim Bridging geht es darum, *Hin*zuhören. Das heißt, eine Frage nach Stichworten zu durchforsten, die als Anker für den Einstieg in eine Antwort dienen. Am Beispiel oben könnte das z. B. so aussehen:

»Das ist jetzt schon das zweite Mal innerhalb von zwei Jahren, dass Sie einen *Personalabbau kommunizieren* müssen. Es wird sogar über eine *Schließung des Standorts* spekuliert. Inwieweit muss man dem *Management Versagen* vorwerfen, weil es den Standort nicht halten kann?«

Die kursiv hervorgehobenen Worte sind mögliche Anker oder Brückenpfeiler, die Ihnen eine Möglichkeit bieten, in eine Antwort mit *Ihren* Botschaften einzusteigen. Es kommt also jetzt nur darauf an, dass Sie das richtige Stichwort heraushören.
Sie könnten jetzt z. B. über den Standort einsteigen und darüber berichten, was ihn auszeichnet.

»Also, wenn wir über den Standort hier sprechen, dann ist es mir ganz wichtig zu sagen, dass wir sehr stolz auf unsere Mitarbeiter sind, die hier Großartiges geleistet und aufgebaut haben und stets motiviert waren trotz der angespannten Wirtschaftslage.«

Sie könnten aber auch über den Zeitrahmen sprechen, in dem sich der Standort entwickelt hat.

»Die letzten beiden Jahre – Sie sprechen es an, waren nicht einfach. Die angespannte Wirtschaftslage hat für uns enorme Auswirkungen. Wir haben deshalb in den letzten beiden Jahren ein Innovationsprogramm aufgesetzt, in dem wir neue Geschäftsfelder und neue Kundengruppen identifizieren wollen«.

Beim Bridging helfen die unten stehenden Vokabeln. Sie haben die Qualität eines U-Turns auf einer vielbefahrenden Straße. Sprich: Der Richtungswechsel gelingt immer.

TIPP

Vokabeln für den inhaltlichen U-Turn
»im Übrigen: ...«
»hinzu kommt: ...«
»schauen Sie...«
»was noch wichtig ist...«
»mir ist wichtig...«
»ich möchte betonen...«
»Folgendes sollten wir im Blick haben...«
»Worum es hier tatsächlich geht...«

Eine andere Art des Richtungs- und Themawechsels ist das Umdefinieren der Frage.

BEISPIEL

Umdefinieren der Frage
»Haben Sie nicht Angst, die falsche Entscheidung zu treffen?«

»Die Frage stellt sich für mich nicht. Mir geht es jetzt darum, möglichst schnell...«

Bridging in die Kernbotschaft

Die Bridging-Ttechnik ist übrigens auch ein elegantes Instrument, um in Talk- oder Diskussionsrunden Kommunikationschancen zu nutzen. Auch hier gilt es, die Fragen des Moderators genau zu analysieren und zu schauen, zu welchem Stichwort aus der Frage man ggf. eine seiner vorbereiteten Kernbotschaften an den Mann bringen kann. Und auch das Brückenbauen von der Antwort eines Mitdiskutanten in ein eigenes Statement lässt sich so elegant realisieren.

In einem konfrontativen Interview werden Journalisten Ihre Argumente mehrfach in Frage stellen. Sie werden sich in verschiedenen Varianten von Fragen an demselben Punkt festbeißen. Da fühlt man sich als Befragter schnell unter Druck, immer neue Argumente aus dem Hut zu zaubern. Muss aber nicht sein! Auch in solchen Situationen finden Sie Ihr inhaltliches Fundament in den Kernbotschaften. Das ist Ihre Rückfallposition, Kernbotschaften gehen immer! Also auch auf die dritte kritische Nachfrage – bringen Sie eine Ihrer Kernbotschaften. Geduldig und zugewandt, auf keinen Fall genervt.

BEISPIEL

Frage des Journalisten

Aber es ist doch ganz klar, dass nicht alle Banken überleben werden?

Antwort des Interviepartners

Das mag sein, ist aber zum jetzigen Zeitpunkt reine Spekulation. Noch einmal: Uns geht es jetzt in erster Linie darum, den Stellenabbau fair und transparent zu gestalten. Wir führen da mit allen Mitarbeitern offene Gespräche…

Dieser Fallschirm und die Bridging-Möglichkeit sind auch dann wertvoll, wenn das Gespräch zwar nicht konfrontativ ist, die Fragen aber einfach nicht auf die Ihnen wichtigen Themen zielen. Auch dann sind Sie als Befragter ja aufgerufen, auf *Ihre* Themen und *Ihre* Kernbotschaften umzusteuern. Mit Fallschirm Nummer 5 – kein Problem.

Fallschirm 6 – Nicht 100 Prozent Schönfärberei

Manchmal gibt es nichts schönzureden: Das Software-Update Ihres Unternehmens war fehlerhaft. Oder: Die Sparkasse muss 100 Stellen abbauen. Oder: Beim Entladen eines Schiffes ist ein Container leck geschlagen, der Inhalt ruiniert. Dann wäre es bizarr, wenn Sie alles trotzdem in rosaroten Farben malen würden. Nein, dann muss die unangenehme Wahrheit auf den Tisch. Das heißt, Sie gestehen in Ihrer Antwort ein, dass da etwas schiefgelaufen ist. Im besten Fall hat Ihre Antwort aber eine zweite Hälfte: Bitte bleiben Sie nicht beim mea culpa stehen, sondern leiten Sie aktiv über zu einem anderen Aspekt. Was hat Ihre Firma aus dem Vorfall gelernt? Wie will man künftige Fehler/Unfälle/Pannen vermeiden? Welche Schritte wurden zur Lösung eines Problems eingeleitet?

BEISPIEL

Frage des Journalisten

Die Anwender sind sauer: Das letzte Update war extrem fehlerhaft. Was sagen Sie dazu?

Antwort des Interviepartners

Richtig, zunächst gab es bei diesem Software-Update einen unschönen Nebeneffekt. Das Gerät ging bei Kälte immer aus. Das darf natürlich nicht passieren. Und das haben wir schnell korrigiert – und jetzt melden uns die Anwender zurück, dass sie hochzufrieden sind!

Sie sehen auch hier eine Kombination aus zwei Fallschirmen: Zunächst wird die Schwäche bzw. der Fehler eingestanden. Und im Weiteren schmiedet der Befragte zugleich eine Koalition mit den Anwendern, die – diese Info muss stimmen! – inzwischen besänftigt sind.

TIPP

Selbst Journalisten verlangen nicht, dass Sie für jedes Problem schon eine fertige Lösung parat haben. Hauptsache Sie vermitteln glaubhaft das Gefühl, dass Ihr Unternehmen oder Ihre Institution das Problem nicht kleinredet, sondern dass Sie es ernst nehmen und sich jemand um die Lösung *kümmert!*

Fallschirm 7 – Auf die höhere Ebene wechseln

Manche Journalisten lieben Detailfragen oder wollen ihre Recherchen durch Fragen nach Mitarbeiter X oder Kunde Y untermauern. Auch wir Trainer recherchieren gern in Kundenforen, in denen so richtig gelästert wird. Daraus ergeben sich gute, provokante Fragen, die Journalisten gerne aufnehmen. Je nachdem auf welcher Managementebene Sie unterwegs sind, kennen Sie aber weder den Mitarbeiter X noch den Kunden Y. Sie können jedoch etwas anderes anbieten: die höhere Abstraktionsebene.

BEISPIEL

Frage des Journalisten

Auf gutefrage.net beschwert sich ein Kunde, dass er 40 Minuten in der Warteschleife hing, bevor er zu einem Kundenberater durchgestellt wurde. Ist das der Kundenservice, mit dem Sie antreten?

Antwort des Interviepartners

Wenn das tatsächlich so war, täte es mir leid. Denn das entspricht in keiner Weise unserem Anspruch. Wir haben eine durchschnittliche Wartezeit von fünf Minuten und sagen die Dauer der Wartezeit an. Der Kunde kann dann selbst entscheiden, ob er warten möchte. Wenn es länger dauert, bieten wir standardmäßig einen Rückruf an.

Frage des Journalisten
Ein Mitarbeiter, der nicht genannt werden will, hat mir erzählt, dass auf den Baustellen gar keine Helmpflicht besteht. Treten Sie den Arbeitsschutz mit Füßen?

Antwort des Interviepartners
Ein solcher Fall ist mir nicht bekannt. Grundsätzlich steht die Sicherheit am Arbeitsplatz bei uns ganz oben…

Fallschirm 8 – Umgang mit Nichtwissen

Und dann kommt sie doch, die Frage nach einer Studie, einer Aussage, einem Vorgang, von dem Sie einfach noch nichts gehört haben. Sich nun auf die Schnelle vor laufender Kamera etwas zusammenzudichten, funktioniert so gut wie nie. Und man sieht es Ihnen auch an, wenn eine Frage Sie auf dem falschen Fuß erwischt.

Unser Rat daher: Gehen Sie offen mit Ihrer Wissenslücke um. Sagen Sie, dass Sie sich diesen Fall oder Sachverhalt gern genauer anschauen. Das entlastet Sie in der Sekunde, und Sie können Kraft schöpfen für die zweite Hälfte dieser Antwort.

Und diese zweite Hälfte ist spielentscheidend: Bieten Sie etwas Neues an. Kommen Sie raus aus der Nichtwissen-Ecke und reden Sie darüber, WAS Sie wissen.

BEISPIEL

Diese Studie zum Einkaufsverhalten der Deutschen ist mir nicht bekannt. Ich schaue sie mir gern in Ruhe an. Was ich Ihnen aber sagen kann ist, dass die Deutschen zwar mehr und mehr online kaufen. Nach wie vor gehen sie aber auch gern direkt zum Händler, kaufen persönlich ein und haben so ein ganz unmittelbares Shopping-Erlebnis. Das erleben wir jeden Tag bei unseren Händlern vor Ort.

Acht Fallschirme – unzählige Einsatzmöglichkeiten

Anhand einiger Beispiele haben wir schon aufgezeigt, dass die Fallschirme auch miteinander kombinierbar sind. Einige werden Ihnen leicht fallen, andere brauchen Vorbereitung, wie zum Beispiel Fallschirm 4 – Koalitionen bilden. Das Schöne ist: Sie sind weit über den Medienkontakt hinaus anwendbar, in der Kindererziehung zum Beispiel, im Umgang mit der Schwiegermutter und natürlich in vielen Gesprächssituationen im beruflichen Umfeld. Also packen Sie sich Ihre persönlichen Favoriten selbst, und ziehen Sie einen davon bei nächster Gelegenheit. Wir wünschen eine gute Landung!

Nr.	Fallschirm	Anwendung/Hinweise
1.	*»Böse Wörter«* aus Fragen und Vorwürfen bleiben auf der anderen Seite!	Beispiel: Haben Sie nicht Angst, die falschen Entscheidungen zu treffen? Antwort: Nein. Wir gehen mit viel Optimismus in die nächsten Wochen! Hilfreich sind folgende *Abpraller:* Ganz und gar nicht! Im Gegenteil! Das sehe ich ganz anders!
2.	Persönliche *Wertschätzung und Verständnis* signalisieren	Beispiel: Warum können Sie den Arbeitnehmern nicht mehr zahlen, das finden die ungerecht!? Ich kann verstehen, dass die Arbeitnehmer gern mehr Geld in der Tasche hätten. Mit Blick in unsere Kasse allerdings muss ich sagen…
3.	*Konkretes, Beispiele, Erlebnisse* einbringen	Ist kurzweilig, anschaulich und hilft Ihnen, lebendiger und authentisch zu wirken.
4.	*Koalitionen/Partner* benennen (Kunden, Tests)	Beispiel: Durch Feedback unserer Kunden wissen wir, dass gerade diese Neuerung sehr gut ankommt. Beispiel: Aus Gesprächen mit der Stadt/dem Investor/dem Verband wissen wir, dass unsere Strategie dort auf großes Interesse stößt.
5.	Selbst *Impulse setzen* und ggfs. Thema wechseln:	*Hilfreiche Vokabeln*: Im Übrigen: … Hinzu kommt: … Schauen Sie… Was noch wichtig ist… Mir ist wichtig… Ich möchte betonen… Folgendes sollten wir im Blick haben… Worum es hier tatsächlich geht…
	Fragen umdefinieren	Beispiel: Für uns ist jetzt die spannende Frage…. Beispiel: Interessante Frage. Wir stehen allerdings jetzt vor einer anderen Herausforderung, nämlich…« Gern ein zweites, drittes Mal in etwas anderen Worten und geduldig! Das stärkt Ihre Überzeugungskraft.
	Kernbotschaften wiederholen	
6.	*Nicht 100 Prozent Schönfärberei*	Schwächen kurz eingestehen, dann darüber sprechen, was man tut/was gut läuft/welche Perspektiven es gibt etc. Beispiel: Richtig, am Anfang gab es bei diesem Produkt kleinere Programmierfehler. Die haben wir korrigiert – und jetzt melden uns die Anwender, dass sie hochzufrieden sind! Wichtiges Signal: Wir kümmern uns!

Nr.	Fallschirm	Anwendung/Hinweise
7.	Auf die höhere Abstraktionsebene wechseln	Beispiel: (Der Fall dieses Mitarbeiters ist mir nicht bekannt.) Grundsätzlich aber steht die Sicherheit am Arbeitsplatz bei uns ganz oben… Beispiel: (Von dem Problem mit dem neuen Gerät habe ich noch nicht gehört.) Wir nehmen jedoch jedes Feedback der Kunden sehr ernst und unser Qualitätsmanagement…
8.	Umgang mit *Nichtwissen*	Nicht-Wissen kurz eingestehen, ggfs. vermitteln, dass Sie sich um Infos kümmern oder diese nachliefern. Dann: Unbedingt *etwas anderes anbieten*! Beispiel: Diese Studie zum Einkaufsverhalten der Deutschen ist mir nicht bekannt. Ich schau sie mir gern in Ruhe an. Was ich Ihnen sagen kann ist, dass die Deutschen zwar mehr und mehr online kaufen. Nach wie vor gehen sie aber auch gern direkt zum Händler, kaufen persönlich ein und haben so ein ganz unmittelbares Shopping-Erlebnis.
		© Kathrin Adamski/Katrin Prüfig/Stefan Klager

Abb. 30.1: Acht Fallschirme für schwierige Gesprächssituationen

Aufgezappt
Kritische Fragen – Souveräne Antworten

Wie Fallschirme gut und richtig eingesetzt werden, zeigt das Beispiel von SPD-Präsidiumsmitglied Ralf Stegner im Brennpunkt: Ein Paukenschlag sei es, so die Moderatorin der ARD-Sondersendung, dass der amtierende SPD-Chef Sigmar Gabriel Martin Schulz den Vortritt als Parteichef und Kanzlerkandidat lässt. Weniger die Entscheidung als solche war ein Paukenschlag, schon eher, dass Gabriel diese Info dem »stern« steckt, bevor er Fraktion und Partei darüber in Kenntnis setzt. So sind die Fragen an den stellvertretenden SPD-Bundesvorsitzenden Ralf Stegner eher gegen den Strich gebürstet: »Was ist da schief gelaufen?« »Das ist ja ein ziemliches Chaos.« »Die Menschen sind auf 180.« »Gabriel hatte schlechte Umfragewerte.« »Was kann Schulz besser als Gabriel?«

Der Moderatorin gegenüber steht ein Ralf Stegner, der nur so strotzt vor Selbstbewusstsein, Souveränität und Schlagfertigkeit. Er fühlt sich durch die Fragen offensichtlich alles andere als bedrängt, im Gegenteil. Er hat Spaß daran, seine Botschaften zu platzieren.

Auf die erste Frage, was schiefgelaufen sei, sagt Stegner relativ lässig, die Öffentlichkeitsarbeit habe vielleicht nur einen Punkt verdient, aber das Ergebnis sei gut und richtig.

Zweite Frage bzw. Feststellung: Fraktions- und Parteimitglieder sind auf 180! Stegner: Das sei in drei Tagen vergessen. Wichtig sei es, in acht Monaten die Bundestagswahl zu gewinnen. Schon fast etwas hemdsärmelig geantwortet, aber warum nimmt keiner Stegner diese Antwort krumm? Weil er Sympathiepunkte sammelt. Er strahlt, seine Mimik und Gestik kommuniziert positiv mit. Seine Formulierungen sind verständlich, wenn auch die Sprechgeschwindigkeit grenzwertig hoch ist.

Die dritte Frage bzw. der Hinweis, dass Gabriels Umfragewerte schlecht seien, kontert Stegner mit einer Lobeshymne auf Gabriels Leistung in den vergangenen Jahren.

Viertens: Die Aufforderung, Gabriel und Schulz zu vergleichen. Stegner geht ausschließlich auf die Vorzüge von Martin Schulz ein, ohne dass es wie eine Abwertung Gabriels wirkt. Die fünfte und letzte Frage: die nach der Personal-Rochade. Warum Gabriel Außenminister werden soll? Antwort: Weil der amtierende Außenminister (SPD) Bundespräsident wird. Und jetzt strahlt sogar die Moderatorin mit Stegner um die Wette.

1:0, Herr Stegner. Kritische Fragen perfekt gekontert – mit rhetorisch legitimen Mitteln und durch ein gesundes Maß an Lockerheit.

VIDEO

Zu diesem »Aufgezappt« finden Sie auch ein Videobeispiel im Online-Bereich. Folgen Sie einfach dem QR-Code am Anfang dieses Buches.

Ralf Stegner (SPD) im Brennpunkt

So entspannt hat man den SPD-Politiker selten vor Kameras erlebt: Gerade (Ende Januar 2017) ist Martin Schulz anstelle von Sigmar Gabriel zum Kanzlerkandidaten bestimmt worden. Sigmar Gabriel hat es so eingefädelt und per SMS kundgetan. Im Brennpunkt muss Stegner u. a. diese seltsame Kommunikation verteidigen. Er tut das fröhlich-souverän, kontert die pseudo-kritischen Fragen perfekt und platziert seine wichtigste Kernbotschaft mehrfach: »Wir wollen die Wahlen gewinnen.«

Medienformate und ihre Herausforderungen

31 Der kleine Unterschied

In diesem Kapitel erfahren Sie, wie Sie Interview, Statement oder O-Ton gezielt für sich nutzen.

Ein Interview oder ein Statement?

Die Anfrage, die Journalisten an Sie richten, ist immer die gleiche: »Können Sie uns bitte ein Interview geben?« Diese Frage stellen alle – egal ob der Vertreter der lokalen, regionalen oder überregionalen Zeitung oder eines (Fach-)Magazins, ob Journalisten von einem lokalen/regionalen Radiosender oder von einem Fernsehsender, Redakteure von Online-Portalen oder Blogger: Sie alle fragen ein Interview an. Sie alle wollen von Ihnen Informationen haben. Die Anfrage als solche ist also identisch.

Wie diese Interviews dann allerdings geführt und wie sie gestaltet und umgesetzt werden, ist von Medium zu Medium sehr unterschiedlich. Die sogenannten Settings des Informationsaustauschs sind komplett anders – und sich dies zu vergegenwärtigen, ist für Sie wichtig. Denn das Wissen, wie was bei wem warum abläuft, wird dazu führen, dass Sie sich von den spezifischen Umständen nicht aus der Ruhe bringen lassen. Die Kenntnis des Settings ist also auch für Ihre persönliche kommunikative Situation von großer Bedeutung.

Der Journalist von der lokalen, regionalen oder überregionalen Presse oder von einem (Fach)Magazin

Bleiben wir zunächst bei den Print-Journalisten. Sie sind – rein technisch – am wenigsten kompliziert, weil sie meistens alleine kommen, allenfalls bringen sie noch einen Fotografen mit. Der wird während des Interviews ggf. auch vorher und/oder nachher, diverse Fotos von Ihnen machen: Portraitaufnahmen, am Schreibtisch sitzend, vor Ihrem Logo stehend, ggf. während des Gesprächs mit dem Journalisten.

Der Journalist wird – je nachdem, was abgesprochen war – mit Ihnen ein Interview in einer Länge zwischen 20 und 45 Minuten führen. Eine Unterhaltung im Sitzen – so wie jedes andere Gespräch auch. Er wird Sie bitten, einem Mitschnitt des Gesprächs zuzustimmen, was Sie tun werden, und daraufhin das Aufnahmegerät einschalten und sich mit Ihnen unterhalten. Die Aufnahmen dienen als reine Erinnerungsstütze für den Journalisten, wenn er später in der Redaktion sitzt und den Artikel oder die Reportage schreibt. Aus dem, was Sie sagen, zieht der Journalist die für seine Story wesentlichen Aussagen und formuliert seinen Beitrag.

Fazit: Aus einem längeren Gespräch werden die inhaltlich stärksten, aus Sicht des Journalisten wichtigsten Fakten herauskristallisiert und für den Artikel verwendet.

Der Journalist vom lokalen, regionalen oder überregionalen Hörfunksender
Bei dem Radio-Journalisten läuft vieles genauso wie oben beschrieben. Auch seine Vorgehens- und Arbeitsweise ist die gleiche – mit einem Unterschied: Das für den Mitschnitt laufende Gerät erinnert nicht an ein kleines Diktiergerät des Printkollegen. Hier handelt es sich um ein professionelles Aufnahmegerät, das technische Sende-Standards erfüllt, denn die technische Qualität der Aufnahme muss so gut sein, dass sie sendbar ist. Insofern wird der Radioreporter ein Tischmikrofon aufstellen und auf Sie ausrichten. Allein dieses Setting unterscheidet sich elementar von der Situation, in der Sie mit dem Print-Journalisten sind. Es ist und bleibt eine Unterhaltung zwischen zwei an dem Interview Beteiligten. Aber dieser technische Rahmen führt dazu, dass Sie sich plötzlich »festgenagelt« fühlen. »Jetzt gilt es!«, denken Sie vielleicht. »Bloß nichts Falsches sagen.«

Wer auf diese Situation vorbereitet ist, kann gelassen bleiben. Und das völlig zu Recht, denn dadurch, dass ein technisches Gerät mitläuft, ändert sich nicht die Grundsituation. Es bleibt ein Interview. Allerdings eins, bei dem Originaltöne (O-Töne) »gezogen« werden. Das heißt, der Mitschnitt läuft nicht (nur) als Erinnerungsstütze, sondern in erster Linie, weil der Radioreporter O-Töne von Ihnen in seinen Beitrag schneiden wird. Der Radiojournalist schreibt später einen Text und »baut« – wie es heißt – seinen Beitrag. Er baut ihn aus seinen Text-Sequenzen, die er später einsprechen wird, und aus Ihren O-Tönen. Sie werden also mit einzelnen Sätzen original in dem Radiobeitrag zu hören sein.

Fazit: Aus einem längeren Gespräch werden die inhaltlich stärksten, aus Sicht des Journalisten wichtigsten Fakten herauskristallisiert und O-Töne in einen Bericht integriert.

Der Journalist vom lokalen, regionalen oder überregionalen Fernsehsender oder von einem Web-TV-Format
Last but not least, der Fernsehjournalist. Er kommt oft mit einem ganzen Gefolge, hat einen Kameramann mit »schwerem Gerät« (Broadcast-Equipment) sowie einen Kamera-, Licht- und Tonassistenten dabei. Da stehen auf einmal drei Personen im Raum mit Lichtkoffer, Stativ, Kamera- und Ton-Equipment, außerdem diverse Taschen mit Kabeln und Zubehör. Fernsehen ist technisch aufwändig. Fernsehen ist personalintensiv.

Lokale TV-Sender und zunehmend auch die großen öffentlich-rechtlichen und privaten TV-Sender arbeiten oft sehr abgespeckt, nämlich mit einem sogenannten VJ, einem Video-Journalisten. Er kommt dann allein, stellt eine (kleine) Kamera auf ein Stativ, steckt den Ton direkt in die Kamera, führt das Interview und wird später den Bericht auch an einem Schnittplatz selbst bearbeiten, aus dem gesamten Rohmaterial einen Beitrag schneiden und ihn selbst vertonen, ihn also komplett eigenständig sendefertig produzieren. Dennoch bleibt auch bei dieser abgespeckten Variante der Aufwand ungleich größer als bei einem Interview mit Print- oder Radiojournalisten.

Wenn der Fernseh-Tross bei Ihnen angekommen ist, lassen Sie das Team zunächst in Ruhe die Technik aufbauen und das Bild einrichten, denn es gibt sehr viel Technisches zu bedenken: Das Interview darf nicht im Gegenlicht geführt werden, sonst sind Sie als Interviewpartner nicht zu erkennen. Ein guter Kameramann richtet das Bild nicht vor einer weißen Wand ein, sondern versucht ein »schönes Bild« zu kreieren – mit Tiefe oder einem zum Thema passenden Hintergrund. Damit sie optimal ins Bild gesetzt werden können, bedarf es mehr Licht, als es der natürliche Lichteinfall hergibt – gerade in eher dunkleren oder abgeschatteten Büroräumen. Aber auch lichtdurchflutete Räume sind nicht komplikationslos, nämlich dann, wenn sich zum Beispiel die Tageslichtsituation im Laufe des Interviews ändert. Das bringt ungewollte Lichtschwankungen ins Bild, die im Vorfeld ausgeschlossen werden müssen. So wird zusätzliches Licht aufgebaut, das dazu dient, den Vordergrund – also Sie – aufzuhellen. So wird es unter Umständen notwendig sein, zusätzliche Scheinwerfer auf Stative zu setzen u.v.a.m.

Bis das Setting steht und gedreht werden kann, vergeht Zeit, die Sie mit Verständnis quittieren sollten. Denn es ist in Ihrem Sinn, dass Sie als Person – im wahrsten Sinne des Wortes – optimal ins Bild gerückt werden und somit Ihre Inhalte bestmöglich transportiert werden.

Neben dem Einrichten des Bildes und dem Klären der Lichtsituation ist der Ton ein besonders wichtiges Element. Hier gibt es drei Varianten: Entweder nutzt der Journalist ein Handmikrofon und führt das Interview, indem er das Mikrofon – auch »Keule« genannt – hin- und herführt. Oder das TV-Team nutzt eine sogenannte Angel, ein Mikrofon, das der für den Ton zuständige Teamkollege an einer langen Stange hält und je nach Gesprächssituation ausrichtet. Die dritte Möglichkeit, den Ton abzunehmen, ist das Nutzen von Funkmikros. Das sind kleine Mikrofone, die am Revers des Sakkos bzw. Blazers oder am Hemd bzw. Bluse mit einem Clip befestigt werden. Diese Mikrofone haben einen Sender, der in die hintere Hosentasche gesteckt oder am Bund befestigt wird. Dieser Sender überträgt das Tonsignal auf den Mischer, der mit der Kamera gekoppelt ist; die Kamera zeichnet das Tonsignal auf.

Was hat das alles mit dem Interview zu tun? Sehr viel, denn das technisch Notwendige wird Sie ablenken und nervös werden lassen – es sei denn, Sie sind darauf vorbereitet und kennen die Situation. Denn mit dem Erwartbaren ist immer besser umzugehen als mit dem Überraschenden.

Dieses aufwändige technische Prozedere kann sich bis 45 Minuten hinziehen. Ein professionelles Team wird im Vorgespräch darauf hinweisen, dass es dieses Vorlaufs bedarf. Wenn das Interview für 11 Uhr vereinbart ist, kann nicht um 11 Uhr mit der Aufzeichnung begonnen werden. Sollte die Dreh-Location Ihr eigenes Büro sein, dann sorgen Sie dafür, dass Sie während der technischen Vorbereitungszeit des TV-Teams woanders arbeiten können.

Ein Tipp: Nutzen Sie diesen Zeitpuffer, um noch einmal in sich zu gehen, sich die wesentlichen Inhalte, die Kernbotschaften, die Sie transportieren wollen, zu vergegenwärtigen und somit gestärkt und konzentriert ins Interview zu gehen.

Das TV-Interview selbst: Die Situation kann einschüchtern – auch wenn es nicht live ist. Es ist und bleibt ein Interview, ja, aber nun stehen auf einmal drei Menschen im Raum, das Inventar wurde möglicherweise umgestellt, Kabel verlaufen quer über den Boden. Das Licht ist hell und gleißend. Sie werden »verkabelt«, der Tontechniker steckt Ihnen das Mikrofon an die Kleidung, verbindet das Mikrofon per Kabel mit dem Sender, den Sie in der Hosentasche verstecken sollen. Ein ungewohntes, vielleicht sogar unangenehmes Setting.

Möglicherweise sind nicht nur Sie im Raum, sondern Sie haben noch den Marketingleiter und/oder Presseverantwortlichen hinzugebeten, um »aufzupassen«, dass Sie aus Versehen nichts Falsches sagen. Das ist grundsätzlich sehr gut, jemanden, dem man vertraut, an seiner Seite zu haben. Andererseits erhöht es den Druck, jetzt souverän zu wirken. Und, bitteschön, auch kompetent. Eloquent sowieso. Eine belastende Situation. Es sei denn: Sie nehmen es sportlich und definieren diese Situation als Herausforderung, auf die Sie sich freuen. Aber auf eine solche Situation freuen können Sie sich nur, wenn Sie diese Situation schon mehrmals geübt haben.

Jetzt geht es um die Inhalte

Wichtig ist, im Vorfeld zu klären, was der Journalist beabsichtigt. Geht es darum, das Interview 1:1 zu nutzen – zum Beispiel innerhalb einer längeren Sendung – oder geht es um einen einzelnen O-Ton, den der Journalist aus einem kurzen Interview zieht, oder aber um ein Statement?

Das 1:1-Interview

Meistens geht es um drei (oder auch fünf) Fragen. Antworten Sie so umfassend wie nötig, aber so kurz wie möglich. Die Aufmerksamkeitsphase des Zuschauers sinkt nach 20 bis 30 Sekunden. Wenn Sie also wollen, dass alle mitbekommen, was Sie sagen, fassen Sie sich kurz. Klingt paradox, ist im Fernsehen aber so. Und wer sich bei einer Antwort innerhalb eines Interviews auf seine Kernbotschaften konzentriert, kann innerhalb von 30 Sekunden enorm viel Inhalt transportieren.

Der O-Ton für einen Magazinbeitrag

Wenn der Journalist nach einem O-Ton fragt, dann führt er auch ein kurzes Interview, klopft verschiedene Aspekte des Themas ab und entscheidet sich während der Postproduktion, also wenn er den Film mit dem Cutter schneidet, für eine Sequenz aus dem Interview. Dieser O-Ton wird dann als einzelne Aussage in einen Magazinbeitrag eingebettet, der eine Gesamtlänge von zwei bis vier oder manchmal auch sechs Minuten hat. Sicherlich taucht ein thematisch korrespondierender, aber inhaltlich gegensätzlicher O-Ton eines anderen Interviewpartners auf. Zum Aufbau solcher Magazinbeiträge lesen Sie auch *Kapitel 7 – In 30 Sekunden die Welt erklären.*

BEISPIEL

Streik bei der Lufthansa

Im Off-Text (Sprechertext) wird die aktuelle Situation beschrieben, ein O-Ton von dem Vertreter der Gewerkschaft wird in dem Beitrag vorkommen und ein O-Ton von dem Vertreter der Fluglinie sowie von Betroffenen wie Fluggäste, die gehindert werden zu reisen. Das ist das klassische Schema journalistischer Berichterstattung. Beide Seiten eines relevanten und kontroversen Themas kommen zu Wort.

Das Statement

Wenn es schneller gehen muss oder es dem Journalisten gar nicht um verschiedene Aspekte geht, die Sie abdecken könnten, dann bittet er Sie um ein Statement:

»Sagen Sie bitte etwas zum geplanten Börsengang Ihres Unternehmens!« oder »Wie beurteilen Sie den Konkurrenzdruck aus China für Ihr Produktportfolio?« oder »Wie wollen Sie demnächst Störfälle wie in der vergangenen Woche verhindern?«

Eine Frage – eine Antwort. Eigentlich die leichteste Übung, aber es gibt Fallen, in die Sie tappen können. Sie werden den Eindruck haben. *»Na, wenn die jetzt für eine Frage gekommen sind, dann soll es sich gelohnt haben, und ich liefere auch eine schön lange Antwort.«* Lang ist aber nicht schön! Kurz ist gut! Sonst laufen Sie Gefahr, gar nicht in dem Beitrag vorzukommen oder so gekürzt zu werden, dass Sie mit der gesendeten Fassung unzufrieden sind.

Bei dem Statement, um das Sie gebeten werden, müssen Sie davon ausgehen, dass die Frage nicht in den Beitrag geschnitten wird.

Antworten Sie also zum Beispiel auf die Frage nach dem geplanten Börsengang nicht mit einem Halbsatz wie »Das stärkt unser Unternehmen.«, sondern: »Mit dem Börsengang werden wir die notwendigen Finanzmittel zur Verfügung haben, um…«

Oder starten Sie Ihre Antwort auf die Frage nach dem Konkurrenzdruck aus Fernost nicht mit einem einzigen Wort: »Gut!«, sondern antworten Sie auch hier so, dass Ihr Satz eine in sich geschlossene Aussage ist, mit der Sie eine Ihrer Kernbotschaften transportieren.

Statements, die mit einem Intro beginnen wie: *»Vielen Dank für Ihre Frage…. Erst einmal möchte ich betonen, dass…«* sind keine Statements. Statements sind klare, für den Zuschauer nachvollziehbare Botschaften. Sie werden pointiert formuliert und können sogar vorbereitet sein, sollten allerdings nicht wie auswendig gelernt »aufgesagt« werden. Dies hätte einen konterkarierenden Effekt und würde nicht überzeugend wirken.

Bei einer Zeitvorgabe von 30 Sekunden pro O-Ton oder Statement sollte klar sein, was Sie wie formulieren, damit die Inhalte auch beim Zuschauer oder Zuhörer ankommen. Also: kurze Sätze, keine verschachtelten. Vermeiden Sie Fremdwörter und Fachbegriffe. Denken Sie beim Sprechen an die Zielgruppe. Machen Sie sich klar, wer Sie verstehen soll. Nicht die Aufsichtsräte, die Ihr Business kennen und Ihnen konzentriert zuhören, sondern Zuschauer, die in Ihrem speziellen Themenbereich bestenfalls über oberflächliches Allgemeinwissen verfügen. Und: Oft sind die Zuschauer oder Zuhörer abgelenkt, weil sie beispielsweise gerade beim Abendessen sitzen. Sie haben also selten eine ungeteilte Aufmerksamkeit. Deshalb gilt hier die Regel: Formulieren Sie so simpel wie möglich. Und ein ernst gemeinter Tipp: Am besten so, dass es ein Zwölfjähriger versteht.

BEISPIELE

Frage: Sagen Sie bitte etwas zum geplanten Börsengang Ihres Unternehmens!

Antwort: Die Expando AG wird am 1. März an der Börse notiert sein. Wir werden 100.000 Aktien zum Preis von 12,30 Euro anbieten. Wir freuen uns über die große Nachfrage, die wir schon jetzt im Markt beobachten. Mit diesen Finanzmitteln werden wir weiter auf Expansion setzen und in Kürze Marktführer in unserem Segment sein.

Statement
Frage: Wie beurteilen Sie den Konkurrenzdruck aus China für Ihr Produktportfolio?
Antwort: Wir merken, dass chinesische Produkte zunehmend auf den Markt kommen. Doch Made in Germany bleibt Made in Germany. Unsere Produkte sind qualitativ besser – das merkt auch der Kunde. Wir informieren und klären auf. Das ist unsere Strategie.«

Checkliste

O-Ton	
☐	Meine Kernbotschaft ist klar und verständlich.
☐	Sie enthält im Wesentlichen EINEN Gedankengang/EIN Argument.
☐	Ich kann sie in ca. 30 Sekunden auf den Punkt bringen.
☐	Meine Wortwahl und Sprache sind allgemein verständlich.
☐	Eventuell nötige Fachbegriffe kann ich kurz übersetzen.
☐	Wichtige Zahlen habe ich auf ein Minimum reduziert.
☐	Ich habe ein Beispiel/einen Vergleich, um meine Kernbotschaft anschaulich zu machen. Diesen habe ich per Kino-im-Kopf verinnerlicht.
☐	Ich stehe zu dieser Kernbotschaft und kann sie mit innerer Überzeugung transportieren.
☐	Ich kann auch bei einer abweichenden Frage zu meiner Kernbotschaft steuern.
☐	Für einen Fernseh-O-Ton trage ich dem Anlass entsprechende, gut sitzende Kleidung (nicht gemustert, nicht schwarz).
☐	Für einen Fernseh-O-Ton trage ich wenig oder gar keinen Schmuck, kein Namensschild etc.
☐	Ich denke an 100 % Blickkontakt zum Interviewer!
☐	Mein Stand vor Kamera und Mikrofon ist hüftbreit, ruhig und stabil.
☐	Vor der TV-Aufzeichnung checke ich den Sitz von Krawatte, Kragen, Kette, Haaren etc.
☐	Vor der Aufzeichnung nutze ich eine Tonprobe, um meinen Namen, meine Funktion und das Thema kurz zu umreißen.
☐	Ich darf im Rahmen meines Temperaments gestikulieren, allerdings nicht vor dem Gesicht.

© Kathrin Adamski/Katrin Prüfig/Stefan Klager

CHECKLISTE – ONLINE

Die Checkliste O-Ton finden Sie auch im Online-Bereich. Folgen Sie einfach dem QR-Code am Anfang dieses Buches.

Aufgezappt
Vom Umgang mit Titeln und Funktionen

Wer in den Medien auftritt, macht es dem Publikum und den Journalisten leichter, wenn er Ämter und Funktionen verständlich und kurz darstellt. Dazu ein Beispiel: Die Europäische Union ist nicht nur ein Hort überbordender Bürokratie und Regulierungswut, sondern mitunter ein echtes Kuriositäten-Kabinett: EU-Kommissionspräsident Jean-Claude Juncker hat einen Kommissar ernannt, der sich darum kümmern soll, dass die EU nicht zu viele nutzlose oder nebensächliche Vorschriften produziert. Dieser Kommissar soll also vereinfachen, verschlanken, die EU weniger abgehoben wirken lassen.
Und wie heißt dieser neue Posten, Junckers rechte Hand?
»Erster Vizepräsident und EU-Kommissar für Bessere Rechtssetzung, interinstitutionelle Beziehungen, Rechtsstaatlichkeit und Grundrechtecharta in der EU-Kommission«.
Total einfach und schlank, oder?
Als Erster darf diesen Titel der niederländische Politiker und frühere Außenminister *Franciscus Cornelis Gerardus Maria Timmermans* tragen. Puh. Schöner Name – langer Name. Wenn Herr Timmermans ein Fernsehinterview gibt und sein vollständiger Name eingeblendet wird, wäre der mindestens zweizeilig. Redakteure finden das gar nicht schön. Aber Herr Timmermans hat schon ganze Arbeit geleistet – und seine diversen Vornamen auf Frans reduziert. Das passt. Bleibt seine sperrige Funktion. Stellen Sie sich mal die Anmoderation im Radio vor »Und nun spreche ich mit Frans Timmermanns, Erster Vizepräsident…usw.« Da bleibt doch kaum ein Hörer dran! Die Presse hat sein Amt deshalb längst reduziert auf »Dr. No«. Weil er »Nein« sagen soll zu ausufernden Gesetzen und Regularien. Den Versuch, die Darreichung von Olivenöl an Restauranttischen gesetzlich zu regeln und auf bestimmte Karaffen zu beschränken, konnte er gerade noch verhindern.
Übersetzungsversuche: EU-Verschlankungskommissar vielleicht? Klingt zu sehr nach Frühjahrsdiät. EU-Vermeidungskommissar? Auch nicht toll. Also Dr. No.
Was heißt das nun für *Ihren Medienauftritt*, wenn Sie »Deputy President and Managing Director Supplies and Sales for Central and Eastern Europe« sind oder verantwortlich für »Marketing and Communication Regional Managers D-A-CH and Middle East«? Dann sind Sie gut beraten, Ihre Funktion im Kontakt mit Journalisten in einfaches Deutsch zu übersetzen und zu verschlanken. Sonst macht sich der Journalist ans Werk. Und heraus kommt vielleicht Mr. X.

32 Mehr als Warming-up und Smalltalk

In diesem Kapitel erfahren Sie, warum Vorgespräche sinnvoll sind und worauf es dabei ankommt.

Wer gekonnt mit Medien umgeht, der spart PR-Etat. Denn jeder öffentliche Auftritt bietet eine Plattform, sich, das Unternehmen, die Produkte und Dienstleistungen sowie die Expertise sichtbar zu machen. Eine große Chance, bei der jemand auch sein Gesicht verlieren kann, sofern er die Spielregeln der Medien nicht kennt oder sich sorglos auf einen Medienkontakt vorbereitet. Oft ist die Euphorie bei demjenigen groß, der als Interviewpartner angefragt oder als Gast in eine Talksendung eingeladen wird. Dort lässt sich die eigene Studie vorstellen, das persönliche Engagement zeigen und Expertise unter Beweis stellen.

Doch Vorsicht: Die Kommunikationsziele, die Sie als Interviewpartner haben, müssen nicht zwangsläufig die Ziele sein, die sich der Moderator oder Interviewer für das Gespräch gesetzt hat. Sie stellen Ihre Seite, Ihre Meinung, Ihr Produkt vor. Der Moderator oder Interviewer hingegen will und muss ein Thema ganzheitlich beleuchten, alle Perspektiven aufzeigen und vor allem: kritisch hinterfragen.

Das Vorgespräch klärt auf

Damit sich der Interviewpartner Klarheit darüber verschafft, was genau hinter einer Interviewanfrage steckt und was ihn möglicherweise vor laufender Kamera erwartet, sollte er ein sogenanntes Vorgespräch führen. In der Regel werden Vorgespräche von der Redaktion angeboten oder sogar angefragt. Denn auch der Moderator bzw. Interviewführer will sich auf das Gespräch möglichst gut vorbereiten und viel über seine Gesprächspartner wissen. Bietet das Medium ein Vorgespräch nicht an, fragen Sie auf jeden Fall nach, ob es möglich ist, sich vor dem eigentlichen Interview oder Talkshowauftritt kurz mit dem Moderator oder Interviewer telefonisch abzustimmen. Kommt ein Kamerateam oder ein Radio-Reporter zu Ihnen, ist häufig noch Gelegenheit für ein solches Vorgespräch, bevor es dann mit dem eigentlichen Interview »zur Sache« geht. Besser ist jedoch, dieses Vorgespräch auch wirklich im Vorhinein zu führen.

Inhalte eines Vorgesprächs

In einem Vorgespräch klären Sie auf der einen Seite noch einmal die Rahmenbedingungen und organisatorischen Details der Gesprächssituation. Siehe auch die *Kapitel 33 – Der Journalist am Telefon* und *Kapitel 44 – Wer das Wort hat.*

Darüber hinaus geht es in einem Vorgespräch aber vor allem um die inhaltliche Dimension und die Beziehung zwischen Fragesteller und Antwort-Geber.

Für Sie als Interviewpartner ist es wertvoll herauszufinden, was der Fragesteller zu Ihrem Thema oder Themenbereich an Hintergrundwissen hat, auf welche Rechercheergebnisse er gegebenenfalls im Gespräch zurückgreift, wie er das Thema einordnet und ob er in irgendeiner Weise eine Meinung oder Haltung dazu hat. Vielleicht hat er sogar schon eine These, die er durch das Gespräch untermauern möchte.

Es geht auch darum, welchen Typus Fragesteller Sie vor sich haben. Das heißt, Sie sollten herausfinden, wie er Fragen stellt, wie er mit seinen Gesprächspartnern umgeht, welches die typischen Merkmale seiner Gesprächsführung sind.

Die inhaltliche Dimension

Um sich ein Bild davon zu machen, wie ein Interview vor laufender Kamera ablaufen kann, in welche Richtung der Moderator den Dialog lenken könnte oder wo »Stolperfallen« lauern, versuchen Sie im Vorgespräch möglichst viele Informationen zu bekommen. Vermutlich wird Ihnen der Interviewer keine konkreten Fragen nennen, siehe auch *Kapitel 26 – War das so abgesprochen?*. Aber Sie können durch geschicktes Fragen zumindest ein Gefühl dafür bekommen, welche Inhalte relevant werden.

Fragen Sie nach, weshalb sich der Interviewer gerade für Sie, Ihr Thema und Produkt, Ihre Studie etc. interessiert. Finden Sie heraus, ob und inwieweit es zum Thema noch Fragen gibt, die Sie bereits im Vorfeld des Gesprächs klären können. Klären Sie auch, ob z. B. eher Ihre Meinung zum Detail oder ein Überblick zum Thema gefragt ist. Diese Frage ist geschickt, weil der Interviewführer meist ein wenig ausholen muss, und Sie zwischen den Zeilen heraushören können, wie er Sie und Ihre Expertise einordnet und was er von Ihnen erwartet.

TIPP

Inhaltliche Leitplanken ziehen

Im Vorgespräch können Sie – vor allem bei kritischen Themen – auch Grenzen setzen. Mit Verweis auf noch nicht vorliegende Daten können Sie z. B. einen Aspekt aus dem Interview ausklammern oder mit Blick auf Ihre Rolle im Unternehmen auch klären, dass Sie z. B. zum Thema Börsengang nichts sagen werden. Kurzum: Sie dürfen inhaltliche Leitplanken einziehen. Ob der Journalist diese dann respektiert, ist von Fall zu Fall unterschiedlich.

Zwischen den Zeilen Charaktere lesen

Sie können übrigens zwischen den Zeilen eines Vorgesprächs noch mehr »herauslesen«, und ein Gefühl dafür bekommen, was für ein Typus Ihr Gesprächspartner im echten Leben ist und welche Rolle er auf dem Bildschirm einnimmt. Am besten Sie machen sich im Vorfeld über den Moderator oder Interviewführer schlau und schauen sich an, wie er sich verhält. Hier kann es durchaus Diskrepanzen geben und nicht immer führt ein nettes Vorgespräch zu einem netten On-Air-Austausch. Denn Interviewer wollen vor laufender Kamera eines beweisen: journalistische Kompetenz. Das bedeutet, sie wollen und müssen kritisch nachfragen, Objektivität beweisen und zeigen, dass sie sich kein X für ein U vormachen lassen. Und selbst wenn ein Journalist für Ihr Thema Begeisterung im Vorgespräch signalisiert, kann er vor laufender Kamera trotzdem mit der einen oder anderen kritischen Frage um die Ecke kommen.

Wie man sich täuschen kann

Nicht selten kommt es sogar vor, dass der Gesprächspartner nach dem Vorgespräch das Gefühl hat, mit seinem Thema auf der sicheren Seite zu sein und im bevorstehenden Interview eine Chance auf kostenlose PR zu bekommen. Doch genau hier liegt die Tücke, wie schon so mancher Interviewgast am eigenen Leibe zu spüren bekam. Selbst erfahrene Interviewpartner lassen sich durch ein sympathisches Vorgeplänkel aufs Glatteis führen, wie das Beispiel der Schauspielerin Maria Furtwängler im Schaltgespräch mit Claus Kleber zeigt. Statt eines informativ-freundlichen Bildschirm-Dialogs über die Studie zur Gleichberechtigung wurde dem Zuschauer im ZDF-Heute-Journal ein zickiges Gespräch präsentiert. Maria Furtwängler war über den Fragestil von Claus Kleber sichtlich überrascht, wie sie später in einem Interview gegenüber der Illustrierten »stern« berichtete. Ein Auszug aus www.stern.de, Oktober 2017.

BEISPIEL

Schaltgespräch

Frau Furtwängler, wie haben Sie das Interview mit Claus Kleber wahrgenommen?

Ich war total perplex von Klebers Reaktion. Wir hatten davor noch nett miteinander geflachst. Und dann ging das Interview los, und ich wusste überhaupt nicht, wie mir geschieht. Das war schon interessant.

Empfanden Sie die Fragen von Kleber als unverschämt?

Ich war vor allem konsterniert. Hätte ich das Gefühl gehabt, dass es unverschämt ist, hätte ich vielleicht zurückgehauen. Ich war einfach nur völlig perplex. Ich dachte die ganze Zeit, dass er mich einfach nur noch nicht richtig verstanden hat und ich das noch einmal erklären muss. Hätte ich mich provoziert gefühlt, dann hätte ich vielleicht zurückgeschossen, und das wäre gar nicht so gut gewesen. So war's natürlich viel besser.

Glauben Sie, dass Kleber seinen Auftritt so geplant hatte?

Das Schöne war, dass er einige gängige Klischees hochgeholt hat. Ich denke, er wollte nur provozierend fragen, damit das nicht zu schmusig wird. An sich ja auch die Aufgabe eines guten Journalisten. Aber ich habe mich danach schon gefragt, ob er dann vielleicht doch von dem einen oder anderen Vorurteil mitgerissen wurde. Ich habe danach leider nicht mehr mit ihm gesprochen.

Vorgespräch richtig einordnen

Ein gutes Vorgespräch ist also keine Garantie dafür, dass ein Gespräch vor Kamera und Mikrofon genauso harmonisch ablaufen wird. Aber das ist auch nicht das Entscheidende. Wichtig ist vielmehr, dass Sie die Informationen aus dem Vorgespräch genau reflektieren und sich selbst klar darüber werden, wo Ihnen kritische Fragen gestellt werden können und wo es Missverständnisse geben könnte. Spielen Sie gegebenenfalls den advocatus diaboli und machen Sie sich bewusst, dass es immer einen zweiten, kritischen Blick auf Ihre Themen gibt. Und genau diese andere Sichtweise könnte vor Kamera und Mikrofon durch den Interviewer vertreten werden. Eine Chance für Sie. Nutzen Sie sie!

33 Der Journalist am Telefon

In diesem Kapitel erfahren Sie, wie Sie mit Interviewanfragen professionell umgehen.

Gegen 11 Uhr am Vormittag klingelt das Telefon. Ein Reporter oder Redakteur vom regionalen TV-Studio ist dran. Er hätte gern ein kurzes Interview, das Thema liegt im Rahmen dessen, mit dem Sie täglich zu tun haben. Was tun? Hier gilt zunächst die oberste Regel: Ruhe bewahren! Lassen Sie sich nicht unter Zeitdruck setzen, auch wenn der Reporter selbst möglicherweise unter Druck ist.

Ein gutes Signal könnte sein: Lieber Reporter, ich mach das gern! In einer Stunde allerdings haben wir hier gerade eine wichtige Besprechung. Wie wäre es denn um 14 Uhr? Auf diese elegante Weise haben Sie sich Luft verschafft für eine gute Vorbereitung. Und Ihre Zusage erspart dem Reporter zugleich weitere Anrufe bei anderen möglichen Gesprächspartnern.

Vorsicht ist geboten, wenn Sie das Interview um einen oder mehrere Tage schieben möchten. Je nach Planung in der Redaktion, die den Beitrag vielleicht noch am selben Tag senden möchte, sind Sie dann »raus«.

Bei einer telefonischen Anfrage ist es absolut legitim, dass auch Sie Fragen stellen. Je mehr Klarheit Sie über den Hintergrund der Anfrage haben, über die Herangehensweise des Journalisten, desto besser können Sie sich vorbereiten.

TIPP

Wichtige Fragen gleich klären!

Am besten gleich bei der telefonischen Anfrage des Journalisten folgende Fragen klären (oder von der Pressestelle klären lassen):

- Was ist die Ausgangsmeldung, der Anlass für das Interview?
- Warum soll ich/soll unser Unternehmen dazu Stellung nehmen?
- Wer kommt noch zu Wort?
- Was soll der Zuschauer erfahren?

Die beiden letzten Fragen haben eine Schlüsselfunktion: Gerade bei Radio und Fernsehen ist es nämlich nicht üblich, dass der Journalist seine Fragen vorher preisgibt. Im Print- und Online-Journalismus ist das häufiger der Fall. Hier werden ganze Interviews nur schriftlich geführt. Insofern ist die Ausgangslage eine andere. Aber Vorsicht: Nur weil der Journalist seine Fragen vorher schickt, heißt das nicht, dass das Interview genauso stattfindet! Gute Journalisten hören zu und fragen nach, ändern die Reihenfolge der Fragen oder die komplette Richtung des Interviews, wenn es für sie interessanter scheint.

Wenn Sie sich im Vorfeld indirekt der Frage nach den Fragen nähern, über »Wer kommt noch zu Wort?« und »Was soll der Zuschauer erfahren?« bekommen Sie einen recht guten Eindruck davon, wohin die Reise im Interview gehen soll und wie kontrovers es werden könnte.

Zusätzlich kann es sinnvoll sein, folgende Dinge zu klären:

- Wie heißt der Reporter, wie ist er für Rückfragen zu erreichen?
- Ist das Interview live oder wird es aufgezeichnet?
- Soll das Interview per Telefon geführt werden?
- Wie lautet genau die Frage für ein Statement?
- Wie lang soll das Interview werden?
- In welchem Zusammenhang z. B. mit anderen Beiträgen steht das Interview?
- Braucht der Reporter weitere Informationen, z. B. über Ihr Unternehmen/Ihre Person?

Erst dann legen Sie auf und bereiten sich in Ruhe vor. Erste Überlegung: Was wollen die eigentlich von mir? Meistens geht es um Ihre Einschätzung oder Ihre Meinung bzw. Analyse – und weniger um Fakten. Je klarer Sie sich positionieren, auch mal mit einer Meinung jenseits des Mainstreams, desto besser! Und desto spannender für den Zuschauer oder Zuhörer.

Schaffen Sie für sich selbst Klarheit: Was wollen Sie überhaupt vermitteln? Was sind Ihre Kernbotschaften? Worauf beschränken Sie sich? Denken Sie daran: Es ist keine Doktorarbeit.

Besonders im Fernsehen gilt: Je kürzer und klarer eine Botschaft, desto eher wird sie beim Zuschauer ankommen. Überfordern Sie das Publikum nicht mit den zehn unschlagbaren Argumenten für erneuerbare Energien, sondern nehmen Sie sich die zwei, drei wichtigsten heraus und ergänzen Sie sie mit Beispielen oder Vergleichen. Wie das geht, erfahren Sie auch im *Kapitel 21 – Auf den Punkt*. Sie lernen, wie Sie mit dem BotschaftenBaum® arbeiten. Gern auch mit Schilderungen aus Ihrer ganz persönlichen Erfahrung. Sie sind schließlich der Experte!

34 »Das habe ich so nicht gesagt!«

In diesem Kapitel erfahren Sie, wie Sie Ihre Zitate und Aussagen sinnvoll autorisieren.

Das Interview liegt hinter Ihnen. Im besten Fall haben Sie Ihre Botschaften platziert und der Journalist zieht zufrieden von dannen. Aber Moment, das war jetzt ein relativ langes Gespräch. Welche Inhalte wird der Journalist verwenden? Welche Aspekte besonders herausstreichen und welche unter den Tisch fallen lassen? Wie wird er zitieren – wortwörtlich oder nur sinngemäß? »Ich habe meine Botschaft zwar platziert, aber was bleibt davon übrig?«, werden Sie sich fragen – und vielleicht ein ungutes Gefühl bekommen.

Ein probates und legitimes Mittel ist das Autorisieren des Artikels. Wenn der Artikel bzw. Auszüge aus dem Interview, die verwendet werden sollen, gegengelesen werden, gibt dies dem Journalisten die Sicherheit, alles richtig verstanden und wiedergegeben zu haben – und dem Unternehmen die Gewähr, dass keine Halbwahrheiten publiziert oder sogar Fakten in falsche Zusammenhänge gebracht werden. Das Autorisieren ist allerdings umstritten. Warum?

Der Journalist – ein Experte in seinem Berufsfeld

Versetzen Sie sich einmal kurz in die Situation des Journalisten. Sein Handwerk ist, Themen aufzubereiten und komplexe Zusammenhänge verständlich zu kommunizieren – und zwar so, dass sein Klientel das Thema interessant findet. Leser, Hörer oder Zuschauer sollen das Neue als Mehrwert wahrnehmen. Das Übersetzen komplexer Themen in eine Sprache, die auch für Laien verständlich ist, macht einen wesentlichen Teil der Profession des Journalisten aus. So erwartet der Journalist, dass ihm zugetraut wird, professionell zu arbeiten. Umgekehrt gehen auch Sie davon aus, dass der Journalist Ihre Qualifikation und fachspezifische Kompetenz nicht in Frage stellt.

Ein Beispiel, dass dies verdeutlicht: Sie gehen morgens Brötchen kaufen. Hinterfragen Sie vor dem Kauf, ob die Backstube den hygienischen Richtlinien entspricht und ob das verwendete Mehl fachgerecht gelagert wurde? Sollten Sie den Kauf der Brötchen von der Beantwortung solcher Fragen abhängig machen wollen, wird der Bäckermeister Sie nicht nur entgeistert anstarren, sondern Ihnen vielleicht auch wütend zu verstehen geben, dass er diese Fragen als Unverschämtheit empfindet, denn Sie zweifeln an seiner professionellen Arbeit.

So verständnislos wie der Bäcker könnte auch ein Journalist auf die Bitte, er möge den Artikel doch bitteschön zur Abnahme vorlegen, reagieren. Allerdings: Auch der Journalist hat ein reges Interesse, später keine Gegendarstellung abdrucken zu müssen. Folglich ist auch er daran interessiert, von seinem Gesprächspartner eine Rückmeldung auf den geschriebenen Text zu bekommen – und zwar vor der Veröffentlichung. Denn es ist ihm natürlich daran gelegen, dass er sich innerhalb einer ihm fremden und komplexen Materie nicht verrennt und Zusammenhänge verfälschend darstellt. Für einen sogenannten Fakten-Check ist er deshalb sicherlich offen.

Fingerspitzengefühl beim Fakten-Check

Fakten-Check – nicht weniger, aber auch nicht mehr. Das bedeutet, es sollen keine Formulierungen geschönt werden, die der Journalist zu übernehmen hat. Dies ist verpönt – und zwar zu Recht, denn es bedeutet einen unlauteren Eingriff in die unabhängige Meinungsbildung. Der Journalist gilt als neutral. Seine Profession ist es, kontroverse Inhalte so objektiv wie möglich darzustellen. In einem Artikel oder Fernsehbeitrag über den aktuellen Fluglotsenstreik wird er in allen Lagern recherchieren: die Gewerkschaften befragen, die Streikenden, aber auch die Arbeitgeberseite. Er wird nicht parteilich Bericht erstatten, sondern alle Seiten zu Wort kommen lassen.

Wenn Sie den Bau einer Mülldeponie verantworten, werden Sie sicherlich zu den geplanten Umweltschutzmaßnahmen befragt. Aber seien Sie sicher, dass der Journalist sich auch mit den Umweltverbänden und Bürgerinitiativen unterhalten wird. Nicht, weil er gegen Sie ist, sondern weil er seinem Anspruch gerecht werden will, für eine ausgewogene Berichterstattung zu sorgen. Das erwarten seine Kunden, die Leser, Zuhörer, Zuschauer. Das ist sein Auftrag – es sei denn, er kommentiert.

MERKE

Ein *Kommentar* ist eine journalistische Darstellungsform, in der die persönliche Meinung gefragt ist. Dies ist allerdings auch die einzige und deutlich zu kennzeichnende Form der subjektiv gefärbten journalistischen Arbeit.

Autorisieren ja oder nein!?

Die Diskussion, ob und inwieweit Autorisierungen zugelassen, lauter und sinnvoll sind, wurde 2016 wieder kontrovers geführt, als die Allianz ankündigte, keine Interviews mit Vorständen mehr vor der Veröffentlichung gegenzulesen und freizugeben. Das war ein Paukenschlag, denn inzwischen ist es selbst bei führenden Tageszeitungen und Nachrichtenmagazinen gängige Praxis, dass den Interviewpartnern die Artikel zum Abgleich vorgelegt werden. Das »PR-Magazin« startete daraufhin eine Umfrage und fragte die Kommunikationsabteilungen von DAX-Unternehmen, aber auch Wirtschaftsjournalisten, wie sie das Autorisieren einschätzen.

Autorisieren – oft im beiderseitigen Interesse

Keines der befragten Unternehmen sieht laut »PR-Magazin« Handlungsbedarf. Unisono wird die Meinung geteilt, dass das Autorisieren im Interesse aller Beteiligten ist; es sei gut für den Journalisten, das Unternehmen und den Leser. So schreibt Jörg Howe, Leiter Global Communications von Daimler: »Wir haben festgestellt, dass es immer wieder unterschiedliche Auffassungen davon gibt, was gesagt worden ist und was nicht. Deshalb ist es gut, wenn man Dinge klarstellen kann.« Auch Elisabeth Schick, die damalige Leiterin Communications & Government Relations von BASF, spricht von »Autorisierung als Qualitätssicherung«. »Autorisierung erhöht die inhaltliche Richtigkeit und Präzision« meint Nikolai Glies, der zur Zeit der Umfrage die Wirtschafts- und Finanzkommunikation von BMW verantwortete.

Oliver Santen, ehemaliger Head of PR bei Siemens, nennt das Autorisieren eine »Spielregel« und erinnert daran, dass diese »Spielregel« von Journalisten eingeführt wurde. Sie diene der »Zusammenarbeit zwischen Unternehmen und Medien vor allem zur Vermeidung von Missverständnissen«.

Die Antworten der Wirtschaftsjournalisten in derselben Ausgabe des Magazins sind etwas differenzierter: Miriam Meckel, inzwischen Herausgeberin der Wirtschaftswoche, hat »viel Sympathie dafür, auf das Autorisierungsverfahren zu verzichten«. Die Wirtschaftswoche gebe ihren Interviewpartnern die Gelegenheit, den Artikel vorher zu lesen, um sprachlich zu glätten. »Autorisierung heißt aber nicht«, so Meckel »die Aussagen in einem Interview nachträglich weitgehend zu relativieren oder gar ins Gegenteil zu verkehren.« Steffen Klusmann, Chefredakteur des Manager-Magazins, geht noch weiter und spricht von einer »Unsitte«. »Wenn nicht mehr autorisiert wird, dann ist gesagt endlich wieder gesagt.« Und Klaus Max Smolka, Wirtschaftsredakteur der Frankfurter Allgemeinen Zeitung formuliert: »Ich biete keine Autorisierung mehr an – wegen des Missbrauchs«. Seine Erfahrung: »Zu oft sind einfach die beteuernden Zusagen gebrochen worden, es gehe nur um Faktencheck, nicht um Zurückdrehen von Inhalt.«

Fazit: Beide – Journalisten auf der einen, Unternehmen auf der anderen Seite – bewerten das Gegenlesen als Vorteil, so es denn bei einem reinen Fakten-Check bleibt. Tendenziell sind die Journalisten skeptischer – sicherlich auch, weil sie sich ein wenig in ihrer Berufsehre bedroht fühlen.

Sonderfall Fernseh-Interview

In Fernsehinterviews gibt es vor der Ausstrahlung des Interviews, des Statements oder des Beitrags selten ein Skript, das freigegeben wird. Dies hat produktionslogistische Gründe, denn bei tagesaktueller Berichterstattung fehlt schlicht die Zeit dafür. Hier gilt das tatsächlich gesprochene Wort. Umso wichtiger, dass Sie sich bewusst sind, aufgezeichnetes Material in besonders kritischen Fällen möglicherweise zu sperren und damit die Ausstrahlung zu verhindern. Dieses Recht haben Sie, aber nur solange das Fernseh-Team vor Ort ist. Hat die Crew das Betriebsgelände verlassen oder den Sender erreicht, wird es sehr schwer, dem Sender im Nachgang die Ausstrahlung zu verweigern.

TIPP

TV-Interviews vor Ort checken

Wenn Sie bei der Aufzeichnung von O-Tönen oder Interviews unsicher sind, ob Sie Dinge richtig dargestellt haben, dann fragen Sie das Produktionsteam vor Ort, ob Sie sich Ihre Statements kurz anschauen können. In den meisten Fällen wird man Ihnen diesen Wunsch erfüllen.

35 Vom Hörer aufs Papier

In diesem Kapitel erfahren Sie, was bei Telefon-Interviews für Printmedien wichtig ist.

»*Ring Ring…*« Ihr vereinbarter Interviewtermin steht vor der Tür oder besser gesagt wartet am anderen Ende der Leitung. Telefon-Interviews gehören in Printmedien oder im Online-Bereich zu einer der meist genutzten Produktionsvarianten für Interviews mit Experten oder Führungskräften. Denn Telefon-Interviews sparen Zeit, verursachen keine Reisekosten und lassen sich einfacher in die Terminkalender der beteiligten Gesprächspartner planen als ein Face-to-Face-Gespräch.

Und Telefon-Interviews scheinen auch für Interviewpartner im ersten Moment eine entspannte Form der Medienkommunikation zu sein. Sie sind in der gewohnten Umgebung, mit sicherem Abstand zum Journalisten, können sich nebenher Notizen machen oder – für den Journalisten unsichtbar – auf vorbereitete Zahlen und Daten zurückgreifen. Und der Interviewte kann sich gegebenenfalls hinter dem Hörer verstecken, wenn einem bei einer unangenehmen Frage die Gesichtszüge entgleiten. Alles also bestens? Vorsicht!

Telefon-Interviews haben Tücken und bedürfen genau der gleichen, ernsthaften Vorbereitung wie ein Face-to-Face-Gespräch. Außerdem gibt es ein paar formale Aspekte, die Sie im Gespräch beachten sollten, auch in der Nachbereitung des Interviewtermins. Zudem können Sie noch aktiv werden, damit das Interview seine Wirkung hat.

Eine gute Vorbereitung ist die halbe Miete

Im Vorfeld des Telefon-Interviews sollten Sie, wie in *Kapitel 33 – Der Journalist am Telefon* dargestellt, den grundsätzlichen Rahmen des Interviews geklärt haben. Dazu gehören der Austausch der Kontaktdaten, die Terminvereinbarung, die Dauer des Gesprächs sowie die inhaltlichen Fragen zu Medium, Thema, Format, Umfang, weiteren Gesprächspartnern, Erscheinungszeitraum und einem möglichen ersten groben Fragenrahmen. Sinnvoll ist es auch, den Journalisten ein wenig genauer zu »durchleuchten«, d.h. zu schauen, was er schon alles veröffentlicht hat, wie sein Fragestil aussieht, welche Themen oder Themenbereiche er vornehmlich bearbeitet.

Botschaften vorbereiten

Mit diesem Wissen heißt es dann im ersten Schritt der Vorbereitung, Botschaften zu definieren, die Sie im Interview auf jeden Fall platzieren wollen. Achten Sie darauf, sich nicht zu viele Themen auf die Agenda zu setzen, sondern konzentrieren Sie sich darauf, wenige, aber wichtige Kernbotschaften im Gespräch zu platzieren. Gegebenenfalls ist es sogar klug, eine Kernbotschaft mehrmals zu platzieren – ganz nach dem Prinzip: Wiederholung erzeugt Verstärkung. Was öfter gesagt und gelesen wird, bleibt besser in Erinnerung.

Kritische Fragen vordenken

Zur Vorbereitung gehört außerdem, sich alle möglichen krisenhafte Aspekte zu einem Thema ins Bewusstsein zu holen und sich zu überlegen, welche kritischen Fragen der Journalist stellen könnte und wie Sie diese am besten parieren. Seien Sie außerdem darauf vorbereitet, dass der Journalist den genannten Themenbereich des Gesprächs spontan erweitert und andere – möglicherweise kritische – Fragen stellt, die nicht im engsten Sinne mit dem abgesprochenen Thema zusammenhängen. Denn in der Konzentration auf die Gesprächsführung ist es nahezu unmöglich, spontan eine kluge Antwort-Strategie auf unerwartete Fragen zu entwickeln.

TIPP

Mithörer organisieren

Hilfreich ist es, wenn Sie sich für ein Telefon-Interview einen »Mithörer« organisieren. Idealerweise kommt dieser Mithörer aus dem Bereich der Kommunikation. Mithörer haben in einem Telefon-Interview die Aufgabe, das Gespräch zu verfolgen und ggf. »unsichtbar« einzugreifen, wenn der Interviewpartner sich beispielsweise unverständlich ausdrückt, wenn es zu Missverständnissen zwischen Interviewpartner und Journalist kommt oder auch zu signalisieren, wo sich ggf. Kernbotschaften platzieren lassen. Außerdem fungiert der Mithörer als »Zeuge« des Gesprächs. Er kann bei Streitigkeiten über den Gesprächsverlauf oder die falsche Darstellung von Fakten im Nachhinein Auskunft geben. Machen Sie den Mithörer auf jeden Fall vor Gesprächsbeginn mit dem Journalisten bekannt. Der sollte wissen, dass noch jemand auf der anderen Seite der Leitung sitzt und mithört.

Aufzeichnung vorbereiten

Mittlerweile ist es üblich, dass Telefon-Interviews aufgezeichnet werden. Und zwar vom Journalisten *und* durchaus auch von Ihnen als Interviewpartner. Kommt es bei der Bearbeitung des Interviews durch den Journalisten zu missverständlichen Aussagen oder Formulierungen, lässt sich anhand der Aufzeichnung nachvollziehen, wer was wie gesagt hat. Die Aufzeichnung muss allerdings vor Beginn des Gesprächs kommuniziert werden. Holen Sie zu Gesprächsbeginn das Einverständnis ein und fragen Sie, ob das Gespräch auch auf Seiten des Journalisten mitgeschnitten wird.

Unter 1-2-3-Regel

Grundsätzlich gilt in einem Interview, dass der Journalist alles schreiben darf, was Sie ihm erzählen. Es sei denn, Sie signalisieren ihm deutlich, dass er bestimmte Dinge nicht drucken darf. Das können zum Beispiel Hintergrundinformationen sein, die ihm nur zum Verständnis eines Zusammenhangs dienen sollen oder Quellen, die er nur zur weiteren Recherche des Themas verwenden darf. Dazu gibt es einen journalistischen Ehren-Kodex: Die Unter-1-2-3-Regel.

Wenn jemand etwas »unter 1« sagt, dann bedeutet es, dass der Journalist sowohl das Gesagte als auch die Quelle zitieren darf. Ein vereinbartes Telefon-Interview läuft also im Grundsatz immer unter 1 ab.

Sagt jemand etwas »unter 2«, heißt das, dass das Gesagte zwar verwendet, aber die Quelle oder der Name des Auskunftgebers nicht genannt werden darf.

Und spricht jemand »unter 3«, dann darf der Journalist weder den Inhalt noch die Quelle zitieren. Der Inhalt des Gesagten ist vertraulich und darf nur als Hintergrundwissen genutzt werden, um weiter zu recherchieren oder einen Zusammenhang besser zu verstehen.

Diese Regel wurde ursprünglich von der Bundespressekonferenz aufgestellt und sollte dafür sorgen, dass Vertreter aus Politik, Wirtschaft und Staat offen eine Einschätzung zu einem Thema abgeben können, ohne befürchten zu müssen, dass das Gesagte sofort in den Medien verbreitet wird. Mittlerweile gilt dieser Kodex nicht mehr nur für Pressekonferenzen. Auch in Hintergrundgesprächen und in klassischen Interviews lässt sich diese Regel gegenüber Journalisten anwenden. Wenn Sie also im Interview das Gefühl haben, sie müssten z. B. zum besseren Verständnis eine Information preisgeben, die nicht gedruckt werden darf, kennzeichnen Sie diese Aussage, indem Sie ein »Was ich Ihnen jetzt sage, steht unter 3…« voranstellen. Dann muss der erfahrene Journalist in der Regel Bescheid wissen. Für junge oder wenig erfahrene Journalistenkollegen empfiehlt es sich, sicherheitshalber noch den Halbsatz hinzuzufügen: »Diese Information dürfen Sie nicht veröffentlichen, sie ist nur für Ihren persönlichen Hintergrund gedacht.«

Kommunikative Missverständnisse vermeiden

Wie in jeder Interviewsituation gilt auch besonders im Telefon-Interview, dass Sie nur auf Fragen antworten sollten, die sie gänzlich verstehen. Da im Telefon-Interview der nonverbale Kommunikationskanal Mimik und Gestik fehlt, müssen Sie sich komplett auf die verbalen Äußerungen des Journalisten verlassen. Ist eine Frage also zu ungenau gestellt oder gibt es mehrere Deutungsmöglichkeiten, haken Sie nach und fragen Sie, was der Journalist genau von Ihnen wissen möchte. So vermeiden Sie Missverständnisse und entlarven im schlimmsten Fall manipulative Fragen. Mehr zum Thema manipulative Fragestellungen finden Sie auch im *Kapitel 29 – Vorsicht Falle*.

Stimme und Stimmung beachten

»Der Klang der Stimme verrät den Zustand der Seele« – so drückte der Thüringer Aphoristiker Helmut Glaßl 1950 die Macht der Stimme aus. Dass sie im Mediendialog enorm wichtig ist, haben wir bereits im *Kapitel 25 – Gut gestimmt* beschrieben. Und in *Kapitel 12 – Lügendetektor der Kommunikation* haben Sie schon erfahren, dass die Stimme anfällig ist für Ideomotorische Effekte und sich nur bedingt bewusst steuern lässt. Die Stimme kann unserem Gegenüber im Gespräch unsere tatsächliche innere Haltung offenbaren, unsere Stimmung, unsere Gefühle verraten. Sie spricht sozusagen eine eigene Sprache. In Kombination mit anderen nonverbalen Elementen wie der Mimik oder Gestik kann die Macht der Stimme ein wenig gedämpft werden, doch am Telefon ist nur das Stimmliche präsent. Als nonverbales Gestaltungselement wird Stimme ein zentraler Faktor, der bestimmt, wie eine Botschaft beim Zuhörer ankommt. Und da Journalisten ein Interview bearbeiten, bestimmt

die Stimme unter Umständen, welche »Stimmung« der Journalist in seinem Schreibstil vermittelt.

Und nicht nur das: Die Stimme lenkt auch das Gespräch. Klingt aus der Stimme Anspannung heraus oder schwingt ein amüsierter Unterton mit, wird ein erfahrener Journalist das hören und an der Stelle nachhaken, woher diese Zwischentöne kommen. Das bedeutet, dass Sie auch im Telefon-Interview immer darauf achten sollten, dass Sie eine entspannte innere Haltung einnehmen und das Lampenfieber auf ein gesundes Maß reduzieren. Zum Thema Lampenfieber finden Sie hilfreiche Tipps im *Kapitel 22 – Aufgeregt?* Außerdem sollten Sie darauf achten, dass Sie im Inneren die richtigen Bilder parat halten.

Und schließlich ist es hilfreich, während des Gesprächs eine Körperhaltung einzunehmen, die für eine wache, präsente, dynamische Stimme sorgt. Führen Sie ein Telefon-Interview daher nicht in einem weichen, tiefen Sessel, in dem der Körper bereits durch die Haltung in einen spannungslosen Modus sackt. Führen Sie Telefon-Interviews an einem Tisch, an dem Sie aufrecht sitzen oder stehen Sie nach Möglichkeit sogar während des Gesprächs. Eine aufrechte Körperhaltung sorgt für mehr stimmlichen Spielraum, mehr Dynamik und Präsenz. In unseren Trainings machen wir häufig die Erfahrung, dass die Interviews im Stehen besser gelingen: Die Interviewpartner sind konzentrierter, schlagfertiger und kommen schneller auf den Punkt. Siehe *Kapitel 24 – Wohin mit den Händen* und *Kapitel 23 – Haltung bewahren*.

Wie verräterisch unsere Stimme ist, können Sie selbst an einem kleinen Experiment testen:

ÜBUNGEN

Stimmung in der Stimme

Schauen Sie sich nacheinander die folgenden Bilder an. Beschreiben Sie jeweils etwa 30 Sekunden lang, was Sie auf dem Bild sehen. Zeichnen Sie Ihre Beschreibung mit dem Smartphone auf und hören Sie sich dann alle Bildbeschreibungen an. Sie werden merken, was die Emotionen, die Sie beim Betrachten der Bilder haben, mit Ihrer Stimme machen.

Quelle: Pixabay_road-2672029

Abb. 35.1: Emotionen verändern die Stimme – Straße

Quelle: Pixabay_war-2545307

Abb. 35.2: Emotionen verändern die Stimme – Krieg

Quelle: Pixabay_sunset-1626219

Abb. 35.3: Emotionen verändern die Stimme – Sonnenuntergang

Lebendiger als lesen

Lesen Sie den unten stehenden Text laut vor und nehmen Sie sich dabei mit dem Smartphone auf. Versuchen Sie im zweiten Durchgang, den Inhalt des Textes nicht wörtlich, sondern nur sinngemäß wiederzugeben und zeichnen Sie diese Version ebenfalls auf. Nutzen Sie dabei die Methode Kino-im-Kopf. Siehe *Kapitel 13 – Erzähl doch mal!* Hören Sie sich beide Versionen an und achten Sie darauf, wie sich Ihre Stimme unterscheidet. Sie werden merken: Sobald Sie mit inneren Bildern arbeiten und dabei Emotionen erzeugt werden, klingt Ihre Stimme lebendiger, gefühlvoller, greifbarer. Wenn Sie nichts fühlen können, weil Ihr Gehirn mit »Lesen« beschäftigt ist, wird kaum Emotionalität in Ihrer Stimme liegen.

Von Spürnasen und Stinkefüßen

Stefan Schütze hat die Nase vorn in Sachen Schweißfußforschung, denn das junge Team um den cleveren Ingenieur der Universität im Saarland hat eine neue elektronische Nase entwickelt. Seine Innovation ist ein kleiner Kasten, in den verschwitzte Schuhe hineingestellt werden und der dann verrät, wie sehr die Schuhe stinken. Bisher haben diese Arbeit in Form von Riechtests Menschen machen müssen. Sie haben ihre Nase in die Schweißschuhe gesteckt, um den Schweißgehalt anhand des Geruchs zu ermitteln. Diese Testpersonen sind aber jetzt nicht arbeitslos, sondern haben eine wichtige Aufgabe im Schnüffel-Einsatz: Sie werden gebraucht, um der Maschine beizubringen, was dem Menschen stinkt und was nicht.

Zitathoheit und Autorisierung

Ist das Gespräch geführt, geht der Journalist an die Arbeit. Bei einem »Wortlautinterview« wird der komplette Gesprächsverlauf abgeschrieben und nur die eine oder andere Glättung vorgenommen wie zum Beispiel grammatikalische Fehler korrigiert oder der Satzbau vereinfacht.

Bei einem Interview, das nicht im Wortlaut geschrieben wird, bearbeitet der Journalist oft auch die Reihenfolge der Fragen, kürzt Aussagen oder streicht einzelne Fragen. Außerdem kann er prägnante Zitate nochmals als »Anregende Zusätze« im Text hervorheben.

Egal, wie die Bearbeitung aussieht, Sie sollten auf jeden Fall im Vorfeld oder spätestens nach dem Ende des Gesprächs nachfragen, wie das Interview weiterbearbeitet wird. Außerdem haben Sie das Recht, das bearbeitete Interview nochmals gegenzulesen und ggf. Korrekturen abzusprechen, wenn Sie das vorher vereinbart haben. Machen Sie von diesem Recht aktiv Gebrauch. Das Recht am eigenen Zitat haben Sie übrigens auch dann, wenn aus einem Interview nur einzelne Aussagen als Zitate in einem Bericht verwendet werden. Sie bekommen dann zwar selten den kompletten Text und sehen auch nicht, was andere Zitatgeber gesagt haben, aber Ihre eigenen Statements dürfen Sie gegenlesen und ggf. eine Korrektur einfordern. Wichtig ist allerdings, dass Sie diese Autorisierung zuvor absprechen. Ein solcher Autorisierungsprozess gilt übrigens auch für Interviews, die von Angesicht zu Angesicht geführt werden. Mehr zum Thema Autorisierung finden Sie im *Kapitel 34 – Das habe ich so nicht gesagt!*.

TIPP

Fingerspitzengefühl in der Freigabe

Journalisten sind nicht immer erfreut, wenn man um eine Abnahme der Zitate oder des Interviews bittet. Viele empfinden einen solchen Freigabeprozess als Eingriff in die journalistische Freiheit. Deshalb ist es ratsam, sehr vorsichtig mit der Forderung nach Freigabe umzugehen. Stellen Sie klar, dass es Ihnen vor allem um die fachlich richtige Darstellung von Inhalten geht und ändern Sie möglichst keine Passagen, die Sie zwar so gesagt haben, die Ihnen im Nachhinein aber nicht gefallen. Denn im Interview gilt, gesagt ist gesagt. Und falls es im Nachhinein tatsächlich Passagen gibt, die Sie im Interview selbst sehr unglücklich gemeistert haben, dann bitten Sie nur höflich darum, diese Passagen zu entschärfen. Die Entscheidung, den Text dann tatsächlich zu ändern, überlassen Sie aber dem Journalisten.

Checkliste

Telefon-Interview

Inhaltliche Vorbereitung

- ☐ Meine zwei bis drei Kernbotschaften sind klar und verständlich.
- ☐ Jede Botschaft enthält im Wesentlichen EINEN Gedankengang/EIN Argument
- ☐ Eventuell nötige Fachbegriffe kann ich kurz übersetzen.
- ☐ Meine Wortwahl und Sprache sind allgemein verständlich.
- ☐ Wichtige Zahlen habe ich auf ein Minimum reduziert.
- ☐ Ich nutze *Beispiele/Vergleiche*, um meine Kernbotschaft anschaulich zu machen. Diese habe ich über Kino-im-Kopf verinnerlicht. Das ist im Telefon-Interview noch wichtiger als im TV!
- ☐ Ich kann Erlebtes/Erfahrungen einbringen, die meine Botschaft untermauern.
- ☐ Ich stehe zu diesen Kernbotschaften und kann sie mit *innerer Überzeugung* transportieren.
- ☐ Ich habe Fragen – auch kritische – aus Sicht des Journalisten durchdacht.
- ☐ In dieser Situation darf ich mit vorbereiteten *Stichwortzetteln* arbeiten. Vorbereiteter Fließtext ist für ein Telefon-Interview nicht geeignet.
- ☐ Um meine Stimme bestmöglich zum Klingen zu bringen, bereite ich mich mit einigen Aufwärmübungen vor (siehe *Kapitel 25 – Gut gestimmt*).

Während des Interviews

- ☐ Telefon-Interviews gebe ich nach Möglichkeit *im Stehen*!
- ☐ Ich bin in meiner *vertrauten Umgebung* (Büro o. Ä.) genauso konzentriert und aufmerksam, als wenn der Journalist vor mir stünde.
- ☐ Wenn möglich bitte ich jemanden, beim Telefon-Interview dabei zu sein und ein Aufnahmegerät mitlaufen zu lassen.
- ☐ Ich formuliere hörverständlich und verwende eine bildhafte Sprache.
- ☐ Zäsuren sind erwünscht und erleichtern das Verständnis.
- ☐ Ich beherrsche einige *»Fallschirme für schwierige Gespräche«*, um von abweichenden Fragen zum Thema und zu meiner Position zurückzusteuern.
- ☐ HIN-hören, statt ZU-hören: Ich entscheide, auf welches Stichwort in der Frage ich antworte bzw. zu welchem Stichwort ich mit Hilfe einer Brücke (Bridging) in meinen BotschaftenBaum® gelangen kann.
- ☐ Ich lasse mich auch durch fiese Fragen nicht aus der Ruhe bringen.

© Kathrin Adamski/Katrin Prüfig/Stefan Klager

CHECKLISTE – ONLINE

Die Checkliste Telefon-Interview finden Sie auch in unserem Online-Bereich. Folgen Sie einfach dem QR-Code am Anfang dieses Buches.

36 Emotionen für die Tastatur

In diesem Kapitel erfahren Sie, wie man in Printinterviews Gefühle zeigt.

Befragter (lacht): Wenn Sie mich so fragen, dann habe ich in der Tat noch viele Wünsche offen.

Journalist: Ich sehe, Sie schmunzeln über meine Frage, dann will ich etwas genauer werden...

Solche Wortwechsel sind Ihnen in Printinterviews sicher schon öfter begegnet. Und Sie merken schon an den wenigen Zeilen, dass in dieser Gesprächssituation eine gute Stimmung herrscht. Und das, ohne bei diesem Gespräch live dabei zu sein oder zu sehen, wie die beiden Gesprächspartner gerade agieren, welche Mimik sie zeigen oder was ihre Körperhaltung ausdrückt. Die Art, wie der Journalist das Gespräch stilistisch bearbeitet, zeigt, welche Atmosphäre zwischen den Gesprächspartnern herrscht: locker und entspannt oder angespannt und misstrauisch. Denn die Emotionen aus einem Gespräch – auch wenn sie nicht sichtbar sind – spiegeln sich im geschriebenen Interview wider. Natürlich schreibt der Journalist, was Sie sagen, aber allein an der sprachlichen Bearbeitung finden sich stilistische Unterschiede. In den Nuancen der Überarbeitung des Interviews lässt sich zwischen den Zeilen abbilden, wie ein Interview *gefühlt* werden soll. Deswegen gilt es auch für Interviewsituationen, die für den Leser später nur schwarz auf weiß nachvollziehbar sind: Lassen Sie es emotional werden.

Das Umfeld

Doch wie erzeugen Sie nun gezielt Emotionen für die Tastatur, und was macht der Journalist dann daraus? Das Wichtigste in einem Printinterview ist eine gute, entspannte, freundliche Atmosphäre. Sorgen Sie dafür, dass der Journalist sich in Ihrer Gegenwart wohlfühlt. Ein Raum mit einer persönlichen Atmosphäre ist von Vorteil, ebenso die Gestaltung der Gesprächssituation – das sogenannte Setting. Vermeiden Sie es, dem Fragesteller frontal gegenüberzusitzen. Setzen Sie sich lieber leicht geöffnet und schräg zueinander. Das signalisiert Offenheit und eine große Gesprächs- und Informationsbereitschaft.

Gefühle zu zeigen, ist menschlich

Schildern Sie ab und zu persönliche Gefühle. Sie müssen dabei nicht Ihr ganzes Seelenleben auf den Tisch packen, aber die Beschreibung von Gefühlen sorgt für eine bestimmte Mimik in Ihrem Gesicht, schaffte also Resonanzpunkte für den Journalisten, der dann diese Mimik oder auch Gestik fragend oder kommentierend aufgreifen kann. Und diese persönlichen Gefühle lassen Sie menschlich werden. Ein Interviewpartner, der es schafft, ausgewählte Emotionen zu artikulieren, wird von der Antwortmaschine zum greifbaren Gesprächspartner – auch schwarz auf weiß.

Umgangssprache versus druckreifes Formulieren

Ein Printinterview muss nicht stocksteif und aalglatt ablaufen. Und Sie sollten sich nicht darauf konzentrieren, druckreif zu sprechen. Die sprachlichen Korrekturen übernimmt später der Journalist für Sie. Das Wissen darum hilft, das Gespräch lockerer anzugehen, mehr gesprochene Sprache zuzulassen und manches auch einfach umgangssprachlicher zu formulieren. Und genau diese Lockerheit wird der Leser später im gedruckten Interview wiederfinden. Natürlich sollten Sie fachlich und sachlich die richtigen Informationen liefern und auch sofern nötig einen Fachbegriff nennen. Aber scheuen Sie sich nicht, solche Fachbegriffe dann auch einfach zu erläutern.

Spontaneität

Lassen Sie spontane Gefühlsregungen zu. Natürlich sollten Sie keine Wutanfälle im Gespräch bekommen, nicht auf den Journalisten losgehen und auch keinen minutenlangen Lachanfall zulassen. Aber ein Schmunzeln oder ein herzhaftes Lachen, wenn Sie sich über etwas amüsieren, ist völlig in Ordnung. Sagen Sie klar, wenn Sie sich über etwas ärgern. Der Journalist spürt Ihre Gefühle sowieso, nur weiß er ohne klares Signal nicht genau, wie er dieses Bauchgefühl deuten soll. Das Risiko von Missverständnissen oder Fehlinterpretationen steigt. Je klarer Sie auch in Ihrer nonverbalen Kommunikation sind desto besser. Und keine Angst: Wenn Sie vorher vereinbart haben, dass Sie das Interview noch einmal gegenlesen dürfen, bevor es veröffentlich wird, dann haben Sie immer noch die Chance, mögliche emotionale Zwischentöne zu korrigieren. Mehr dazu erfahren Sie auch im *Kapitel 34 – Das hab ich so nicht gesagt!*.

TIPP

Wutausbruch »unter 3«

Wenn Sie merken, dass Ihnen im Gespräch doch der Kragen platzen könnte, dann stellen Sie einfach klar, dass die folgende Äußerung »unter drei« steht und damit nicht veröffentlicht werden darf. »Unter 3« ist eine Formulierung aus der Satzung der Bundespressekonferenz. Wie schon in *Kapitel 34 – Das habe ich so nicht gesagt* erwähnt, wird dort in § 16 eine Übereinkunft getroffen, die drei Codes unterscheidet:

- *Unter 1* – die Information darf bei direkter Nennung des Urhebers wörtlich wiedergegeben werden: Bundeskanzlerin Merkel sagte: »Angesichts der aktuellen Finanzkrise hat die Bundesregierung ...«

- *Unter 2* – die Information und das Umfeld der Quelle dürfen zwar wiedergegeben, aber nicht direkt zitiert werden: »Wie aus Kreisen der CDU zu erfahren war, hat die Bundesregierung angesichts der aktuellen Finanzkrise …«
- *Unter 3* – die Information darf nicht öffentlich verwertet werden. Der Journalist hat sie ausschließlich für seinen eigenen Hintergrund erhalten. Das Gesagte kann aber Anlass für weitere Recherchen sein oder in Artikel und Kommentare des Journalisten indirekt einfließen.

Bildsprache und Sprachbilder

Und schließlich ist das Zeichnen verbaler Bilder eine wunderbare Möglichkeit, Emotionen in die Tastatur des Journalisten zu zaubern. Bildhafte Vergleiche lassen in den Köpfen der Leser kleine Kinofilme ablaufen und sorgen dafür, dass wir beim Lesen des Interviews emotional eingebunden sind. Lesen Sie dazu auch *Kapitel 13 – Erzähl doch mal!*

Auch kleine Anekdoten fesseln uns als Leser und lassen den Interviewpartner zum interessanten Erzähler werden. Konkrete Beispiele zu abstrakten Sachverhalten rücken den Interviewpartner in ein bestimmtes Licht. Jemand, der im Interview an die Leser denkt, wirkt sympathischer als ein Interviewpartner, der sich in Fachchinesisch flüchtet. Wir fühlen uns als Leser dann besser mitgenommen, und der Interviewpartner sammelt Sympathiepunkte.

Gefühlvolles Feedback und emotionale Kritik

Auch aus Kritik behafteten Situationen lassen sich in einem Printinterview Emotionen generieren. Sei es durch Kritik am Journalisten oder eine energische Korrektur von falsch zitierten Fakten. Sie haben in einem Interview durchaus Platz und sorgen für geschriebene Stimmung. Wichtig ist dabei nur, dass Sie nicht persönlich werden, auf der inhaltlichen Ebene bleiben und die Regeln der professionellen Kommunikation beachten.

Papst Franziskus hat genau diese emotionalen Zwischentöne in ein Interview mit dem Zeit Chefredakteur Giovanni di Lorenzo »komponiert« und gezeigt, wie man das sprachliche Florett gegenüber dem Journalismus zückt und dabei zugleich viel Emotionalität in ein Printinterview packt.

BEISPIEL

Interview (Die Zeit, 17.3.2017)

1. Szene: Giovanni di Lorenzo fragt nach dem Bild mit dem seltsamen Namen »Maria Knotenlöserin«, das den Papst sehr inspiriert haben soll. Es hängt in einer Augsburger Kirche.

Franziskus: Nein, das stimmt nicht.
DIE ZEIT: Das stimmt nicht?
Franziskus: Ich war nie in Augsburg.
DIE ZEIT: Ich habe es in einer richtig guten Biografie über Sie gelesen!
Franziskus: Fast hätte ich gesagt: Typisch Journalisten! (lacht) Die Geschichte war so…

2. Szene: Giovanni di Lorenzo fragt nach Franziskus' wahrer Berufung, was er empfunden hat, kurz bevor er eigentlich heiraten wollte.

Franziskus: Aber nicht doch…!
DIE ZEIT: Als Sie siebzehn waren…
Franziskus: …aber ich war nicht dabei zu heiraten! (lacht)
DIE ZEIT: Zumindest hatten Sie eine Verlobte, ich habe das so gelesen.
Franziskus: Das stimmt, ich hatte eine Verlobte, aber Journalisten übertreiben – Verzeihung! (lacht)
DIE ZEIT: Deshalb überprüfe ich doch jetzt auch alles!
Franziskus: Das ist gut. Es wird immer viel erzählt, aber ich bin ein ganz normaler Mensch.

3. Szene: di Lorenzo fragt nach dem Diakonat der Frau, dass ein anderer hochrangiger Kirchenvertreter in einem Interview für möglich hält.

Franziskus: Ich will Ihnen sagen, wie es war, denn es gibt – bei allem Respekt – diesen Informationsfilter namens Journalisten. Die Sache war so: …

Interessant ist die Wortwahl, in der Papst Franziskus seine Kritik und die Richtigstellung vorbringt. Er navigiert haarscharf an einer Pauschalkritik »Typisch Journalisten!« entlang, relativiert seine Worte zusätzlich durch ein Lachen und nennt Journalisten schließlich »Informationsfilter«. Es liest sich so, als begleite ein Augenzwinkern die jeweilige Kritik. Wie »Maria Knotenlöserin« lockert er die kommunikativen Knoten. Souverän und ohne die Gesprächsatmosphäre zu belasten.

37 Kuschelig am Kamin

In diesem Kapitel erfahren Sie, welche Chancen und Risiken Hintergrundgespräche bieten.

Journalisten möchten und müssen auf dem Laufenden sein. Da zählt nicht nur, was Unternehmen, Politiker und Marketingstrategen offiziell sagen. Interessant ist auch zu erfahren, was sie planen, welche Themen sie aktuell umtreiben, wie sie Innovationen vorantreiben, Trends entwickeln oder auch welche (unternehmens-)politischen Ziele sie mittel- bis langfristig verfolgen. Dies sind alles Themen, die eigentlich nicht spruchreif sind. Kein Unternehmer, Marketingleiter oder Politiker möchte mit diesen Gedanken zitiert werden. Dennoch ist der Austausch mit Journalisten interessant und wichtig. Dies sind Gesprächsinhalte, die nicht unmittelbar für die Öffentlichkeit bestimmt sind.

In diesen sogenannten Hintergrundgesprächen oder auch Kamingesprächen wird oft unverblümt Klartext gesprochen. Beide Seiten können sich darauf verlassen, dass die Informationen, die ausgetauscht werden, den Raum nicht verlassen. Denn dies ist ein ungeschriebenes Gesetz: Inhalte eines Hintergrundgesprächs dürfen nicht verwendet werden. Die in Hintergrundgesprächen ausgetauschten Informationen haben im Grunde eine unbegrenzte Sperrfrist.

Für Journalisten ist dies einerseits schade, aber andererseits respektieren sie diesen »Deal«, weil sie so an Informationen gelangen, die es ihnen ermöglichen, Entwicklungen und Zusammenhänge besser einschätzen zu können. Sie haben einen Informationsvorsprung, den sie nicht unmittelbar nutzen können, der aber mittel- und langfristig beim Verstehen von Entscheidungen hilft. Somit haben diese Informationen einen nicht zu unterschätzenden Mehrwert.

Diese Gespräche »off the record« dienen nicht nur dem vertrauensvollen Miteinander, sondern auch der Meinungsbildung und dem Verständnis für übergeordnete Zusammenhänge. Denn die Wirtschaft und die Politik auf der einen Seite und die Presse auf der anderen hegen ein Verhältnis, das oft als Hass-Liebe bezeichnet wird. Der eine kann nicht mit, aber auch nicht ohne den anderen. Der Journalist sucht seine Story und die entsprechende Headlines, ist also von Informanten abhängig. Umgekehrt gilt aber auch: Wer sich als Politiker nicht auf die Presse einlässt, kann kaum an Popularität gewinnen und sich nicht via Medien profilieren.

Dies gilt für Politik und Wirtschaft gleichermaßen. Unternehmen profitieren von der Presse, haben aber auch immer gehörigen Respekt, weil sie fürchten, »schlechte Presse« zu bekommen. Die Journalisten wiederum fühlen sich nicht selten vor den Karren der Unternehmen gespannt, wenn immer wieder erwartet wird, imagefördernde Informationen zu veröffentlichen. Der Journalist möchte mit Informationen versorgt werden, aber immer die Freiheit haben, weitere Quellen zu nutzen, um der »Wahrheit« so nahe wie möglich zu kommen. So gibt es solche Kamingespräche auch zwischen Wirtschaftsjournalisten und Konzernen. Der Lobbyismus spielt hier eine zentrale Rolle. Sowohl im politischen als auch im journalistischen Umfeld versuchen Lobbyisten, die Interessen der Verbände und Institutionen, für die sie arbeiten, nachdrücklich zu vertreten und Einfluss auf die Meinungsbildung von Entscheidern (Politiker) und Multiplikatoren (Journalisten) zu nehmen – häufig eine unrühmliche Verquickung von Geld, Macht und Interessen.

38 Experte hoch 2

In diesem Kapitel erfahren Sie, was Sie über Fachjournalisten wissen sollten.

Egal ob Zeitschriftenverlag, Tageszeitungsredaktion, Fernsehanstalt oder Hörfunkanbieter – jeder hat sie: die sogenannten Fachjournalisten. Der Begriff Fachjournalist erzeugt bei den meisten das Bild eines Experten: der zu einem ganz speziellen Thema etwas berichten will, der genau weiß und versteht, wo bei diesem speziellen Thema die Herausforderungen, Chancen und Risiken liegen, der Unternehmen, Tätigkeiten oder Produkte genau kennt.

Und genau deswegen setzen Interviewpartner im Gespräch mit Fachjournalisten oft voraus, dass Sie bei ihren Erläuterungen nicht bei »Adam und Eva« anfangen müssen und dass »Fachbegriffe« aus dem eigenen Tätigkeitsumfeld dem Fachjournalisten selbstverständlich geläufig sind. Und dass komplexe Zusammenhänge im Detail nicht erläutert werden müssen. Denn im Hinterkopf schwingt mit: Der Fachjournalist könnte sich ja langweilen. Außerdem gehen Interviewpartner gern davon aus, dass sie im Gespräch mit Fachjournalisten eine möglichst typische »Fachsprache« benutzen müssen, um auf Augenhöhe zu kommunizieren und kompetent zu wirken. Oder sie verwenden die Fachsprache, weil sie davon ausgehen, dass der Fachjournalist diese selbstverständlich auch spricht.

Die Folge: Interviews mit Fachjournalisten strotzen vor aufgeblähten Ausdrucksweisen, Fachchinesisch, Abkürzungen und Imponiervokabeln. Und so mancher Interviewpartner staunt nicht schlecht, was da so »verstanden« wurde, wenn er das Interview später liest.

Fachjournalist – was man darunter versteht

Warum Sie ein solches Bild des Fachjournalisten korrigieren sollten und wie Sie erfolgreich mit Fachjournalisten kommunizieren, zeigt ein Blick auf die Definition des Begriffs »Fachjournalismus«.

DEFINITION

Fachjournalist

»Der Hauptunterschied zwischen Fach- und Allroundjournalisten besteht in der Weite des Berichterstattungsfeldes. Allrounder schreiben »über alles«, Fachjournalisten haben sich dagegen auf ein Ressort, ein Thema oder sogar auf einen Gegenstand spezialisiert.« (Deutscher Fachjournalistenverband)

Zu den »wichtigsten Fächern« des Fachjournalismus gehören u. a. »Justizberichterstattung, Kulturjournalismus, Medizinjournalismus, Motorjournalismus, Politikjournalismus, Reisejournalismus, Sportjournalismus…«.

Schon jetzt wird klar, ein Fachjournalist beschäftigt sich in seiner Funktion mit einem Themengebiet, nicht aber automatisch mit einem Detailaspekt dieses Themengebietes.

So ist ein Technikjournalist zwar grundsätzlich mit dem Thema Industrie 4.0 vertraut, weiß aber nicht zwingend, welche Auswirkungen das Thema auf die NC-gesteuerten Antriebe von Robotern hat.

Der Kommunikationswissenschaftler Siegfried Quandt beschreibt die Aufgabe des Fachjournalismus als Versuch, *»eine vernünftige mittlere Position einzunehmen: und zwar zwischen einem weitläufigen Allround-Journalismus, dem es an hinlänglichem Sachwissen mangelt, und einem engspurigen Wissenschaftsjournalismus, der Anhängsel einer akademischen Disziplin ist und sich mit weitergehenden Themen oder Publikumserwartungen schwertut.«*

Der Fachjournalist als Übersetzer

Was heißt das konkret? Ein Fachjournalist hat sich im Gegensatz zu einem Allround-Journalisten in einem Themengebiet so viel Hintergrundwissen angeeignet, dass er Detailaspekte dieses Themengebietes grundsätzlich verstehen kann. Er ist aber kein inhaltlicher Experte oder gar Wissenschaftler zu einem Detailaspekt. Ein Fachjournalist kann mit Hilfe seines Hintergrundwissens zu einem Fachgebiet Zusammenhänge nur schneller erkennen, verstehen und sie für den Zuschauer übersetzen.

Und das ist der springende Punkt: Ein Fachjournalist muss die Dinge nicht nur selbst verstehen, er muss sie vor allem seinem Publikum, seinen Lesern übersetzen. Und zwar so, dass die Leser – die sich noch viel weniger mit den Details eines Themengebietes auskennen, sofort verstehen, worum es geht. Sind diese Übersetzungen zu komplex, sind es zu viele Fachbegriffe oder ist die Erklärstruktur unklar, dann fehlt dem Leser ein wichtiges Detail, den Text zu verstehen, und die Folge wird sein: Er schaltet ab und wird den Artikel aus der Hand legen.

Gespräche mit Fachjournalisten führen

Was heißt das nun für die Gespräche mit Fachjournalisten? Welche Zutaten machen das Interview mit einem Fachjournalisten erfolgreich? Wir teilen den Interviewprozess in drei Phasen ein:

- Phase 1: Gesprächsvorbereitung
  - Recherchieren Sie, was der Fachjournalist zu diesem oder ähnlichen Themen bereits veröffentlicht hat und machen Sie sich ein Bild davon, wie er diese Themen aufbereitet hat.
  - Fragen Sie ggf. in einem persönlichen Vorgespräch, was der Fachjournalist zu einem Thema bereits an Wissen oder Erfahrungen hat.
- Phase 2: Interviewführung
  - Achten Sie im Gespräch auf eine einfache Ausdrucksweise. Sie hilft dem Fachjournalisten, das Thema schneller zu verstehen und es einfacher für seine Leser aufzubereiten.

- Verwenden Sie so wenige Fachbegriffe und Fremdworte wie möglich. Das macht es dem Journalisten leichter, Ihnen inhaltlich zu folgen.
- Falls Sie Fachbegriffe und Fremdwörter verwenden wollen oder müssen, sollten Sie diese gleich mit einer Erläuterung versehen. So nehmen Sie dem Fachjournalisten den Übersetzungsprozess ab und vermindern das Risiko einer falschen »Übersetzung«.
- Geben Sie zu komplexen, abstrakten Zusammenhängen immer ein Beispiel. Damit kann der Journalist den Zusammenhang für seine Leser in ein Bild verpacken. Und er muss nicht selbst nach einem Beispiel suchen, das dann häufig auch noch am Thema vorbeigeht.

- Phase 3: Gesprächsnachbereitung
  - Fragen Sie am Ende, ob Sie sich einigermaßen verständlich ausgedrückt haben. Diese Formulierung ist elegant und besser als zu fragen, ob der Journalist alles verstanden hat.
  - Bieten Sie am Gesprächsende an, ggf. an der einen oder anderen Stelle das Gesagte noch einmal mit einem zusätzlichen Beispiel zu erläutern. Das hilft dem Journalisten, sich Dinge noch einmal erklären zu lassen, ohne sich vorgeführt vorzukommen.
  - Bieten Sie an, für weitere fachliche Fragen zum Thema zur Verfügung zu stehen. Manchmal fallen Unklarheiten erst beim Schreiben des Artikels auf.

TIPP

Faktencheck
Bieten Sie dem Journalisten an, den Artikel gegenzulesen, um fachliche Fehlinformationen zu vermeiden. Hier geht es ausdrücklich um den reinen Faktencheck, nicht etwa darum, eigene Aussagen noch einmal komplett zu verändern. Das gemeinsame Interesse an einem fachlich richtigen Bericht sollte im Vordergrund stehen.

39 Auf die Stimm(ung)en kommt es an

In diesem Kapitel erfahren Sie, wie Sie Radio-Interviews spannend gestalten.

Radio ist im Vergleich zum Fernsehen ein sehr kuscheliges Medium. Es kommt kein Drei-Mann-Team, niemand verwandelt den Drehort in ein Chaos aus Kisten, Kabeln und verrückten Möbeln, niemand baut grelles Licht auf – und sagt zu allem Überfluss auch noch: »Stellen Sie sich vor, die Kamera ist gar nicht da!«

Nein, Radio ist mehr noch als früher eine One-Man-Show. Der Reporter bearbeitet nach dem Interview seinen Beitrag komplett selbst. Er wählt die passenden O-Töne aus, schneidet, textet, mischt Musik oder andere Töne darunter und geht erst mit einem fertigen Produkt in die redaktionelle Abnahme. Das heißt, ein Radio-Interview ist praktisch immer eine 1-zu-1-Situation. Die Tatsache, dass »nur« Ton aufgenommen wird, ist für viele Gesprächspartner beruhigend. Man sitzt sich bei einer Tasse Kaffee am Besprechungstisch gegenüber und tauscht sich aus. Aus der Hirnforschung wissen wir, dass ein Gespräch mit Heißgetränken die Atmosphäre sehr entspannt, die Gesprächspartner kompromissbereiter und zugewandter sein lässt. Somit ist das kleine Aufnahmegerät auf dem Tisch schnell vergessen.

Stopp! Risiko. Denn was passiert, wenn es zu behaglich wird? Sie kommen ins Plaudern, lassen sich womöglich inhaltlich vom Radio-Reporter führen, erzählen Dinge, die Sie eigentlich nicht sagen wollten. In einer Länge, die nicht sachdienlich ist. Denn – erster wichtiger Punkt – viel mehr als im Hintergrundgespräch kommt es beim Radio-Interview darauf an, dass Ihre Antworten kurz und kompakt sind. Bei den gängigen Formaten für Radio-Beiträge ist Ihr O-Ton nach 30 Sekunden zu Ende, egal, ob Sie da tatsächlich einen Punkt gemacht haben oder nicht. D.h. Sie tun gut daran, diese Länge oder besser Kürze tatsächlich anzupeilen. Wenn Sie am laufenden Band zu lange Antworten liefern, überlassen Sie dem Reporter die Auswahl über die Passagen, die ihm am besten ins Konzept passen. Häufig kommt dann hinterher der Vorwurf an »die Journalisten«: Die reißen ja alles aus dem Zusammenhang! Nun, vielleicht war der Zusammenhang ja einfach nicht erkennbar.

TIPP

Stehen hilft beim klaren Denken!

Bei Radio-Interviews – insbesondere, wenn sie über das Telefon geführt werden – sollten Sie stehen! Das kann an einem hohen Tisch sein, an einem Pult oder auch komplett frei. Stehen hilft beim klaren Denken. Ihr Gehirn bekommt über den Körper mehr Signale in Richtung Wachsamkeit und Dynamik als beim Sitzen. Die Antworten fallen so tendenziell kürzer aus. Und natürlich können Sie dabei auch weiter Kaffee trinken.

Radio ist das wichtigste »Nebenbei-Medium«

»Radio – geht ins Ohr, bleibt im Kopf« – mit diesem Slogan hat das Medium viele Jahre für sich selbst geworben. Im Kopf bleiben aber nur Botschaften, die radiogerecht aufbereitet sind. Es braucht in besonderem Maße kurze, klare Kernbotschaften. Es braucht Bilder, Beispiele und Vergleiche, um diese Kernbotschaften anschaulich zu machen. Es braucht im Gegenzug besonders wenig Zahlen, Abkürzungen, Fachbegriffe. Denn Radio ist das Nebenbei-Medium schlechthin: beim Autofahren, beim Kochen, im Wartebereich der Werkstatt, beim Friseur. Selten hat das Radio unsere ungeteilte Aufmerksamkeit. Und wenn, dann eher bei einem tollen Song.

Apropos Musik…

BEISPIELE

Auf die Frage »40 Jahre nach Woodstock – was hat Woodstock zum Mythos gemacht?« antwortet der Musikjournalist Frank Schäfer im NDR: »Konstitutiv für den Mythos Woodstock ist allein schon mal die quantitative Dimension des Ereignisses.«

Gemeint war vermutlich:

»500.000 Menschen trafen sich auf einer Kuhweide, um Musik zu hören. Das hatte es bis dahin noch nie gegeben!«

Verschenkt ist auch diese Aussage eines Bahnsprechers im RBB, wenn die Deutsche Bahn schon mal gute Nachrichten hat: »Durch den Ausbau der Strecke Berlin-Leipzig werden wir unseren Kunden eine Fahrzeitverkürzung von 20 Minuten anbieten können!«

Man könnte auch sagen: »Von Berlin nach Leipzig geht es jetzt 20 Minuten schneller!«

TIPP

Pillow Talk

Wenn Sie unsicher sind, wie »druckreif« Sie sprechen sollen oder wie viel Ihres Fachjargons Sie über Bord werfen dürfen, überlegen Sie einmal: Wie reden Sie, wenn Sie morgens um 7 Uhr aufwachen und mit Ihrem Partner sprechen? Sagen Sie: »Schatz, um einen Zugewinn an Geschwindigkeit zu erreichen, möchte ich bemerken, dass ein koffeinhaltiges Heißgetränk uns ganz beträchtlich helfen würde.«

Oder sagen Sie:

»Wir haben heute viel zu tun, Schatz. Lass uns aufstehen, ich mach' den Kaffee!«

Benutzen Sie »Ohrenöffner«

Ohrenöffner sind eine wichtige Zutat guter Kommunikation – vor allem im Radio.

Gemeint sind einige, wenige Vokabeln, manchmal auch Halbsätze, die das Interesse beim Zuhörer neu wecken. Neue Anreize für die Aufmerksamkeit. Beobachten Sie sich gern einmal selbst wie Sie reagieren auf:

- Das heißt, …
- Will sagen…
- Konkret heißt das, …
- Das können Sie sich so vorstellen…
- Soll heißen…

Wie ist eigentlich Ihre innere Haltung?

Die äußere Haltung haben wir schon angesprochen: Stehen ist am besten. Übrigens auch, weil dann der Atem freier fließen kann. Und bei den meisten Menschen hört man im Vergleich zum Sitzen die erhöhte Dynamik in der Stimme. Das tut der Botschaft gut.

Wie aber steht es um Ihre innere Haltung zum Thema? Können Sie Ihre Position kraftvoll und mit Engagement vertreten? Radiohörer können sich nur über den akustischen Eindruck ein komplettes Bild verschaffen: Klingt jemand träge oder unausgeschlafen, leiert er oder sie die Botschaften nur runter? Wirkt jemand lustlos, weil er oder sie die Argumente schon hundert Mal formuliert hat? Dann nützt auch die im Wortlaut beste, anschauliche und kurze Antwort nichts.

Für jede Kommunikationssituation braucht es eine starke, innere Haltung zum Thema und zu den eigenen Argumenten. Für das Radio-Interview aufgrund der Hörsituation in besonderem Maße.

Wenn die innere Überzeugung fehlt, bleibt nur wirkungslose Rhetorik. Wir raten Ihnen dringend, im Vorfeld von journalistischen Anfragen zu überprüfen, ob Sie eine klare Position zum Thema haben. Eine Position, die Sie stark und vielleicht sogar leidenschaftlich vertreten können.

Zusätzlich sollten Sie darauf achten, dass Ihre Sprechinstrumente gut gestimmt sind. Siehe dazu *Kapitel 25 – Gut gestimmt*. Bitte keine Telefon-Interviews morgens um 6 Uhr auf der Bettkante, wenn der Wecker gerade erst geklingelt hat. Denn für viele gilt: »Morgenstund' hat Schleim im Schlund« – und der muss zuerst raus.

AUDIO

Zu diesem Kapitel finden Sie ein Audiobeispiel im Online-Bereich. Folgen Sie einfach dem QR-Code am Anfang dieses Buches.

Friedrich Schorlemmer zur Flüchtlingsfrage

Wir schaffen das – oder etwa doch nicht? Die Flüchtlingskrise ist auf ihrem Höhepunkt, die Bundesrepublik macht ihre Grenzen u. a. zu Österreich wieder dicht. Der evangelische Theologe und frühere DDR-Bürgerrechtler Friedrich Schorlemmer nimmt dazu im Radiosender NDR-Info Stellung: Er zeigt sich erschreckt, besorgt, nachdenklich – und verkörpert stimmlich das Dilemma, in dem die Bundesrepublik zum damaligen Zeitpunkt steckt. Großes Radio!

Checkliste

Radio-Interview

Inhaltliche Vorbereitung

- ☐ Meine zwei bis drei Kernbotschaften sind klar und verständlich.
- ☐ Jede Botschaft enthält im Wesentlichen EINEN Gedankengang/EIN Argument.
- ☐ Meine Wortwahl und Sprache sind allgemein verständlich.
- ☐ Wichtige Zahlen habe ich auf ein Minimum reduziert.
- ☐ Eventuell nötige Fachbegriffe kann ich kurz übersetzen.
- ☐ Ich nutze *Beispiele/Vergleiche/Kino im Kopf,* um meine Kernbotschaft anschaulich zu machen. Das ist im Radio-Interview besonders wichtig.
- ☐ Ich habe Fragen – auch kritische – aus Sicht des Journalisten vorgedacht.
- ☐ Mir ist klar, wer in dem geplanten Bericht außer mir zu Wort kommt.

Formale Vorbereitung

- ☐ Es ist geklärt, wer mich zum Interview begleitet.
- ☐ Wir haben eine ruhige Location gefunden, die für den Ton geeignet ist (ohne Hall, Nebengeräusche, Lüftungsrausche etc.).
- ☐ Um meine Stimme bestmöglich zum Klingen zu bringen, bereite ich mich mit einigen Aufwärmübungen vor (siehe *Kapitel 25 – Gut gestimmt*).
- ☐ Vor der Aufzeichnung nutze ich eine Tonprobe, um meinen Namen, meine Funktion und das Thema kurz zu umreißen.

Während des Interviews

- ☐ Ich formuliere hörverständlich und verwende eine bildhafte Sprache.
- ☐ Fremdworte meide ich oder erkläre sie direkt.
- ☐ Zäsuren sind erwünscht und erleichtern das Verständnis.
- ☐ Ich beherrsche einige *»Fallschirme für schwierige Gespräche«*, um von abweichenden Fragen zum Thema und zu meiner Position zurückzusteuern.
- ☐ HIN-hören, statt ZU-hören: Ich entscheide, auf welches Stichwort in der Frage ich antworte bzw. zu welchem Stichwort ich mit Hilfe einer Brücke (Bridging) in meinen BotschaftenBaum® gelangen kann.
- ☐ Ich stehe zu diesen Kernbotschaften und kann sie mit *innerer Überzeugung* transportieren.
- ☐ Ich lasse mich auch durch fiese Fragen nicht aus der Ruhe bringen!

© Kathrin Adamski/Katrin Prüfig/Stefan Klager

CHECKLISTE – ONLINE

Die Checkliste Radio-Interview finden Sie auch im Online-Bereich. Folgen Sie einfach dem QR-Code am Anfang dieses Buches.

40 Lächeln in die Linse

In diesem Kapitel erfahren Sie, wie Sie in Videostatements punkten.

Egal ob Vorstand einer Bank oder Produktmanager in einem Software-Konzern: Ihr Typ ist gefragt. Die Medienwelt – und insbesondere die Online-Medien und sozialen Netzwerke – brauchen Menschen mit Botschaften. Manager, die sich zeigen und ihre Vision vom Unternehmen vertreten. Produktexperten, die neue Eigenschaften oder Anwendungen erklären können. Und so kommt es, dass immer mehr Videobotschaften Eingang finden in die Webseiten der Unternehmen und ins Internet allgemein. Das ist gut und sollte in ruhigen Zeiten ausprobiert und etabliert werden. Zum Beispiel könnte der Vorstandsvorsitzende oder ein anderes Mitglied des Vorstands einmal im Monat per Videostatement die Mitarbeiter ansprechen und informieren.

Und auch im Krisenfall können Videostatements nützlich sein, aber nur, wenn man damit bereits Erfahrung hat oder den virtuellen Kameradialog geübt hat. Im Krisenfall Videostatements zu üben, kann böse ausgehen.

BEISPIEL

VW-Manager Martin Winterkorn galt ohnehin als medienscheu und war in der Öffentlichkeit kein guter und einnehmender Kommunikator. Als die Dieselaffäre aufflog, wandte er sich mit einer Videobotschaft an die Öffentlichkeit. Er bat um Entschuldigung, versprach schonungslose Aufklärung und so weiter. Der Text, den er vom Teleprompter ablas, war richtig gut. Da stimmte jedes Wort. Nur: Winterkorn stand steif und starr vor der Kamera, seine Mimik eingefroren, seine Augen wie leblos. Er las brav und fehlerfrei einen Text ab, nur die Botschaft kam nicht rüber. Er hätte es besser gelassen. Denn seine Botschaft stand nur auf dem Teleprompter, sie kam nicht aus Winterkorns eigener, innerer Haltung. Im Ergebnis ist das Teflon-Kommunikation, die einfach am Zuschauer abperlt.

Für gute Videostatements gilt dasselbe wie für gute Schaltgespräche: Halten Sie 100 Prozent Blickkontakt zur Kamera. Sprechen Sie zu dem Publikum hinter der Linse. Sie können nur dann überzeugen, wenn Sie in einen echten Dialog eintreten, Ihre Mimik und Ihre Gestik einsetzen und Ihren Botschaften auch stimmlich Nachdruck verleihen. Sie sollten fühlen, was Sie sagen. Oder frei nach Goethe: »Wenn Du es nicht fühlst, Du kannst es nicht erjagen.«

Stehen Sie stabil. Für manche heißt das: am besten hüftbreit, mit beiden Beinen fest auf dem Boden, dabei in den Knien etwas flexibel, also kein starrer Stand. Wer stark unter Spannung steht, kommt dabei allerdings in Versuchung, auf dem Fußballen zu wippen oder hin und her zu schwanken. Die weniger spannungsreiche Alternative ist ein Standbein und ein Spielbein. Wobei Sie bitte in der Hüfte stabil und aufrecht bleiben und nicht einknicken. Im Stehen entfalten Sie Ihre volle Präsenz, der Körper hat mehr Spannung, der Atem fließt leichter. Das Signal ist: Dynamik. Videobotschaften im Sitzen sind in ihrer gesamten Wirkung dagegen schwächer.

In der Kürze liegt die Kraft

Das Videostatement sollte kompakt und mit wenigen Kernbotschaften leicht verständlich sein. Gerade wenn es als regelmäßiges Instrument der Kommunikation eingesetzt wird, darf es kurz sein: 90 Sekunden – viel mehr braucht es oft nicht.

Wenn es darum geht, ein Produkt vorzuführen, darf es natürlich länger sein. Aber auch dann sollten Sie sich beschränken und die wichtigsten Neuerungen hervorheben – und eben nicht das Benutzerhandbuch vorlesen.

Wichtig ist, dass Sie Ihre Aussagen mit den »Zutaten guter Kommunikation« anreichern, also mit Beispielen, mit Vergleichen, mit dem, was Sie selbst schon erlebt haben, Ich- oder Wir-Botschaften. Lassen Sie alles weg, was verwirrt: Abkürzungen, Fremdwörter, Fachchinesisch, Zahlensalat.

TIPP

So können Sie üben!

Ein Videostatement können Sie üben. Daheim oder an einem ruhigen Ort. Nehmen Sie es ruhig mit dem Handy auf, dann sehen Sie, was Ihnen gut gelingt und was noch nicht. Vor einem Spiegel funktioniert das Üben eher schlecht: Das Spiegelbild lenkt uns zu sehr von dem ab, was wir sagen wollen. Und unser Gehirn kann nicht gleichzeitig Argumente vortragen und das Ganze auf der Bildebene analysieren.

41 Fragen über Fragen

In diesem Kapitel erfahren Sie, wie Sie die Königsdisziplin »TV-Interview« meistern.

Sie waren frühzeitig am Drehort, konnten noch letzte Fragen klären, etwas stilles Wasser trinken. Die Tonprobe haben Sie absolviert, die Kamera ist auf Augenhöhe. Sie stehen leicht hüftbreit und stabil. Inhaltlich und mit Blick auf Ihre Kernbotschaften sind Sie gut vorbereitet. Es kann also losgehen, das TV-Interview.

Übrigens ist das auch für den Journalisten ein spannender Moment. Denn in so einem Interview kann viel passieren: Der Gesprächspartner kann mauern, andere Positionen als bisher beziehen, schwafeln, auf Konfrontation gehen, sich in Fachchinesisch flüchten, das Interview abbrechen... Der Interviewer selbst kann sich inhaltlich verheddern, wichtige Informationen überhören, nicht nachfragen. Also – auch für die »Gegenseite« ist ein Interview anspruchsvoll. Erst recht, wenn es live geführt wird.

Halten Sie den Blickkontakt!

Egal, ob live oder aufgezeichnet – jetzt kommt es formal vor allem auf eins an: Dass Sie den Blickkontakt zum Interviewer möglichst zu 100 Prozent halten. 100 Prozent – das fühlt sich zunächst an, als würden Sie Ihr Gegenüber anstarren. Im normalen Leben schauen wir niemanden während eines Gesprächs die ganze Zeit an, das wäre befremdlich, wirkt manchmal sogar aggressiv. In dieser Situation vor der Fernsehkamera aber ist es für Ihre Wirkung sehr wichtig.

Bleiben Sie auch dann konzentriert mit dem Blick bei Ihrem Gegenüber, wenn er oder sie auf den Fragenkatalog schaut oder durch andere Dinge von Ihnen abgelenkt ist. Denn: Sie – und meist nur Sie – sind im Bild. Die Kamera zeigt jedes Abschweifen Ihres Blickes nach links, rechts, oben oder unten. Sie wirkt wie ein Brennglas. In der Wirkung wird dieses Abschweifen des Blicks assoziiert mit Unsicherheit, Nervosität, Unbehagen, mitunter sogar mit Unwahrheit.

Kopf schief? Macht nichts.

Manche Gesprächspartner neigen dazu, ihren Kopf etwas seitlich zu kippen, entweder in Erwartung der Frage oder auch bei den Antworten. In unseren Trainings werden wir häufig danach gefragt, wie das wirkt und ob man sich das nicht besser abgewöhnt.

Weil die Frage so häufig kommt, haben wir sie in eine Wirkungsstudie integrieren lassen, die die Hochschule Offenburg 2016 in Zusammenarbeit mit dem Bundesverband der

Medientrainer in Deutschland (BMTD e. V.) durchgeführt hat. Diese Studie ist zwar von der Zahl der Probanden her nicht repräsentativ, gibt aber erste Hinweise auf die Wirkung von Verhalten vor der Kamera. Und siehe da: Ob Kopf hoch oder Kopf schief macht keinen Unterschied in der Wirkung. Weder wirkt die Person durch den schiefen Kopf ängstlich oder optisch kleiner. Noch wirkt es sich negativ auf die Überzeugungskraft ihrer Aussagen aus. Machen Sie sich also »keinen Kopf« um den schiefen Kopf.

Umgang mit Überraschungsfragen

Im *Kapitel 2 – Der Journalist – das unbekannte Wesen* haben wir schon erläutert, warum im Medienkontakt und insbesondere im Interview häufig kritische, mitunter auch »fiese« Fragen gestellt werden. Wir haben Ihnen zu möglichst großer, sportlicher Gelassenheit im Umgang mit dieser Situation geraten. Denn der Journalist füllt lediglich seine Rolle aus – und provokante Fragen sind eben genau das: Rollenverhalten. Wenn Sie damit souverän und sympathisch umgehen, bei Bedarf einen Fallschirm für schwierige Gespräche ziehen und ansonsten Ihre Kernbotschaften ansteuern und platzieren – dann klingt das nach einem sehr guten Interview.

Manche Interviewer geben sich mehr Mühe als andere. Sie kommen gleich am Anfang mit einer unerwarteten, manchmal persönlichen Frage. Der große US-Talkmaster Larry King zum Beispiel hatte einst US-Präsident Roland Reagan zu Gast. Auf Reagan war 1981 ein Attentat verübt worden. Kings erste Frage: How does it feel to be shot at? Wie fühlt es sich an, wenn auf einen geschossen wird? Reagan hatte mit einer politischen Frage gerechnet und brauchte einen Moment, um sich zu sammeln und zu antworten.

Als die CSU sich bis Anfang 2017 zierte, Angela Merkel als Kanzlerkandidatin zu unterstützen, wurde Horst Seehofer in einem Interview anstelle einer Begrüßung direkt gefragt: »Was ist falsch an Angela Merkel?« Peng. Eine Frage wie ein Schuss. Die Aufmerksamkeit des Publikums ist Ihnen mit solchen Einstiegsfragen sicher. Und genau wie das Publikum einen Moment braucht, um das Tückische solcher Fragen zu verdauen, dürfen Sie sich eine Schrecksekunde gönnen, bevor Sie antworten.

Wenn Sie noch mehr Zeit brauchen, um wieder in die Spur zu kommen, können Sie durchaus einmal (und bitte wirklich nur einmal) im Interview gezielt auf Zeit spielen. Das geht mit Formulierungen wie »eine interessante Frage, die Sie da stellen…« Das kann die Rampe in eine spontane Antwort sein – oder die Rampe in einen Fallschirm, den Sie ziehen, um zu Ihren Kernbotschaften zurückzukommen.

Aufgezeichnete versus Live-Interviews

Ein aufgezeichnetes Interview, noch dazu in Ihrem vertrauten Umfeld – das ist für viele Gesprächspartner auf den ersten Blick deutlich entspannter als ein Live-Auftritt. Und in der Tat haben Sie bei aufgezeichneten Interviews mehr Möglichkeiten, sie mitzugestalten. Wenn Sie mit einer Antwort sehr unzufrieden sind, können Sie zum Beispiel den Interviewer bitten, die Frage noch einmal zu stellen. Nutzen Sie diese Möglichkeit, aber nutzen Sie sie gut dosiert. Nur weil sich zwei »Ähs« in eine Antwort geschlichen haben, muss sie nicht zwangsläufig wiederholt werden.

Häufig kommt der Vorschlag, eine Frage zu wiederholen, auch vom Journalisten, u. a. wenn die Antwort zu lang geraten ist oder zu viele Aspekte enthält. Und das macht es mitunter anstrengend: Zwar braucht der Journalist nur ein 30-Sekunden-Statement von Ihnen. Doch er fragt und fragt und fragt, schnell sind 30 Minuten Material aufgezeichnet. Das kostet Nerven und Konzentration.

TIPP

Irritationen ansprechen

Wenn Sie das Gefühl haben, sie kreisen einfach ziellos durch ein Frage-Antwort-Spiel, können Sie das gezielt ansprechen. Sie dürfen fragen, was der Journalist genau von Ihnen will – und warum er mit dem bisher aufgezeichneten Material nicht zufrieden ist. Möglicherweise spekuliert er auf eine Aussage, die Sie gar nicht treffen können. Dann wäre es sinnvoller, das Interview zu beenden.

Bei Aufzeichnungen haben Sie bis zuletzt die Möglichkeit, das gesamte Interview zurückzuziehen. Zum Beispiel wenn das Gespräch in eine komplett andere Richtung driftet als geplant. Wenn es zu konfrontativ oder aggressiv wird. Dann können Sie als Gesprächspartner direkt am Drehort entscheiden: Nein, dieses Interview gebe ich nicht frei. Denn solange das Kamerateam oder der Radioreporter da sind, ist Ihr Recht am eigenen Bild und Recht am eigenen Wort das höhere Rechtsgut. Ist der Reporter aus dem Haus, das Team zurück im Sender, hat der Schnitt vielleicht bereits begonnen, dann gilt es in erster Linie, die Pressefreiheit zu schützen. Und dann können Sie eine Verwendung Ihres Interviews vermutlich nur noch mit juristischen Schritten verhindern.

Live-Interviews führen bei vielen Interviewpartnern zunächst zu höherer Anspannung. In den geplanten drei oder fünf oder zehn Minuten soll es bestmöglich klappen. Korrekturen sind praktisch nur möglich, wenn es sich z. B. um ein Missverständnis im laufenden Gespräch handelt, das schnell aufgeklärt werden kann. Andererseits ist »live« auch schneller vorbei. Es wird nicht an Halbsätzen herumgedoktert oder wegen weniger Sekunden »Überlänge« eine Frage zum fünften Mal gestellt. Medienerfahrene Gesprächspartner empfinden Live-Interviews daher häufig als angenehmer.

Ein Hinweis für alle Situationen mit Mikrofon und Kamera, egal ob live oder aufgezeichnet: Sie wissen niemals sicher, ob das Aufnahmegerät läuft oder nicht. Das heißt, sowohl im Smalltalk vorweg als auch nach dem Interview bleiben Sie konzentriert! Lassen Sie sich nicht von der eigenen Erleichterung oder von einem schlauen Journalisten in Versuchung führen, der Ihnen nach dem »offiziellen« Teil noch etwas entlocken will. Bleiben Sie konsequent bei der im Interview eingenommenen Position.

Checkliste

TV-Interview

Inhaltliche Vorbereitung

- ☐ Meine zwei bis drei Kernbotschaften sind klar und verständlich.
- ☐ Jede Botschaft enthält im Wesentlichen EINEN Gedankengang/EIN Argument.
- ☐ Eventuell nötige Fachbegriffe kann ich kurz übersetzen.
- ☐ Meine Wortwahl und Sprache sind allgemein verständlich.
- ☐ Wichtige Zahlen habe ich auf ein Minimum reduziert.
- ☐ Ich nutze *Beispiele/Vergleiche/Kino im Kopf*, um meine Kernbotschaft anschaulich zu machen.
- ☐ Ich habe Fragen – auch kritische – aus Sicht des Journalisten durchdacht.
- ☐ Mir ist klar, wer in dem geplanten Bericht außer mir zu Wort kommt.

Formale Vorbereitung

- ☐ Es ist geklärt, wer mich zum Interview begleitet.
- ☐ Wir haben eine Location ausgewählt und getestet.
- ☐ Das Setting ist geklärt: stehen/sitzen, wie viele Kameras, Länge etc.
- ☐ Mein Outfit ist in Ordnung und kamerageeignet (nicht gemustert, nicht schwarz).
- ☐ Ich trage wenig oder gar keinen Schmuck, kein Namensschild etc.
- ☐ Vor der Aufzeichnung checke ich den Sitz von Krawatte, Kragen, Kette, Haaren etc.
- ☐ Vor der Aufzeichnung nutze ich eine Tonprobe, um meinen Namen, meine Funktion und das Thema kurz zu umreißen.

Während des Interviews

- ☐ Ich formuliere hörverständlich und verwende eine bildhafte Sprache.
- ☐ Fremdworte meide ich oder erkläre sie direkt.
- ☐ Zäsuren sind erwünscht und erleichtern das Verständnis.
- ☐ Ich beherrsche einige *»Fallschirme für schwierige Gespräche«*, um von abweichenden Fragen zum Thema und zu meiner Position zurückzusteuern.
- ☐ HIN-hören, statt ZU-hören: Ich entscheide, auf welches Stichwort in der Frage ich antworte bzw. zu welchem Stichwort ich mit Hilfe einer Brücke (Bridging) in meinen BotschaftenBaum® gelangen kann.
- ☐ Ich stehe zu diesen Kernbotschaften und kann sie mit *innerer Überzeugung* transportieren.
- ☐ Ich lasse mich auch durch fiese Fragen nicht aus der Ruhe bringen!
- ☐ Ich denke an 100 % Blickkontakt zum Interviewer!
- ☐ Mein Stand vor der Kamera ist hüftbreit, ruhig und stabil.
- ☐ Ich darf im Rahmen meines Temperaments gestikulieren, allerdings nicht vor dem Kopf.

© Kathrin Adamski/Katrin Prüfig/Stefan Klager

CHECKLISTE – ONLINE

Die Checkliste TV-Interview finden Sie auch im Online-Bereich. Folgen Sie einfach dem QR-Code am Anfang dieses Buches.

42 Gute Technik, böse Technik

In diesem Kapitel erfahren Sie, wie Sie bei Dreharbeiten mitgestalten können.

Viele Teilnehmer in unseren Trainings fühlen sich bei einem Interview per Telefon durchaus noch in Ihrer persönlichen Komfortzone und behalten auch bei einem Radio-Interview die Nerven. Das große Flattern kommt, so beschreiben es einige, sobald eine Kamera im Spiel ist. Die entlarvt wie ein Brennglas jede übertriebene Geste, jede entglittene Mimik und andere körpersprachliche Signale, die wir nicht bewusst steuern und lieber gar nicht sehen wollen. Viele Interviewpartner fühlen sich der Situation vor der Kamera ausgeliefert und kennen kaum ihre Möglichkeiten, diese Situation aktiv mitzugestalten.

Das Mitgestalten fängt schon bei der Begrüßung des Teams an. Erfahrene Interviewpartner, Politiker sowie Experten und Unternehmenslenker haben meist wenig Zeit und kommen erst dann zum Drehort, wenn die Kamera aufgebaut ist, das Licht steht, der Ton schon getestet ist. Da reicht es gerade noch für ein Handshake mit dem Kameramann, dann muss es schnell losgehen. Das heißt, sie »springen« förmlich in die Situation, stellen sich den Fragen, und müssen dann schnell wieder weiter. Selbst von diesen Gesprächspartnern hören wir manchmal, dass sie sich in der Situation nicht wohl fühlen und einfach nach dem Prinzip verfahren »Augen zu und durch«.

TIPP

Der frühe Vogel

Kommen Sie frühzeitig zum Drehort. Begrüßen Sie das Kamerateam genauso, wie Sie den Reporter begrüßen. Interessieren Sie sich für deren Arbeit. Das Team kann sich nämlich wirklich Mühe geben und Sie gut aussehen lassen, zusätzliches Licht setzen und so weiter. Wenn Sie früh genug da sind, können Sie zudem mit dem gesamten Umfeld warm werden. Und es ist auch noch Zeit, ein paar wichtige Fragen zu stellen.

Wie stehe oder sitze ich? Was ist im Hintergrund zu sehen? Sitzt mein Kragen? Ist die Kette in Ordnung oder gibt es Lichtreflexe? Wohin schaue ich eigentlich? Was mache ich mit meinen Armen? Kann ich Zettel in der Hand halten? Wer noch nicht häufig vor der Kamera gestanden hat, könnte auf diese Fragen kommen. Und es ist absolut legitim, sie auch zu stellen. Gehen Sie in einen Dialog mit dem Kamerateam und probieren Sie Dinge einfach aus: Jackett offen oder geschlossen, Hände aktiv oder weniger aktiv. Und die richtige Sitzposition will auch zunächst gefunden werden.

TIPP

Mit dem Zuschauer auf Augenhöhe
Achten Sie auch auf die Höhe der Kamera. Kommt sie zu sehr von unten, wirken Sie als Befragter »von oben herab«, sind also mit dem Publikum nicht auf Augenhöhe. Diese Perspektive nennt sich auch Froschperspektive. Das Gegenteil gibt es auch: Kommt die Kamera zu sehr von oben, wirken Sie kleiner und Ihre Botschaften haben weniger Gewicht. Dann sind Sie der Vogelperspektive ausgeliefert. Die richtige Position ist: Kamera mit Ihnen auf Augenhöhe!

Grundsätzlich raten wir dazu, Interviews im Stehen zu führen. Das wirkt dynamischer und präsenter. Und das Gehirn kann im Stehen klarer denken. Interessanterweise fallen Antworten im Stehen auch häufig kürzer aus als im Sitzen.

Etwas kompliziert wird es im Stehen allerdings, wenn der Journalist oder die Journalistin deutlich größer oder kleiner ist als Sie. Dann ist zwar die Kamera auf Augenhöhe, aber Sie schauen möglicherweise doch auf Ihr Gegenüber herab – oder noch schlimmer, zu Ihrem Gegenüber hinauf. Sprechen Sie auch das an! Deutliche Größenunterschiede müssen ausgeglichen werden. Entweder durch ein kleines Podest oder eine flache Kiste (früher gab es für diesen Zweck noch Telefonbücher) oder dadurch, dass Sie das Interview doch im Sitzen führen. Das Gleiche gilt, falls Sie tatsächlich nicht ruhig stehen können, also unruhig wirken. Dann ist Sitzen souveräner und tut Ihnen im Zweifelsfall sogar gut.

Noch ein paar Worte zum Hintergrund: Vermeiden Sie Interviews vor einer weißen Wand, womöglich noch mit Raufaser-Tapete. Achten Sie darauf, dass hinter Ihnen keine Uhr fünf vor zwölf zeigt, oder noch schlimmer: fünf nach zwölf. Auch Notausgangs-Schilder oder Feuerlöscher im Hintergrund sprechen »lauter« als Ihnen lieb sein wird. Auffällige Kunstwerke im Hintergrund sind zwar Hingucker, lenken aber von Ihrer Botschaft ab.

TIPP

Schokoladenseite finden
Falls Sie Ihre »Schokoladenseite« kennen, können Sie darum bitten, mit dieser Seite zur Kamera positioniert zu werden. Ist es die rechte Seite, würde der Interviewer aus Ihrer Perspektive leicht links von Ihnen stehen. Ist es die linke Seite, steht der Interviewer aus Ihrer Perspektive leicht rechts. Auch in diesem Punkt geht es darum, dass Sie sich in dieser Interviewsituation möglichst wohl fühlen!

Was tun mit meinen Händen?

Eine häufig gestellte Frage – zu Recht. Auf jeden Fall sollten Sie die Hände vor dem Körper haben, etwa auf Höhe des Gürtels. Alle anderen Positionen beeinflussen auch die Stellung der Schulter und wirken komisch, selbst wenn die Hände gar nicht im Bild sind. Hände in den Hosentaschen sehen bei manchen lässig aus, bei anderen arrogant. Auf jeden Fall verändert es die Position der Schultern, die im Bild sind, auch wenn die Hände nicht zu sehen sind. Insofern bitte: Hände raus!

Wenn Sie gern gestikulieren und Ihre Worte unterstreichen, sollten Sie dies durchaus auch im Interview tun. Nur: Sprechen Sie es bitte vorher mit dem Kamerateam ab. Der Kameramann kann dann entscheiden, wie er damit umgeht, welche Einstellungsgröße er wählt etc. Unschön wäre es, wenn Ihre Hände im Gespräch erst gar nicht zu sehen sind und dann mehrfach wie aus dem Nichts durchs Bild fliegen. Das ist aber nicht Ihr Problem, sondern darum kümmert sich das Team.

Tonprobe sinnvoll nutzen

Kurz bevor es losgeht, wird der Ton-Techniker Sie bitten, »doch mal kurz anzusprechen«, die Tonprobe. Manche Techniker verbinden das mit einer harmlosen Frage, wie z. B. »Was haben Sie heute Morgen gefrühstückt?« oder »Welchen Kinofilm haben Sie zuletzt gesehen?«. Diese Fragen sind Quatsch und leider nicht zielführend.

Die Tonprobe ist ein wichtiger Moment, um Ihre Stimme im bevorstehenden Interview bestmöglich auszupegeln und aufzuzeichnen. Es gibt auf dieser Welt wenige Menschen, die mit gleicher Intensität und Tonlage über ihr Frühstück *und* z. B. den Personalabbau in ihrem Unternehmen sprechen. Deshalb: Nutzen Sie diese Sekunden bestmöglich. Eine gute Tonprobe kann viele Zwecke erfüllen. Den Toningenieur glücklich machen, den eigenen Namen verankern, die Konzentration aufs Thema lenken und sogar eine atmosphärische Brücke zum Gegenüber schlagen. Deshalb raten wir zu folgendem Vorgehen:

TIPP

So nutzen Sie die Tonprobe am besten

Nennen Sie Ihren Namen und Ihre Funktion im Unternehmen, in Ihrer Behörde oder Ihrem Verband. Greifen Sie kurz das Gesprächsthema auf. Und schließen Sie mit etwas Positivem: »Ich bin gespannt auf Ihre Fragen!« oder »Ich freue mich auf das Gespräch«.

In diesen 10 oder 15 Sekunden bekommt der Ton-Techniker einen guten Eindruck von Ihrer Stimmlage, Modulation und dem Stimmdruck, also der Intensität, mit der Sie sprechen. Im besten Fall kann er sie sogar »gesund pegeln«, wenn Sie z. B. einen Schnupfen haben und Ihre Stimme dadurch sehr nasal klingt. Wenn er seinen Job ernst nimmt, wird er das ausgleichen. Insbesondere der positive Abschluss Ihrer Tonprobe wirkt wie eine Art Selbstmotivation. Sie starten stärker und entspannter ins Interview, wenn Sie so vorgehen.

43 Jetzt rede ich!

In diesem Kapitel erfahren Sie, wie Sie professionell mit Unterbrechungen umgehen.

Ein gutes Volontariat, eine gute Journalistenausbildung, umfasst immer auch einen ausführlichen Teil zum Thema Interviewführung. Was lernt man da? Unter anderem die gezielte Steuerung eines Gesprächs durch Unterbrechen: wenn der Gesprächspartner zu lang oder ausweichend antwortet, schwafelt, Fach- oder Fremdwörter benutzt oder Zahlensalat produziert. Neben dem WANN wird häufig auch vermittelt, WIE man als Journalist sein Gegenüber unterbricht: Signale über Mimik und Körpersprache senden, Mund öffnen, Hand gezielt als Stopp-Signal einsetzen, in Sprechpausen mit kurzen Fragen reingrätschen, das Gegenüber leicht berühren. Das heißt, die Technik des Unterbrechens gehört zur journalistischen Rolle und zum guten Handwerk. Wie übrigens auch die Technik, jemanden zum Reden zu bringen, der einsilbig und wortkarg ist.

Aber wo ist die Grenze? In fast jeder Talkshow kommen wir an den Punkt, an dem einer der Gäste entnervt ruft: »Jetzt lassen Sie mich doch mal ausreden!« Als Gesprächspartner haben Sie selbst das beste Gefühl dafür, wann es ein »strukturierendes« Unterbrechen ist – und somit berechtigt, wie in den oben beschriebenen Fällen. Und wann es zum Machtspiel wird. Anders gesagt: Es ist völlig in Ordnung, wenn der Journalist Sie z. B. in einem 5-Minuten-Interview zwei oder drei Mal unterbricht, weil Sie z. B. Fachwörter oder Abkürzungen verwendet haben, die dem Publikum vermutlich nicht geläufig sind. Oder wenn Ihre Antworten einfach von der Länge her aus dem Ruder laufen.

Überprüfen Sie sich da kritisch! Wenn Sie aber häufiger unterbrochen werden, wenn es gefühlt nur darum geht, Sie aus dem Konzept und aus der Ruhe zu bringen, dann dürfen Sie gegenhalten.

Dafür gibt es mehrere Eskalationsschritte: Zunächst kommen Sie nach einer Unterbrechung einfach wieder auf Ihren letzten Gedanken zurück, ohne es ausdrücklich zu kommentieren. Das ist souverän, Sie gestalten das Gespräch weiter mit. Der nächste Eskalationsschritt geht dann schon auf die kommunikative Meta-Ebene. Sie könnten zum Beispiel sagen: »Auf den Punkt komme ich gleich zu sprechen. Lassen Sie mich noch den Gedanken von eben zu Ende führen…« Auch das ist ein starkes Signal an den Interviewer: Mit mir nicht! Grundsätzlich ist es gut, den Namen des Interviewers parat zu haben, um ihn auch damit in die Schranken zu weisen: »Herr Müller, ich verstehe Ihr Interesse an dem Thema. Lassen Sie mich trotzdem zunächst erläutern…«

Im nächsten Eskalationsschritt geht es um Durchhaltevermögen: Sprechen Sie einfach über die Unterbrechung hinweg. Bringen Sie Ihren Gedanken zu Ende, ignorieren Sie also die Unterbrechung nach Möglichkeit. Das führt in der Praxis dazu, dass Interviewer und Gesprächspartner eine Weile parallel sprechen. Auch das hören wir in Talkshows oft. Motto: Wer zuerst schweigt, hat verloren. In weiteren Eskalationsschritten dürfen natürlich auch Sie den Arm ausfahren und Ihr Gegenüber mit dieser Geste zum Schweigen bringen.

Wenn Ihr Interview irgendwann einem Boxkampf ähnlicher ist als einem Meinungsaustausch, dann können Sie es auch abbrechen. Klären Sie, was los ist. Machen Sie Vorschläge, wie das Gespräch fortgesetzt werden könnte. Fragen Sie auch gezielt nach, warum der Journalist so agiert. Möglicherweise können Sie auf dieser Meta-Ebene einige Hürden für ein gutes Gespräch aus dem Weg räumen. Gelingt das nicht, brechen Sie das Interview final ab und ziehen den schon aufgezeichneten Teil zurück.

44 Wer das Wort hat

In diesem Kapitel erfahren Sie, wie Sie Kommunikationschancen in Talkformaten nutzen.

»Wenn 45, 60 oder gar 90 Minuten lang eine überschaubare Menge an Menschen vor laufenden Kameras versucht, als erstes das letzte Wort zu haben, ohne dass der Zuschauer am Ende schlauer ist als zuvor, dann ist im Fernsehen Talkshowzeit.«

Diese provokante Beschreibung eines typischen Fernsehformates mag viele abschrecken, sich überhaupt mit dem Thema Talkshow auseinanderzusetzen. Doch vor allem in den öffentlich-rechtlichen TV-Programmen hat sich das Talkshow-Format mittlerweile als fester Bestandteil der Fernsehkultur etabliert. Und wer in eine Talkshow eingeladen wird, hat die Chance, sich und seine Botschaften einem Millionenpublikum zu präsentieren. Und auch, wenn viele die abendlichen Endlosdiskussionen ohne Ergebnis nicht mehr sehen können: Was in Talkshows diskutiert wird, wird zum Thema. Es wird kommentiert, kritisiert und zu neuen Themen weiterentwickelt, denn worüber im Fernsehen gestritten wird, darüber berichtet die schreibende Zunft, twittern die Betroffenen und posten Dritte in den sozialen Medien.

Und manch ein Firmenchef, Politiker oder Experte wäre niemals so bekannt, würde er oder sie nicht regelmäßig durch die Talkrunden der öffentlich-rechtlichen Sender tingeln. Doch allein die Einladung in eine Talkshow hilft noch nicht, die Kommunikationschancen zu nutzen, die solch ein Auftritt bietet. Nur wer weiß, wie die Spielregeln lauten und wie man sich als Talk-Gast gezielt vorbereitet, schafft es, seine Teilnahme an einer Talkshow für eine persönliche Präsentationsplattform zu nutzen.

Pro oder contra

Eine Einladung in eine Talkshow sollten Sie auf jeden Fall immer kritisch hinterfragen und Chancen, aber auch Risiken gegeneinander abwägen. Grundsätzlich gilt: Wenn Sie noch nie einen Mediendialog hinter sich haben, dann ist es nicht ratsam, sich als Pilotprojekt in eine Diskussionsrunde zu setzen, die live ausgestrahlt wird. Talk- oder Diskussionsrunden brauchen eine gute Portion Erfahrung, um darin zu bestehen und sich gegenüber den erfahrenen »Talkshow-Hoppern« zu positionieren. Außerdem gehört dazu, dass Sie es gewohnt sind, spontan zu agieren und zu reagieren, denn eine Talkshow lässt sich nur bedingt »vorhersehen« und kontrollieren. Und schließlich sollten Sie auf jeden Fall ein dickes Fell haben und die Fähigkeit, sich nicht aus der Ruhe bringen und vor allem nicht provozieren zu lassen. Denn genau das wollen Produzenten und Zuschauer sehen.

Kritisch ist die Teilnahme an einer Talkshow außerdem, wenn Sie, Ihr Unternehmen oder eine Ihrer Handlungen das negative Objekt der Diskussion sind. Dann werden Sie es schwer haben, Solidaritätspartner zu finden und sind permanent in der Verteidigungsrolle. Das Image in einer Krise mit der Teilnahme an einer Talkshow aufpolieren zu wollen, ist keine gute Idee. Hier nutzen Sie besser ein Hintergrundgespräch oder ein klassisches Interview.

Aber auch bei einer Anfrage zu einem Thema, bei dem Sie nicht unmittelbar betroffen sind, sollten Sie sich fragen, ob Sie Ihre eigenen Kommunikationsziele mit der Teilnahme an der Talkshow überhaupt erreichen können, also ob:

- sich Ihre Botschaften dort platzieren lassen,
- Sie dort Ihre Zielgruppe tatsächlich erreichen,
- es die geeignete Plattform für Ihre Expertise ist,
- Sie die Teilnahme persönlich weiterbringt und
- Sie mit den Menschen, die dort neben Ihnen sitzen, überhaupt diskutieren möchten.

Und Sie sollten sich fragen: Was ist Ihr ganz persönliches Ziel? Denn eins haben Talkshows nie: ein inhaltlich ausdiskutiertes Endergebnis.

Eine gute Vorbereitung ist die halbe Miete

Wenn Sie sich für eine Talkshow-Teilnahme entschieden haben, beginnt die Vorbereitung. Die müssen Sie übrigens nicht alleine bestreiten. Die professionelle Vorbereitung auf eine Talkshow ist umfangreich und braucht auch Fachwissen. Scheuen Sie sich also nicht, sich zur Vorbereitung professionelle Unterstützung zu holen. Ein Medientrainer oder auch eine gute PR-Agentur mit TV-affinen Beratern können Sie dabei unterstützen. Als erstes sollten Sie sich mit dem Format vertraut machen, sich einige Sendungen ansehen und das Sendungsschema verinnerlichen:

- Aus welchen Elementen besteht die Sendung?
- Welche Medien werden in die Diskussionsrunde eingespielt?
- Wie werden die Teilnehmer vorgestellt?
- Wer sitzt in der Regel wo?
- Lässt sich ein Prinzip erkennen, nach dem die Talkgäste zu Wort kommen?
- Wie oft kommt ein Talkgast durchschnittlich zu Wort?

Und auch den Moderator der Sendung nehmen Sie am besten unter die Lupe:

- Was ist er/sie für ein Typ? (provozierend, lenkend, holt er/sie die Runde immer wieder zusammen oder lässt er/sie die Diskussion eher laufen?)
- Wie ist sein/ihr Fragestil? (lang eingeleitete Fragen, Fragen mit weitem Antworthorizont, knappe Fragen, direkte Fragen?)
- Wann und wo unterbricht der Moderator den Redefluss eines Gastes?

Auch ein typisches Fragenkonzept lässt sich oft erkennen, also wie ein Moderator ein Thema plant, ob er das Wort – gemäß seinem Fragenkonzept – zuteilt oder ob er zulässt, dass sich Gäste das Wort holen und sich die Diskussion spontan entwickelt.

Gesprächspartner prüfen

Zur Vorbereitung gehört außerdem, sich mit den anderen Gesprächspartnern zu beschäftigen:

- Welche Rolle nehmen die Gäste jeweils in der Sendung ein?
- Welche Meinungen vertreten sie?
- Wo und in welcher Form haben sie diese Meinung schon medial geäußert?
- Wer hat wie viel Erfahrung in der Medienkommunikation?
- Welche Typen von Menschen haben Sie neben sich sitzen? (Erklärbär, Angreifer, Vielredner, Besserwisser etc.)

Freund oder Feind

Ist Ihnen das Gesprächspanel bekannt, lässt sich im nächsten Schritt herausfinden, wer Ihre Solidaritätspartner sind. Also, wer auf Ihrer Seite ist, wer eine ähnliche Meinung vertritt, mit wem Sie eine gemeinsame Front bilden können. Und es lässt sich recherchieren, wer als »Gegner« in der Runde sitzt. Hier ist es besonders wichtig, die Art der Kommunikation und die typischen Argumentationslinien dieser »Gegner« vorab genau zu analysieren, um später im Gespräch nicht überrascht zu werden. Hilfreich ist es, sich alle möglichen, gegnerischen Argumente vorzudenken und zu überlegen, wie und ob Sie darauf reagieren können oder wollen.

TIPP

Kritische Fragen vordenken

Gerade bei kritischen und sehr kontrovers diskutierten Themen sollten Sie auf jeden Fall prüfen, wo Sie mit Ihrer Haltung zum Thema ggf. angreifbar sind, wo es kritische Nachfragen geben könnte oder wo Sie im Rahmen der Diskussion eventuell ein Randthema streifen, das gerne falsch verstanden wird oder wo es immer wieder zu Missverständnissen kommt. Scheuen Sie sich nicht, im Vorfeld »advocatus diaboli« zu spielen und sich alle »bösen« Fragen ins Bewusstsein zu holen. Das hilft Ihnen später, souverän auf Angriffe der anderen Teilnehmer oder provokante Fragen des Moderators vorbereitet zu sein.

Botschaften vorbereiten

Und dann kommt der wichtigste Teil: das Vorbereiten Ihrer persönlichen Botschaften. Denn wie bereits festgestellt: In einer Talkshow wird es nie ein inhaltlich ausdiskutiertes Endergebnis geben. Eine Diskussionsrunde endet immer offen und ließe sich noch stundenlang weiterführen. Erwarten Sie also nicht, dass Sie am Ende einer Talkshow Menschen bekehrt haben oder dass sich durch die Sendung die Welt verändern wird. Sie werden weder Ihre Gegner auf dem Panel von Ihrer Meinung überzeugt noch ein Thema in aller Detailtiefe analysiert und zerlegt haben. Nehmen Sie sich daher nicht vor, das Thema wirklich ausdiskutieren zu wollen, im Sinne von: mit vielen Argumenten für ein echtes Ergebnis zu kämpfen, Meinungen der anderen Talkgäste zu widerlegen oder sich auf argumentative Kleinkriege einzulassen.

Die Talkshow als Kommunikationsplattform funktioniert am besten, wenn Sie sich vorher klarmachen, welche drei bis fünf Kernbotschaften Sie in dieser Runde platzieren wollen. Mehr über das Thema »Kernbotschaften definieren und planen« finden Sie in dem *Kapitel 19 – Ohne geht's nicht* sowie *Kapitel 21 – Auf den Punkt*. In der Talkshow geht es dann nur noch darum, die passende Gelegenheit zu finden, diese Kernbotschaften zu platzieren und ggf. mehrfach zu wiederholen. Denn Wiederholung erzeugt Verstärkung und je öfter Sie es schaffen, Ihre Kernbotschaft oder wenigstens Teile davon im Gespräch zu platzieren, umso größer ist die Chance, dass diese Botschaften gemerkt, erinnert und sogar in der Nachberichterstattung zitiert werden.

Das Vorstellungsstatement

Ebenfalls zur Platzierung von Botschaften geeignet ist das Statement zur Vorstellung der Talkgäste. Hier dürfen Sie der Redaktion in der Regel einen Vorschlag unterbreiten, wie Sie in der Sendung vorgestellt werden wollen. Ein Sprecher nennt dabei Ihren Namen und stellt vor, welche Haltung/Rolle oder Position Sie zum Thema einnehmen. Achten Sie darauf, dass dieses Statement sehr knapp gehalten ist. Ein bis zwei Sätze sind genug. Und versuchen Sie bereits dort, eine Ihrer Kernbotschaften zu platzieren. So können Sie sich später im Gespräch darauf berufen und haben bereits eine erste Verstärkung Ihrer Botschaft erreicht. Bei der Vorstellung selbst ist es übrigens wichtig, dass Sie den Blick in die Kameralinse halten. In der Regel sind Sie dabei in einer engen Brusteinstellung zu sehen. Von der Linse abweichende Blicke erzeugen einen unsicheren Eindruck oder suggerieren wenig Erfahrung im Umgang mit Medien.

TIPP

Chancen suchen – Botschaften platzieren!

In der Talkrunde selbst ist es ratsam, sich verbal nicht nach vorn zu drängeln und sich ständig und zu jedem Punkt der Diskussion zu äußern. Schnell entsteht sonst der Eindruck, dass Sie die Aufmerksamkeit auf sich ziehen wollen, die Diskussion bestimmen und sich in den Vordergrund spielen möchten. Die wortorientierte Kameraführung lässt ein solches Verhalten schnell aufdringlich wirken. Besser ist, Sie folgen der Diskussion aufmerksam und versuchen an den passenden Stellen mit Ihren vorbereiteten Botschaften »Fuß zu fassen«. Sie suchen also nach Chancen, wo Sie Ihre geplanten drei bis fünf Kernbotschaften am besten ins Gespräch einbringen können. Nicht alle auf einmal natürlich, eine oder zwei pro Antwort reichen völlig. Mehr dazu im *Kapitel 30 – Fallschirme für schwierige Gespräche*.

Punkte setzen nach 30 Sekunden

Auf jeden Fall gilt, wenn Sie das Wort haben oder Ihnen die Chance zur Antwort durch den Moderator zugeteilt wird: Bleiben Sie kurz und knackig. Ebenso wie im O-Ton gilt auch in der Talkshow: In 30 Sekunden sollten Sie die Welt erklären können. Reden Sie länger, wird der Regisseur Sie spätestens nach 30 Sekunden aus dem Bild nehmen und einen anderen Gast dazwischen schneiden, um die Aufmerksamkeit der Zuschauer hoch zu halten. Das hat zwei große Nachteile: Erstens, Sie haben nicht mehr alle Kommunikationskanäle zur Verfügung, um Ihre Botschaft zu übertragen. Denn die nonverbalen Elemente wie Mimik und Gestik sind nicht mehr sichtbar. Zweitens, die Regie zeigt die Reaktionen der anderen Gesprächspartner. Im Zweifel interpretiert der Zuschauer Ihre verbalen Äußerungen in Kombination mit den nonverbalen Reaktionen der anderen Gäste falsch, oder er lässt sich durch die Gesichtsausdrücke visuell mehr beeinflussen als durch Ihr gesprochenes Wort.

Das Wort ergreifen – Redezeit einfordern

Natürlich ist es nicht sinnvoll, mehr schweigend als redend an einer Talkrunde teilzunehmen. Und manchmal sind solche Talkrunden mit Gästen besetzt, die eine Gesprächs-*Runde* eher als Gesprächs-*Monolog* sehen. Dann ist es ratsam, aktiv Redezeit einzufordern und nicht darauf zu warten, dass der Moderator den Redefluss dieser Gäste unterbricht und Ihnen das Wort erteilt. Das funktioniert am besten, wenn Sie Gedankenpausen der anderen Gäste nutzen oder das Ende einer Antwort abwarten und dann ohne die Aufforderung des Moderators das Wort ergreifen. Grundsätzlich können Sie schon nonverbal signalisieren, dass Sie jetzt gerne etwas sagen möchten, z. B. indem Sie sich ein wenig mehr bewegen und den Gast, der gerade das Wort hat sowie den Moderator abwechselnd ein- bis zweimal anblicken. Dieses nonverbale Signal zeigt, dass Sie gleich aktiv werden möchten.

Contenance ist die Kür

Und schließlich ist ein Auftritt dann gelungen, wenn die Zuschauer Sie später als fairen, konstruktiven, kompetenten und sympathischen Talkshowgast in Erinnerung behalten. Dazu gehört, dass Sie Verbalattacken meiden, auch wenn Sie einem anderen Gast am liebsten Mal so richtig die Meinung sagen wollen. Verbalattacken sind emotional aufgeladen, sie erzeugen Stress und sorgen nur allzu leicht dafür, dass man die Kontrolle über die eigenen Botschaften verliert. Für den TV-Sender und die Zuschauer sind solche Attacken aus voyeuristischer Sicht ein Augen- und Ohrenschmaus, bringen Sie aber bei Ihren Botschaften nicht weiter. Später wird mehr über das »Wie« des Auftritts berichtet als über das »Was«, also über die Inhalte. Von daher gilt: Behalten Sie immer die Contenance und nehmen Sie den Angreifern lieber den Wind aus den Segeln. Ein »Ich verstehe, was Sie meinen, denke jedoch…« lässt aus kommunikativen Elefanten schnell mediale Mücken werden.

Im Bilde auch ohne Wort

Und noch ein weiterer Tipp: Auch, wenn es in der Talkshow vor allem ums Reden geht, auch das Nicht-Reden hat in der Talkshow eine besondere Bedeutung. Denn gerade die Reaktionen oder auch Nicht-Reaktionen der Gesprächspartner auf die Aussage eines Talkgastes werden von der Bildregie genutzt, um dem Gespräch eine bestimmte Atmosphäre zu verleihen. Als sogenannter Zwischenschnitt sind Sie als Gesprächsteilnehmer immer wieder im Bild, auch wenn Sie gerade nichts zu sagen haben. Das heißt, Sie sollten immer darauf achten, was Sie tun, während andere sprechen. Am besten ist es, wenn Sie den Blick immer auf denjenigen richten, der gerade spricht. Das signalisiert Aufmerksamkeit und Interesse. Lassen Sie den Blick nicht ins Publikum schweifen, es sei denn dort spricht jemand. Der Blick ins Publikum kann durch den Bildschnitt abwesend und desinteressiert wirken. Und vermeiden Sie abfällige Mimik oder Gestik auf Wortbeiträge anderer. Beides kann schnell arrogant oder gar aggressiv wirken, weil sich Mimik und Gestik durch die nahen Kameraeinstellungen unter Umständen noch verstärken.

ÜBUNG

Talkshow

Stellen Sie sich vor, Sie sind als Talkgast zum Thema »Mitbestimmung im Unternehmen« eingeladen. Zu Gast: Sie als Geschäftsführer/in, ein Psychologe, ein Betriebsrat eines Großkonzerns, ein Vertreter des Arbeitgeberverbandes und ein Politiker der Linken.

Versuchen Sie die folgenden Fragen für sich zu beantworten:

- Was sind Ihre wichtigsten drei bis fünf Botschaften, die Sie im Gespräch platzieren wollen?
- Wo sind Sie bei diesem Thema angreifbar?
- Welche kritischen Fragen werden Ihnen möglicherweise gestellt?
- Wer von den Gästen ist vermutlich auf Ihrer Seite und warum?
- Wer sind Ihre Gegner und warum?
- Mit welchen Sätzen möchten Sie in der Runde vorgestellt werden?

Checkliste

Talk- und Diskussionsrunden

Inhaltliche Vorbereitung

- ☐ Ich habe geprüft, dass das Thema zu mir, meiner Funktion und meinen Botschaften passt.
- ☐ Ich bin überzeugt, dass die Teilnahme an der Runde für mein Thema, meine Zielgruppe und meine Botschaften geeignet ist.
- ☐ Ich habe die Teilnehmer der Runde recherchiert und weiß, wem ich auf dem Podium begegne.
- ☐ Ich habe geprüft, wer inhaltlich eher auf meiner Seite steht, wer eine andere Meinung vertritt, mit wem ich mich solidarisieren kann, wer meine »Gegner« sind.
- ☐ Ich habe mich mit dem Format, den Sendungselementen und dem Sendeablauf vertraut gemacht.
- ☐ Ich habe mich mit dem Frage- und Führungsstil des Anchors/Moderators vertraut gemacht.
- ☐ Ich habe meine drei bis fünf Kernbotschaften definiert, die ich in der Runde unterbringen möchte.
- ☐ Ich habe mögliche Angriffspunkte und kritische Fragen vorgedacht.
- ☐ Ich habe einen Vorschlag an die Redaktion geschickt, wie ich als Gast vorgestellt werden möchte.

Inhalt der Gesprächsrunde

- ☐ Ich bin fair in der Kommunikation, greife meine Mitdiskutanten nicht persönlich an und lasse die anderen ausreden.
- ☐ Ich warte auf günstige Gelegenheiten, um meine Kernbotschaften zu platzieren.
- ☐ Wenn ich die Gelegenheit habe, etwas zu sagen, bringe ich nur eine Botschaft an. Diese enthält im Wesentlichen EINEN Gedankengang/EIN Argument.
- ☐ Wenn ich keine Redezeit vom Moderator zugeteilt bekomme, suche ich aktiv nach Möglichkeiten, ins Gespräch einzugreifen.
- ☐ Um mir Gehör zu verschaffen, signalisiere ich zuvor non-verbal, dass ich etwas sagen möchte.
- ☐ Ich achte darauf, nicht länger als 30 Sekunden zu sprechen, um meine Position darzustellen.
- ☐ Eventuell nötige Fachbegriffe aus meinem Themenbereich kann ich kurz übersetzen.
- ☐ Fremdworte meide ich oder erkläre sie direkt.
- ☐ Meine Wortwahl und Sprache sind allgemein verständlich.
- ☐ Wichtige Zahlen reduziere ich auf ein Minimum.
- ☐ Ich nutze *Beispiele/Vergleiche/Kino im Kopf*, um meine Kernbotschaft anschaulich zu machen.
- ☐ Ich formuliere hörverständlich und verwende eine bildhafte Sprache.

Talk- und Diskussionsrunden	
☐	Ich beherrsche einige *»Fallschirme für schwierige Gespräche«,* um von abweichenden Fragen zum Thema und zu meiner Position zurückzusteuern.
☐	HIN-hören, statt ZU-hören: Ich entscheide, auf welches Stichwort in der Frage ich antworte bzw. zu welchem Stichwort ich mit Hilfe einer Brücke (bridging) in meinen BotschaftenBaum® gelangen kann.
☐	Ich stehe zu meinen Kernbotschaften und kann sie mit *innerer Überzeugung* transportieren.
☐	Ich lasse mich auch durch fiese Fragen nicht aus der Ruhe bringen!
☐	Ich darf im Rahmen meines Temperaments gestikulieren, allerdings nicht vor dem Gesicht.
☐	Ich achte darauf, den Blick immer zum Sprechenden zu halten, um Aufmerksamkeit zu signalisieren.
☐	Ich achte auf meine Haltung, Mimik und Gestik, auch wenn ich nicht spreche, denn ich kann immer als Zwischenbild geschnitten werden.

© Kathrin Adamski/Katrin Prüfig/Stefan Klager

CHECKLISTE – ONLINE

Die Checkliste Talk- und Diskussionsrunden finden Sie auch im Online-Bereich. Folgen Sie einfach dem QR-Code am Anfang dieses Buches.

45 Der Mensch-Maschine-Dialog

In diesem Kapitel erfahren Sie, wie Sie als Gast im Schaltgespräch glänzen.

Auftakt zu einem Schaltgespräch im Mittagsmagazin von ARD und ZDF. Der Einspielfilm zur Stimmung auf dem CSU-Parteitag ist zu Ende. Der Moderator schaut direkt in die Kamera. Auf dem Bildschirm sehen wir ihn und in einem zweiten Fenster seinen Gesprächspartner.

Moderator: »Auf dem Parteitag der CSU sind wir jetzt direkt verbunden mit CSU-Parteichef Horst Seehofer. Herr Seehofer, lange haben Sie gezögert, Angela Merkel als Kanzlerkandidatin zu unterstützen. Warum jetzt diese deutliche Zustimmung…?«

Längst gehört in jedes Nachrichten-Magazin auch mindestens ein Schaltgespräch. Moderne Übertragungstechnik macht es möglich, dass die Sender heute in praktisch jeden Winkel der Erde schalten können, nicht nur nach München, Berlin, Moskau und Paris. Häufig fragen dann die Moderatoren im Studio ihre Kollegen am Ort des Geschehens, die Reporter oder Korrespondenten. Oft gibt es auch eine »Schalte« zu einem Experten, der einen Sachverhalt einordnet oder bewertet. Oder zu einem Politiker, der zu einem aktuellen Thema Stellung beziehen soll. Oder Schaltgespräche unter Kollegen: vom Phoenix-Studio in Bonn zum ARD-Rechtsexperten nach Karlsruhe.

Diese Schaltgespräche verlaufen ähnlich wie klassische, kurze Interviews, haben aber zusätzliche Tücken. Rein technisch betrachtet ist es nämlich kein Gespräch zwischen zwei Menschen, sondern ein Dialog zwischen Mensch und Maschine. Der Befragte hat kein unmittelbares Gegenüber, keinen Reporter, der ihm die Fragen stellt und zu dem er Blickkontakt halten könnte. Im Gegenteil: Was im klassischen TV-Interview verpönt ist, nämlich der Blick in die Kamera, ist in einer »Schalte« unbedingt geboten. Es braucht den 100-prozentigen, konstanten Blick in die Linse, auch wenn drum herum vielleicht noch Monitore stehen, die ablenken, oder Techniker herumwuseln. Die große Herausforderung besteht darin, sich auf die Kamera wie auf einen echten Gesprächspartner zu konzentrieren und mit dem schwarzen Loch einen lebendigen Dialog aufzunehmen.

TIPP

Bleiben Sie dran!

Es ist für Gesprächspartner nicht immer klar, wann genau ein Schaltgespräch beginnt und sie zu sehen sind. Möglicherweise hören Sie noch zeitversetzt die letzten Worte des Films, sind aber schon »auf Sendung«. Weil viele Gesprächspartner sich dessen nicht bewusst sind, wird noch einmal an der Krawatte gezupft oder sogar eine Bemerkung zum Film gemacht. Das wirkt komisch, wie ertappt. Deshalb sollten Sie unbedingt die letzten 30 Sekunden vor Beginn Ihres Gesprächs schon in der richtigen Position stehen oder sitzen – mit voller Konzentration auf die Kamera.

Die Fragen des Moderators hören Sie als Interviewgast über einen Knopf im Ohr, meist nur in Telefonqualität, also mit leichtem Rauschen. Es ist wichtig, dass Sie die Fragen gut verstehen. Deshalb sollte vor der Schalte genug Zeit für einen Leitungstest sein. Nicht nur die Bildleitung muss stehen, sondern auch der Ton, der bei Ihnen in der richtigen Lautstärke ankommen soll. Möglicherweise hören Sie dann den Techniker fluchen »Die N-1-Leitung steht noch nicht!« Damit ist der Rückkanalton gemeint, also die Leitung, aus der Sie die Fragen hören. Stimmt etwas nicht mit der »N-1«, dann hören Sie sich selbst möglicherweise im Echo, das ist sehr irritierend und lästig.

Im Schaltgespräch ist es noch wichtiger als im Interview, dass Sie stabil stehen. Am besten hüftbreit, mit beiden Beinen fest auf dem Boden. Oder mit einem Standbein und einem soliden Spielbein, d. h. Sie knicken nicht in der Hüfte ein. Bei »Schalten« im Sitzen sind Sie ebenfalls gut aufgerichtet und stabil. Probieren Sie es vor der Live-Situation aus. Schauen Sie auch, wie Sie Ihre Hände am besten platzieren. Lassen Sie sich auf keinen Fall einen Drehstuhl »andrehen«, denn das verführt zum Hin- und Herschaukeln.

Auch vor einem Schaltgespräch empfiehlt sich ein letzter Check: Kragen okay? Krawatte oder Kette gerade? Haare in Ordnung? Fragen Sie das gezielt ab oder lassen Sie sich Ihr eigenes Bild auf einen der Monitore vor Ihnen legen, sodass Sie selbst Dinge noch korrigieren können.

TIPP

Das Dankeschön!

Am Ende des Schaltgesprächs wird der Moderator etwas sagen wie z. B. »Danke nach München.« Was sagt man darauf? Jedenfalls nicht. »Ich danke Ihnen!« Das klingt zu sehr, als hätten Ihnen die Fragen gut gefallen, ja als wären sie vielleicht sogar abgesprochen gewesen. Wir raten zu einem schlichten: »Bitte.« oder auch »Gern geschehen.« Das reicht völlig. Oder auch nur ein kurzes zustimmendes Nicken.

Skype-Schalten

Bild- und Tonleitungen in alle Welt sind teuer und manchmal schwierig aufzubauen. Deshalb nutzen einige Sender einen günstigeren und flexibleren Weg: die Skype-Schalte.

Für Sie als Gesprächspartner ist das praktisch, weil Sie direkt von Ihrem Schreibtisch zugeschaltet werden können. Allerdings funktionieren Skype-Schalten nur dann gut, wenn Sie ein paar Dinge im Blick haben:

1. Sie sind bei dieser Art des Gesprächs in Ihrem vertrauten Umfeld und vermutlich in Ihrer Komfortzone. Trotzdem ist die Skype-Schalte eine »öffentliche Veranstaltung«, d. h. Sie sind auf Sendung, Ihre Botschaften gehen in die Welt. Also nehmen Sie diese Form des Schaltgesprächs genauso ernst, wie eine Schalte aus dem TV-Studio mit fünf Kameras und 100 Lampen an der Decke.
2. Der Blickkontakt in die winzige Kameralinse des Laptops oder Computers ist eine echte Herausforderung. Sie brauchen 100 Prozent Blickkontakt, auch wenn Sie selbst gerade nicht sprechen, weil die nächste Frage gestellt wird.
3. Wenn Sie die richtige Position für die Skype-Schalte gefunden haben, schauen Sie kritisch hinter sich: Was ist da alles zu sehen? Umzugskisten? Fotos von der Familie? Ein Plakat mit einer politischen Botschaft? Das alles wirft Fragen auf und lenkt von Ihnen und Ihren Botschaften ab. Eine weiße Wand ist auch nicht die Lösung. Es braucht einen ruhigen, sachlichen Hintergrund, der zu Ihrem Thema passt. Das kann auch ein Labor sein, wenn Sie z. B. Experte für biochemische Prozesse sind.

Für beide Varianten von Schaltgesprächen gilt: Lassen Sie sich von dieser künstlichen, technischen Situation nicht beeindrucken. Sie sprechen zu dem Publikum hinter der Linse. Das können Sie nur überzeugen, wenn Sie in einen echten Dialog eintreten, Ihre Mimik und Ihre Gestik einsetzen und Ihren Botschaften auch stimmlich Nachdruck verleihen. Stellen Sie sich bewusst das Gesicht des Moderators hinter der Linse vor. Oder das Gesicht eines anderen Menschen, der Ihnen sympathisch ist. Das erleichtert den Mensch-Maschine-Dialog.

TIPP

Auf die Längen achten!
Schaltgespräche sind häufig zwischen 1'30 und fünf Minuten lang. Insbesondere bei den kurzen Formaten ist es wichtig, dass Sie die Antwortlänge von max. 30 Sekunden einhalten. In einer Schalte von 1'30 ist meistens nur Platz für drei Fragen, bei 2'30 könnten es auch fünf Fragen sein.

VIDEO

Zu diesem Kapitel finden Sie auch ein Video im Online-Bereich. Folgen Sie einfach dem QR-Code am Anfang dieses Buches.

Lufthansa-Chef Carsten Spohr zum Germanwings-Absturz
Am 24. März 2015 prallt eine Maschine der Germanwings mit 144 Passagieren an Bord in den französischen Alpen gegen einen Berg. Der Chef des Mutterkonzerns Lufthansa, Carsten Spohr, stellt sich noch am selben Abend in den Tagesthemen den Fragen von Caren Miosga. Er spricht in erster Linie als Mensch, weniger als Manager. Hut ab vor dieser Haltung und dieser Kommunikation!

Checkliste

Schaltgespräch	
☐	Ich denke an 100 % Blickkontakt *direkt in die Kamera* und lasse mich von anderen Personen oder Monitoren im Studio nicht ablenken.
☐	Ich trage fernsehgerechte und dem Anlass entsprechende Kleidung (nicht gemustert, nicht schwarz).
☐	Mein Stand vor der Kamera ist hüftbreit, ruhig und stabil. In einer sitzenden Position bin ich aufgerichtet und stabil.
☐	Auf keinen Fall lasse ich mich auf einem Drehstuhl platzieren!
☐	Ich lasse mich vor dem Schaltgespräch nach Möglichkeit abpudern.
☐	Vor der Schalte checke ich den Sitz von Krawatte, Kragen, Kette, Haar etc.
☐	Ich trage wenig oder gar keinen Schmuck, kein Namensschild etc.
☐	Meine zwei bis drei Kernbotschaften sind klar und verständlich.
☐	Jede Botschaft enthält im Wesentlichen EINEN Gedankengang/EIN Argument.
☐	Eventuell nötige *Fachbegriffe* kann ich kurz übersetzen.
☐	Meine Wortwahl und Sprache sind allgemein verständlich.
☐	Wichtige Zahlen habe ich auf ein Minimum reduziert.
☐	Ich habe ein *Beispiel/Vergleiche*, um meine Kernbotschaft anschaulich zu machen.
☐	Ich kann Erlebtes/Erfahrungen einbringen, die meine Botschaft untermauern.
☐	HIN-hören, statt ZU-hören: Ich entscheide, auf welches Stichwort in der Frage ich antworte bzw. zu welchem Stichwort ich mit Hilfe einer Brücke (Bridging) in meinen BotschaftenBaum® gelangen kann.
☐	Ich beherrsche weitere *»Fallschirme für schwierige Gespräche«*, um von abweichenden Fragen zum Thema und zu meiner Position zurückzusteuern.
☐	Ich stehe zu diesen Kernbotschaften und kann sie mit *innerer Überzeugung* transportieren.

© Kathrin Adamski/Katrin Prüfig/Stefan Klager

CHECKLISTE – ONLINE

Die Checkliste Schaltgespräch finden Sie auch im Online-Bereich. Folgen Sie einfach dem QR-Code am Anfang dieses Buches.

46 Kalt erwischt

In diesem Kapitel erfahren Sie, wie Sie Überfallinterviews souverän meistern.

Personalchef Thomas M. will sich gerade in sein Auto setzen, da guckt er plötzlich in eine Kameralinse und sieht ein Mikrofon vor seiner Nase. Fußspitze an Fußspitze mit seinem Gegenüber, der in scharfem Ton fragt: »*Was werden Sie Ihren Mitarbeitern morgen zur geplanten Standortverlagerung erzählen?*« Thomas M. ist baff: »Woher weiß der Mann von dem Vorhaben? Wer hat geplaudert? War es der Betriebsrat? Ein Mitarbeiter aus dem Führungskreis? Was genau weiß er über das Thema? Wie wird er den Mann wieder los?« Sein Gehirn arbeitet auf Hochtouren, während er sich sagen hört: »Dazu kann ich Ihnen nichts sagen«. Darauf der Journalist: »Also stimmt es, dass Sie morgen verkünden, dass der Standort hier geschlossen wird – wie viele Mitarbeiter sind davon betroffen?«, Thomas M.: »Tut mir leid, ich kann Ihnen dazu heute nichts sagen«. Der Journalist: »Aber morgen werden Sie mehr sagen können – es wird doch morgen um die Standortschließung gehen? Wir haben erfahren, dass Sie schon lange über diesen Schritt nachdenken«. Thomas M: »Also ich kann Ihnen zu den Gründen wirklich nichts sagen…« Klapp – die Falle ist zugeschnappt. Der Journalist hat bekommen, was er wollte: Die Standortschließung ist bestätigt. Der Überfall ist gelungen, das Opfer wehrlos gemacht, die Beute erjagt – eine streng geheim gehaltene Information.

Kein nettes Gespräch

Solche Überfallinterviews sind – wie der Name schon sagt – keine freundlichen Gespräche. Sie sind weder vorbereitet noch abgesprochen. Sie erwischen einen meist eiskalt und auf dem falschen Fuß. Und doch kündigen sich Überfallinterviews an. Wer allerdings diese Ankündigungen ignoriert, tappt in die Kommunikationsfalle des Nachrichtenjägers. Überfallinterviews sind die Antwort auf eine restriktive, unscharfe, verschleiernde Kommunikationspolitik: Wenn sich Unternehmen oder Prominente nicht zu – meist kritischen – Anfragen von Journalisten äußern wollen oder versuchen, die »lästige Medienmeute« mit einer nichtssagenden Mail abzuspeisen. Dann wecken sie den Jagdinstinkt der Medienmacher. Denn so genügsam sind die nicht – im Gegenteil. Nicht-Kommunikation wird in der Medienwelt abgestraft und schürt den Hunger nach »Information«.

Ein legaler Überfall

Eine der härtesten Strafen für die Nicht-Kommunikation ist das Überfallinterview – ein Interview, das überraschend geführt wird und nicht abgesprochen oder angekündigt ist. Es findet nicht an einem ruhigen Ort statt; es findet dann statt, wenn sich der Interviewpartner auf öffentliches Terrain begibt. Das kann auf dem Weg zum Parkplatz sein, am Rande einer Veranstaltung oder auf einer Messe. Denn dann dürfen Journalisten Fragen stellen und über Menschen berichten, die in Unternehmen oder Institutionen Verantwortung tragen oder in der Öffentlichkeit im weitesten Sinne den Status eines »Prominenten« haben.

Führungskräfte, Konzernchefs, Politiker oder Prominente sind Personen des öffentlichen Lebens und können sich daher nicht hinter dem Begriff »Privatperson« verstecken, wenn es um Themen aus ihrem Arbeitsumfeld geht.

Journalisten wollen Reaktionen haben

Wenn Journalisten Überfallinterviews führen, dann wollen sie oft eines: Reaktionen provozieren, sichtbar machen, dass da »etwas faul ist« und Informationen aus dem Interviewpartner herauskitzeln, die Wahrheit – oder wenigstens Teile davon – ans Licht bringen. Dann geht es nicht um einen ausgewogenen Dialog und einen umfänglichen Informationsaustausch zwischen beiden Seiten. Es gibt Journalisten, die bewusst ein bestimmtes Bild des Interviewpartners zeichnen oder das Agieren eines Unternehmens in ein unschönes Licht rücken wollen.

Zugegeben: Nicht immer hat das mit investigativem Journalismus zu tun. Manchmal ist es nur die Jagd nach Sensationen, damit sich eine Story gut verkauft. Und dann braucht es Reaktionen, Emotionen und Aussagen mit »Aha-Effekt«. Um solche Reaktionen zu erzeugen und Informationen zu bekommen, die der Interviewpartner normalerweise nicht preisgeben will, nutzen Journalisten die Methode »Überfallinterview«. Sie arbeitet mit dem Prinzip der Stresstreppe. Lesen Sie dazu auch das *Kapitel 18 – Unter Druck!*

Ein Überfallinterview lässt den Interviewpartner auf der Stresstreppe ganz schnell nach oben klettern. So sorgen zum Beispiel das Überraschungsmoment, grelles Kameralicht, dichtes Herantreten an den Interviewpartner, das Mikrofon direkt unter der Nase und ein aggressiver Ton bei der Fragestellung für einen rasanten Anstieg des Stresspegels. Ist ein Interviewpartner darauf nicht ausreichend vorbereitet und hat er keine konkreten Botschaften parat, ist die Chance groß, dass er in die Stresstreppe hinauf stolpert und Informationen preisgibt, die er in entspanntem Zustand nicht formuliert hätte.

Nichts sagen sagt alles

Manchmal versuchen Interviewpartner aus solchen Überfallinterviews zu flüchten, indem Sie sich dem Journalisten verweigern, sich wegdrehen oder sogar drohend die Hand gegen die Linse erheben und den Journalisten anschreien, dass der gefälligst die Kamera ausmachen soll. Solche Reaktionen sind zwar menschlich und vielleicht auch verständlich, für eine Mediensituation aber gänzlich untauglich. Denn sie sind genau das, was einige Journalisten mit einem Überfallinterview provozieren wollen und was Zuschauer gern sehen möchten. Getroffene Hunde bellen. Und je mehr Emotionalität in diesem Moment ins Spiel kommt, umso lauter erscheint das Bellen. Wenn es dann keine verbalen Botschaften beim Interviewpartner zu holen gibt, dann sorgt der Journalist eben selbst für solche und interpretiert die Situation aus seiner Sicht. Ein gefährliches Spiel. Denn wie wirkt das beim Zuschauer? Meistens kommt der Flüchtende nicht gut weg. »Der hat etwas zu verbergen«, »Der hat Dreck am Stecken« oder »Wie arrogant ist der denn.«

Gut, es lässt sich auf einen Pressereferenten verweisen oder darauf, dass man jetzt noch einen wichtigen Termin hat, doch das wird keinen wirklich beeindrucken. Entweder fragen die Journalisten trotzdem weiter oder das Flüchten wird entsprechend kommentiert und für negative Schlagzeilen sorgen. Jeder hat also die Wahl, ob man mit Ihnen oder über Sie spricht.

Mitspielen ist Pflicht

Wie ist einer solchen Überfallsituation zu entkommen? »Gar nicht« heißt die Antwort. Denn wer das Mikrofon hat, hat die Macht. Wer die Kamera hat, ist König.

Es heißt also, das Spiel mitspielen, aber wissen, wie man dabei gewinnt. Das Ziel des Spiels ist, das gedrehte Material »unbrauchbar« zu machen. »Unbrauchbar machen« heißt in dem Fall, dass es für den Journalisten nicht interessant ist, das Material zu verwenden. Zum Beispiel, weil der Interviewpartner zu souverän wirkt, weil er sich nicht provozieren lässt, weil er bei den Zuschauern Sympathiepunkte sammelt oder weil es ihm gelingt, seine Botschaften sogar in einem Überfallinterview zu platzieren.

Um alle Register zu ziehen, die dafür sorgen, dass der Journalist das Material nicht wird verwenden wollen, müssen Sie als Interviewpartner allerdings den ersten Spielzug gewinnen. Und der heißt: Gesprächsbereitschaft signalisieren und die Stresstreppe außer Gefecht setzen.

Denn der Journalist hat Ihnen einen entscheidenden Spielzug voraus. Er nutzt zur Eröffnung des Spiels das Überraschungsmoment. Sie sind als Interviewpartner auf diese Spieleröffnung nicht vorbereitet. Setzt der Journalist auf dieses Überraschungsmoment in kürzester Zeit noch weitere Stressfaktoren wie z. B. eine aufdringliche Mikrofonhaltung, einen bösen Blick und einen scharfen Ton, geht es für den Interviewpartner auf der Stresstreppe rasant nach oben. Und – wie im *Kapitel 18 – Unter Druck!* beschrieben – agieren wir am oberen Ende der Stresstreppe hauptsächlich aus dem Unterbewusstsein heraus. Wir sind nicht mehr in der Lage, bewusst zu denken, zu handeln oder die Situation zu kontrollieren. Und dann hat der Journalist ein leichtes Spiel. Unterstellende Fragen, nachbohren, Reizwörter setzen, provozieren – all das kann uns am oberen Ende der Stresstreppe dann zum Verhängnis werden.

Zeit gewinnen

Um die Stresstreppe nicht zu erklimmen, müssen Sie als Interviewpartner also Zeit gewinnen. Zeit, um den Stress der gesetzten Stressfaktoren abzubauen, bewusst zu agieren und damit die Kontrolle über die Situation zu behalten. Und Sie sollten diese Zeit gleich zu Beginn des Überfalls gewinnen. Denn sind Sie die Stresstreppe bereits hinaufgestiegen, wird es zunehmend schwerer, sich den Stressfaktoren zu entziehen. Zeit lässt sich beispielsweise gewinnen, indem Sie selbst Fragen stellen. Viele Journalisten nennen nicht einmal ihren Namen, geschweige denn, für wen sie arbeiten. Sie nutzen das Überraschungsmoment komplett aus und stellen ohne »Vorgespräch« ihre Frage. Nehmen Sie diesem Überraschungsmoment seine Macht, in dem Sie freundlich fragen, mit wem Sie es zu tun haben, für welches Medium der Journalist arbeitet, in welchem Format der Beitrag laufen soll, wann der Beitrag veröffentlicht wird.

Mit solchen Formalia-Fragen erreichen Sie gleich drei Dinge: Erstens: Dieses Material ist nicht sendbar, denn welchen Zuschauer interessiert, dass Sie Allgemeines abfragen. Zweitens ist es nicht sendbar, weil dadurch deutlich wird, WIE Ihr Gegenüber auf Sie zugekommen und offenbar bewusst manipulativ unterwegs ist. Dies hat zur Folge, dass der Journalist seinerseits überfallen wird und antworten muss. So können Sie besser einschätzen, mit welchem Typus Journalist sie zu tun haben. Sie können das Medium und Format besser einordnen. Und drittens gewinnen Sie Zeit. Zeit, um sich auf die Situation einzustellen, mögliche vorbereitete Botschaften im Kopf zurechtzulegen und sich aufs HIN-hören zu konzentrieren. Wie wichtig das Thema HIN-hören ist, erfahren Sie im *Kapitel 29 – Vorsicht Falle*.

TIPP

Versuchen Sie einen Standortwechsel

Zeit gewinnen Sie außerdem, indem Sie signalisieren, dass Sie zu einem kurzen Statement bereit sind, allerdings einen anderen Ort vorschlagen, an dem Sie das Interview führen wollen. Machen Sie einen Vorschlag für einen Gesprächsort, bei dem Sie noch einmal in Bewegung kommen müssen. Ein kurzer Gang zur neuen »Location« verschafft Ihnen ebenfalls Zeit. Sie können außerdem dafür sorgen, dass Sie während dieses kritischen Gesprächs nicht mitten im Publikumsverkehr stehen und von Passanten oder Mitarbeitern beobachtet werden. Außerdem gibt er Ihnen die Möglichkeit, den Bildhintergrund nochmals zu prüfen.

Feuerlöscher und Logo PR

Sorgen Sie so gut es geht dafür, dass bei solchen Überfallinterviews keine Gegenstände im Bild sind, die symbolische Aussagen machen wie z. B. ein Feuerlöscher, Fluchtpläne oder Notausgangsschilder. All solche Symbole erzeugen beim Zuschauer eine bestimmte Assoziation und ein negatives Gefühl, das er automatisch mit Ihnen in Verbindung bringt. Auch Firmenlogos im Hintergrund sollten bei Überfallinterviews nicht im Bild erscheinen. Schließlich weiß keiner, welchem Zweck ein solches Interview am Ende dient. Und das Firmenlogo bringt eine Aussage immer mit dem Unternehmen in Verbindung. Ein kurzer Blick über die Schulter und ggf. der Hinweis an den Redakteur, einen anderen Standort für das Interview zu wählen, kann helfen, unschöne Bildbotschaften zu vermeiden.

Medienkompetenz beweisen

Bevor es dann mit dem eigentlichen Interview losgeht, haben Sie so schon viel Zeit gewonnen und dafür gesorgt, dass Ihr Stresspegel ein Normalmaß hat und nicht nach oben geschnellt ist. So können Sie dem Journalisten schon viel Wind aus den Segeln nehmen. Aber Achtung: Nicht in Sicherheit wiegen, denn noch ist die Stressgefahr nicht gebannt. Auch an einer neuen Location und nach dem Beantworten Ihrer formalen Fragen hat der Journalist nun wieder die Macht. Und nicht selten versuchen Journalisten erneut, Druck aufzubauen und Stress zu erzeugen. Grelles Kopflicht der Kamera an, die Linse direkt vors

Gesicht, das Mikro nah an den Mund, der Stand so dicht, dass Sie das Gefühl haben, der Journalist steht Ihnen fast auf den Füßen.

Jetzt sollten Sie Medienkompetenz beweisen und freundlich aber bestimmt nachfragen, ob sich die Gesprächssituation ein wenig anders gestalten lässt. Fragen Sie einfach, ob die Kamera so nah sein, das Mikro am Mund kleben muss und ob es dem Journalisten möglich ist, einen Schritt nach hinten zu gehen, damit Sie entspannter mit ihm reden können. Spätestens jetzt weiß der Journalist, dass er es mit einem Profi zu tun hat, der seine Manipulationen durchschaut hat. Es entsteht Kommunikation auf Augenhöhe. Eigentlich ganz einfach, allerdings kostet es in dem Moment Mut und Souveränität, sich nicht zur Marionette des Gesprächs degradieren zu lassen.

Knappe Antworten auf kritische Fragen

Und dann kann es losgehen, allerdings nicht, ohne dass Sie Ihre Ohren auf *Hin*hören gestellt haben. Denn gerade in Überfallinterviews nutzen Journalisten gern Fragen mit Fettnapf-Charakter, also Fragen, die Reizworte enthalten, unterstellende Fragen, Fragen mit falschen Fakten, Fragen, die gar keine Fragen sind etc. Um diese manipulativen Fragen zu erkennen und zu umschiffen, gilt es, jede Frage bewusst bis zum Ende anzuhören und dann zwischen Frage und Antwort genug Zeit zum »Nachdenken« zu lassen. Auch dann, wenn der Journalist Ihnen das Mikrofon in Mikrosekundenschnelle vor die Nase hält. Mehr zum Thema, wie Sie kritische Fragen geschickt umschiffen, finden Sie auch im *Kapitel* 29 – *Vorsicht Falle*.

Was immer gilt: Ein Überfallinterview ist definitiv keine Werbeplattform. Sie sollten in einem Überfallinterview nicht versuchen, lange Monologe zu einem Thema zu halten. Damit reden Sie sich um Kopf und Kragen. Geben Sie dem Journalisten so wenig Material wie möglich und nur so viel Informationen wie nötig. Sie haben keinen Einfluss darauf, was später mit Ihren Aussagen passiert und in welchem Zusammenhang sie verwendet werden. Je knapper Sie auf eine Frage antworten, desto mehr Kontrolle behalten Sie über das Gesagte. Außerdem spielen Sie den Stressball wieder an den Journalisten zurück. Denn je knapper Sie antworten, umso schneller muss der Journalist über seine nächste Frage nachdenken. Ein Vorteil für Sie!

Wer fragt, der führt – Kommunikative Missverständnisse vermeiden

Und noch eines gilt im Überfall: Wenn Sie eine Frage nicht genau verstanden haben, sei es akustisch oder inhaltlich, dann versuchen Sie nicht, zu »erahnen«, was der Journalist wissen will. Fragen Sie einfach noch einmal nach. Es ist keine Schande, eine Frage nicht genau verstanden zu haben. Und manchmal sind Fragen auch bewusst unklar gestellt, um sie zu verunsichern oder aufs Glatteis zu führen. Wer fragt, der führt das Gespräch und verhindert kommunikative Missverständnisse. Wer geschickt nachfragt, hat sogar die Chance, das Thema zu wechseln oder das Interview auf einen anderen Aspekt des Themas zu lenken. Und oft enttarnt eine Nachfrage auch die manipulative Fragestellung des Journalisten.

Freundliches Ende, klarer Punkt

Und schließlich noch die Frage: Wann ist ein solches Überfallinterview zu Ende? Am besten nicht, wenn der Journalist keine Fragen mehr hat. Ein solches Interview ist dann zu Ende, wenn Sie dem Journalisten ein paar kurze unverfängliche Informationen (vorbereitete Kernbotschaften) haben zukommen lassen und freundlich aber bestimmt das Ende des Gesprächs ankündigen. Wichtig dabei ist, dass Sie bereits zu Beginn des Interviews verbal klargestellt haben, dass Sie sich nur für ein kurzes Gespräch Zeit nehmen können. Dann können Sie am Ende darauf verweisen. Beenden Sie das Gespräch auf jeden Fall freundlich und stellen Sie klar, dass Sie gern gesprächsbereit waren. Ein solches Statement ist wichtig, damit man Sie nicht manipulativ »nachbearbeiten« kann, also ein Bild, das Sie zum Beispiel beim Weggehen zeigt und behauptet wird, Sie hätten sich einem Interview entzogen.

TIPP

So beenden Sie das Überfall-Interview gekonnt

Ein Abschluss-Statement kann in etwa so aussehen: »Ich hatte ja gesagt, dass ich nur kurz für ein Gespräch Zeit habe und nun habe ich Ihnen schon einige Fragen beantwortet. Ich hoffe, das ist für Sie in Ordnung und ich darf mich jetzt verabschieden. Sie haben sicher Verständnis, dass ich meinen nächsten Termin nicht warten lassen möchte«. Egal, was der Journalist hiervon verwendet, es wird auf Ihr Punktekonto einzahlen.

Checkliste

Überfall-Interview

Phase 1: Stresstreppe durchbrechen und Manipulation entlarven

- ☐ Gesprächsbereitschaft signalisieren, freundlich bleiben.
- ☐ An einen anderen Gesprächsort verweisen und das Team dort hinführen (Zeit gewinnen).
  - Hier auf neutralen Hintergrund ohne Logo achten.
  - Auf Ruhe und wenig Durchgangsverkehr achten.
  - Strategische Interviewpositionen im eigenen Haus bereits im Vorfeld definieren.
- ☐ Wer fragt, der führt (Überraschungsmoment durchbrechen, Zeit gewinnen).
  - Name, Funktion, Sender und Format abfragen.
  - Gegebenenfalls fragen, wer noch als Interviewpartner geplant ist.
- ☐ Aktiver Hinweis auf manipulativen Technikeinsatz (Medienkompetenz zeigen, Manipulation entlarven).
  Licht zu hell, Kamera zu nah, Mikro zu dicht am Mund, Standpunkt des Journalisten zu körpernah.
- ☐ Kernbotschaften zu Thema und Unternehmen aktivieren.
  Wichtig: Kernbotschaften können nur aktiviert werden, wenn diese VORAB erstellt und verinnerlicht wurden.

Phase 2: Mit Kernbotschaften im Überfall-Interview souverän agieren

- ☐ HIN-hören statt ZU-hören.
  - Überprüfen, ob eine echte Frage gestellt oder nur Aussagen gemacht werden.
  - Gegebenenfalls nachfragen, wenn keine Frage gestellt wird.
  - Gegebenenfalls nachfragen, wenn die Fragestellung unklar ist.
  - Überprüfen der Frage auf »Reizworte«.
  - Überprüfen der Frage auf Stichworte, zu denen Sie Ihre Botschaften rüberbringen können (Bridging).
- ☐ Antwortpausen lassen, »Denkzeit« gewinnen.
- ☐ Konzentration auf Kernbotschaften.
- ☐ Keine Interpretationsaussagen machen.
- ☐ Kurze Antworten formulieren.
- ☐ Auf geschlossen gestellte Fragen nur mit »ja« und »nein« antworten.
- ☐ Reizworte und Wiederholung von Reizworten des Fragestellers meiden.
- ☐ Reizworte nicht verneinen, sondern »positivieren«.
- ☐ Fremdworte meiden.
- ☐ Verständnisvolles Kopfnicken während der Fragestellung meiden.
- ☐ Kein aufgesetztes Lächeln.

© Kathrin Adamski/Katrin Prüfig/Stefan Klager

CHECKLISTE – ONLINE

Die Checkliste Überfall-Interview finden Sie auch im Online-Bereich. Folgen Sie einfach dem QR-Code am Anfang dieses Buches.

Aufgezappt
Getroffene Hunde bellen

Weshalb »nichts sagen« – vor allem in überraschenden Kommunikationssituationen – mehr sagt, als man sagen will, zeigt der »Dialog« des Landtagsabgeordneten Klaus Kaiser (CDU) mit einem Journalisten.
Im Bericht von Report Mainz geht es um mögliche verfassungswidrige Zulagen von Abgeordneten. Der Anfang ist ungewöhnlich. Das erste Bild zeigt den Redakteur mit dem Mikrofon in der Hand, als er den CDU-Landtagsabgeordneten Klaus Kaiser anspricht. »Hallo Herr Kaiser, mein Name ist Achim Reinhardt von Report Mainz...« Netter Tonfall, freundliche Ansprache – der Abgeordnete Kaiser wendet sich lächelnd dem Reporter zu, wittert sichtlich die Chance, ein Statement abzugeben.
Doch dann kommt, womit Herr Kaiser nicht gerechnet hat: »... ich hätte noch eine Frage zu den Fraktionszulagen. Sie kriegen ja eine Zulage von der Fraktion, in welcher Höhe denn?« Schon während der Frage klappt dem Abgeordneten die Kinnlade herunter, er dreht sich weg, den Rücken zur Kamera, während der Reporter freundlich, aber bestimmt weiterfragt: »Warum wollen Sie das denn nicht sagen?«. Herr Kaiser schweigt und beginnt, sich mit einem Parteikollegen zu unterhalten.
Schnitt. Der Beitrag läuft weiter. Klaus Kaiser wird portraitiert, sein monatliches Einkommen dargestellt und erwähnt, dass er außerdem Zuzahlungen erhält, über die er sich nicht äußern will.
Schnitt. Klaus Kaiser versucht, den lästigen Reporter loszuwerden, beendet das Gespräch mit dem Parteikollegen und flüchtet. Doch Reporter Achim Reinhardt folgt ihm. »Noch einmal die Frage, Herr Kaiser, nach Ihrer Funktionszulage, wie hoch ist die denn?« Jetzt dreht sich Klaus Kaiser wütend um, schreit den Redakteur an und zeigt drohend Richtung Linse: »Machen Sie das Ding aus!« Die Szene läuft weiter. Man sieht Klaus Kaiser mit bösem Blick weiterlaufen. Der Sprecher des Beitrags kommentiert: »Geheimnis-Krämerei um Boni aus Steuergeld?«
Der Beitrag beinhaltet noch viele weitere entlarvende Nicht-Kommentare von Politikern aller Couleur zum Thema Fraktionszulage. Sie alle machen keine gute Figur, Klaus Kaiser jedoch hinterlässt einen bleibenden Eindruck.
Der Abgeordnete hat sich provozieren lassen. Zu stark war die Geste der Betroffenheit, zu heftig der Angriff auf den Reporter, mit dem wir als Zuschauer längst eine Allianz gebildet haben. Die Rechnung des Reporters ist aufgegangen: dem Hund mal einen Tritt verpassen und schauen, was passiert. Denn getroffene Hunde bellen, und zwar laut.
Was hätte Herr Kaiser besser machen können? Er hätte drei Regeln beachten sollen:

1. Man kann nicht nicht kommunizieren (Paul Watzlawick). Nonverbale Kommunikation sagt oft mehr als tausend gesprochene Worte. Abwehrende Gesten und böse Blicke gehören

dazu. Und vor allem sollte man sich davor hüten, nichts zu sagen, wenn man im ersten Moment bereits Gesprächsbereitschaft signalisiert hat.

2. Impulskontrolle üben, denn man weiß nie, wo und in welchem Zusammenhang solche Aufnahmen verwendet werden. Der sichtbare »Angriff« auf »die Medien« ist genau das, was investigative Journalisten provozieren und Zuschauer sehen wollen: ein nonverbales Geständnis.
   Natürlich muss – nein sollte man in einer solchen Situation kein Zahnpasta-Lächeln auflegen, sondern in einem respektvollen Dialog bleiben. Drohungen, Angriffe, beleidigtes, wütendes Flüchten wird von den Medien gern mit passenden Kommentaren versehen und lässt den Befragten als »Täter« erscheinen. Besonders dann, wenn der Redakteur die freundliche Fragestellung glänzend beherrscht.
3. Zudem ist es sinnvoll, Verständnis für die Frage des Journalisten zu signalisieren und ggf. die Frage allgemein zu beantworten. Christian Lindner von der FDP – ebenfalls im Beitrag befragt – zeigt, wie das geht: Er hebt das Thema zunächst auf eine andere Ebene und erläutert im Zusammenhang mit der Fraktionszulage einfach, was seine Sicht zum Thema leistungsgerechte Vergütung im ALLGEMEINEN ist. »Ich halte es absolut für angemessen, dass zusätzliche Verantwortung auch zusätzlich vergütet wird. Das ist bei jedem Bürgermeister so…« Natürlich ist auch das eine Flucht vor der konkreten Antwort. Er hat jedoch die Situation charmant entschärft, ohne sein Gesicht zu verlieren und ohne damit negativ im Gedächtnis zu bleiben.

VIDEO

Zu diesem »Aufgezappt« finden Sie auch ein Video im Online-Bereich. Folgen Sie einfach dem QR-Code am Anfang dieses Buches.

Abgeordnetengehälter in der Kritik

Im Bericht von Report Mainz geht es um möglicherweise verfassungswidrige Zulagen für Abgeordnete im Landtag. Offenbar ein heikles Thema, denn der CDU-Abgeordnete Klaus Kaiser rastet aus. Er flüchtet vor den Fragen des TV-Journalisten. Später eskaliert das Gespräch, Kaiser schreit den Journalisten an. Und die Rechnung des Reporters ist aufgegangen.

47 In der Ruhe liegt die Kraft

In diesem Kapitel lernen Sie, wie im Messespektakel ein guter Medienkontakt gelingt.

Die Inhalte sind entscheidend, ja, aber das »Drumherum« ist auch nicht zu unterschätzen. Grundsätzlich gilt: Lassen Sie sich nicht in eine Situation manövrieren, die für Sie Nachteile mit sich bringt.

Ein klassisches Beispiel: die Situation auf einer Messe. Der Aussteller, das Unternehmen, der Verband ist daran interessiert, Kontakte zu knüpfen – auch zu Pressevertretern. Wie schon beschrieben sind Journalisten wichtige Multiplikatoren. Insofern ist ein Geschäftsführer, Vorstand oder Präsident eines Verbandes darauf erpicht, seine Produkte oder Dienstleistungen in Medien unterzubringen.

Messegeschäft ist immer wuselig, anstrengend und wenig planbar. Keiner weiß genau, wann wer kommt. Es werden zwar Termine vereinbart, aber oft gibt es Kollisionen von Gesprächsvereinbarungen, ein Gesprächstermin verschiebt sich usw. Ausgerechnet in solchen etwas undurchschaubaren Situationen kommt ein Journalist um die Ecke, der unbedingt mit Ihnen persönlich sprechen will. Und zwar sofort. Jetzt.

Sie erkennen die Chance und stürzen sich in das Interview – gerade noch den verschobenen Termin im Kopf, inhaltlich gänzlich unvorbereitet, zerzaust und atemlos, weil sie vor wenigen Minuten noch durch die Messehallen gehetzt sind. Gut, Sie kennen sich in Ihrem Arbeitsbereich und Themengebiet aus, aber Sie wissen gar nicht genau, wer Ihnen welche Fragen zu welchen Bereichen stellen will. Die einzige Alternative wäre, den Journalisten ziehen zu lassen. Keine Alternative, entscheiden Sie. Also geben Sie das Interview. Und zwar sofort. Jetzt.

BEISPIEL

So nicht!

Felix Meier: Guten Tag, Herr Müller. Prima, dass ich Sie gerade hier treffe. Ich würde gerne ein ganz kurzes Radio-Interview führen.

Herr Müller: Ja, gerne, aber…

Felix Meier: Dauert gar nicht lange. Ich starte gerade mal die Audio-Aufnahme – ok?

Herr Müller: Ist es denn hier nicht viel zu laut?

Felix Meier: Nein, das ist technisch gar kein Problem. Wir sind halt auf einer Messe. Ich schalte jetzt das Aufnahmegerät ein.
Herr Müller: Ja, wenn Sie meinen...
Felix Meier: Also, Herr Müller, die Verkaufszahlen Ihrer Sparte sind stark rückläufig, wir erklären Sie das?
Herr Müller: Äh, wie rückläufig, nehmen Sie schon auf?
Felix Meier: Klar! Sagte ich ja eben.
Herr Müller: Ich bin eigentlich dafür der falsche Ansprechpartner...
Felix Meier: Na ja, aber in Ihrer Funktion sollten Sie ja schon wissen, ob jetzt auch Arbeitsplätze abgebaut werden?

Hier blenden wir uns lieber einmal aus, denn dass das ein unheilvolles Unterfangen wird, ist absehbar. Woran liegt das? Herr Müller ist »Hausherr« auf dem Messestand. Dennoch lässt er sich komplett das Heft aus der Hand nehmen.

Wie hätte er es besser machen können? Indem er die Steuerung übernommen hätte. Selbstbewusst. Freundlich, aber bestimmend.

BEISPIEL

So ja!
Felix Meier: Guten Tag, Herr Müller. Prima, dass ich Sie gerade hier treffe. Ich würde gerne ein ganz kurzes Radio-Interview führen.
Herr Müller: Ja, gerne. Wie ist Ihr Name?
Felix Meier: Felix Meier, ich arbeite für die Regionalausgabe der Frankfurter Zeitung.
Herr Müller: Ah, das ist interessant. Weil unser Stammsitz in Frankfurt ist, interessiert Sie unser Messeauftritt? Wir können uns gleich gerne unterhalten, nehme mir gerne für Sie Zeit. Sie sehen ja, was hier gerade los ist. Sagen wir in 30 Minuten, hier am Stand? Dann setzen wir uns in den hinteren Bereich und haben Ruhe.
Felix Meier: Ja, gute Idee.
Herr Müller: Sagen Sie, worum geht es Ihnen in erster Linie? Um den Standort Frankfurt, unsere Produktionsprozesse oder die Produkte selbst?
Felix Meier: Na, es gibt ja die Gerüchte, dass Sie Arbeitsplätze abbauen.
Herr Müller: Nein, das ist so nicht korrekt, aber wir können gleich gerne ausführlich darüber sprechen. Bis gleich.
Felix Meier: Ja, bis dann. Vielen Dank

Dieser Herr Müller hat alles richtig gemacht. Er hat gesteuert, ohne dass der Gesprächspartner es als unangenehm empfunden haben wird. Herr Müller hat das Gespräch so geführt, dass sein Gegenüber sich wertgeschätzt und ernst genommen fühlt. Und er hat noch etwas getan, was ihm in dem später stattfindenden Interview keine Schweißperlen auf die Stirn treibt: Er weiß, welchen Tenor das Gespräch haben wird. Mit Arbeitsplatzabbau rechnet kaum jemand bei einem Messeinterview. Das hätte ein böses Erwachen werden können. Jetzt IST Herr Müller vorbereitet, hat eine halbe Stunde Zeit, um seine Gedanken zu sortieren, seine Argumentationslinie zu strukturieren und die (hoffentlich) vorbereiteten Botschaften zu platzieren.

Was zeigt dieses Beispiel?

So wichtig ein Interview ist: Nur ein gut vorbereitetes hat seine positive Wirkung.

Geben Sie sich selbst die Chance, überzeugend zu sein. Stürzen Sie sich nicht in das ach so wichtige Gespräch, sondern gewinnen Sie zunächst Zeit, um sich selbst und Ihre Gedanken zu sortieren. Finden Sie im Vorgespräch heraus, worum es gehen wird. Das darf Sie nicht in Sicherheit wiegen, denn auch wenn es vordergründig zum Beispiel um Produktdetails geht, können andere aus Ihrer Sicht unangenehme Fragen trotzdem gestellt werden. Mit einem Vorgespräch schaffen Sie eine angenehme Atmosphäre und ebnen den Weg, so dass Sie mögliche Fallstricke vermeiden und nicht im völligen Dunkel durch den Dschungel der Fragen tappen. Siehe dazu auch *Kapitel 32 – Mehr als Warming-up und Smalltalk*.

Checkliste

Messe-Interview

- ☐ Spontane Interview-Anfrage: positiv reagieren.
- ☐ Zeitpunkt: initiativ einen geeigneten, jedoch zeitnahen Termin vorschlagen.
- ☐ Wer fragt, der führt (Zeit gewinnen).
  - Name, Funktion, Sender und Format abfragen.
  - Gegebenenfalls fragen, wer noch als Interviewpartner geplant ist.
  - Tenor des Interviews erfragen.
- ☐ Treffpunkt: Einen anderen, geeigneten Gesprächsort vorschlagen und das Team dort hinführen (Zeit gewinnen).
- ☐ Vorbereitung: Sich kurz, aber konzentriert auf das Gespräch vorbereiten, andere Themen und Ereignisse »abschütteln«.
- ☐ Kernbotschaften zu Thema und Unternehmen aktivieren.
  Wichtig: Kernbotschaften können nur aktiviert werden, wenn diese VORAB erstellt und verinnerlicht wurden.
- ☐ Fremdworte meiden.
- ☐ Antwortpausen lassen, »Denkzeit« gewinnen.
- ☐ HIN-hören statt ZU-hören.
  - Überprüfen, ob eine echte Frage gestellt oder nur Aussagen gemacht werden.
  - Gegebenenfalls nachfragen, wenn die Fragestellung unklar ist.
  - Überprüfen der Frage auf »Reizworte«.

  Überprüfen der Frage auf Stichworte, zu denen Sie Ihre Botschaften rüberbringen können (Bridging).

© Kathrin Adamski/Katrin Prüfig/Stefan Klager

CHECKLISTE – ONLINE

Die Checkliste Messe-Interview finden Sie auch im Online-Bereich. Folgen Sie einfach dem QR-Code am Anfang dieses Buches.

48 Im Angesicht der »Meute«

In diesem Kapitel erfahren Sie, was es bei Pressekonferenzen zu beachten gibt.

Sie geben eine Pressekonferenz. Sie laden Journalisten ein, um sie über Neuigkeiten aus Ihrem Unternehmen zu informieren. Seien es die Bilanzzahlen, seien es Neuerungen, positive Entwicklungen oder was auch immer. In jedem Fall haben Sie aus Ihrer Sicht Positives zu berichten. Beachten Sie bereits in der Planungsphase die mögliche, sehr wahrscheinliche Haltung der Journalisten. Die sind auf der einen Seite aufgeschlossen und freuen sich über Informationen; andererseits sind sie – aus ihrer definierten Profession heraus – auch skeptisch. Journalisten müssen skeptisch sein.

Warum? Kein Unternehmen spricht über die Schattenseiten seines Geschäfts. Also begreift der Journalist es als seine originäre Aufgabe, jede Information kritisch zu hinterfragen. Nicht, um Sie vorzuführen, schon gar nicht, um Sie persönlich anzugreifen, sondern um den Erwartungen der eigenen Klientel, also dem Leser, Zuhörer oder Zuschauer, gerecht zu werden. Der Journalist will mit bestem Gewissen weitervermitteln, worum es bei dieser Pressekonferenz ging und dieses Thema auch aus unterschiedlichen Perspektiven betrachten. Ein professionell arbeitender Journalist wird Ihre Botschaften nicht eins zu eins publizieren und sich freiwillig vor Ihren Karren spannen lassen. Er wird mindestens eine »zweite Meinung« hören wollen und mit Verbänden, Organisationen oder Institutionen sprechen, die Sie als Konkurrenz betrachten.

Wichtig ist also, nicht nur mit stolz geschwellter Brust das zu verkünden, was Sie für wichtig und richtig halten. Seien Sie nicht blind für Gegenargumente. Rechnen Sie mit Gegenwind – und (!) bereiten Sie sich darauf vor. Wie lauten Ihre Argumente gegen die Ihrer Kritiker? Können Sie denen den Wind aus den Segeln nehmen? Wenn ja, wie? Das Vorbereiten auf diesen Gegenwind ist mindestens genauso wichtig wie das Vorbereiten der eigenen Inhalte.

TIPP

Argumente Ihrer Kritiker

Wie gehen Sie mit diesen Argumenten um und wie entkräften Sie sie? Bereiten Sie sich nicht nur auf Ihre Inhalte vor, sondern auch auf die Argumente Ihrer Kritiker!

Sie werden parallel zur Pressekonferenz eine Pressemitteilung herausgeben. Diese wird professionellen Kriterien genügen: Das Wichtigste zuerst und im ersten Absatz die Beantwortung der sechs Fragen »Wer? Wie? Was? Wann? Wo? Warum?«, aber eine Pressekonferenz besteht nicht darin, diese Pressemeldung vorzulesen. Dies ist (leider!) immer wieder der Fall, allerdings die denkbar schlechteste Variante einer Pressekonferenz. Nutzen Sie die Anwesenheit der Journalisten. Treten Sie offen auf und versuchen Sie, die Begeisterung über die zu vermeldenden Neuigkeiten rüberzubringen – auch durch Körperhaltung, Gestik und Mimik.

Setzen Sie sich von der nach wie vor klassischen Pressekonferenz ab; die nämlich sieht so aus: Nicht sonderlich motiviert wirkende Damen und Herren betreten den Raum, setzen sich hinter Tische und referieren monoton und gelangweilt die Fakten. Das wirkt nicht nur uninspiriert – das IST uninspiriert. Der Funke springt nicht über. Warum soll sich irgendjemand intensiv mit einem Thema beschäftigen, das die entscheidenden Personen langatmig, langweilig oder vielleicht sogar gelangweilt vortragen?

Gerade bei Pressekonferenzen, in denen Bilanzzahlen vorgestellt werden, gibt es nicht selten wahre Folienschlachten: Vollgetextete PowerPoint-Charts, die – Interesse vorausgesetzt – vom gesprochenen Wort ablenken. Denn die Journalisten werden ja geradezu animiert, die per Beamer projizierten Texte mitzulesen. Es gibt auch gute Beispiele: Moderne Präsentationen – zielgruppengerecht aufbereitet – sind allerdings eher die Seltenheit.

Ein weiteres Dilemma: Nicht nur die Form, sondern auch die Inhalte gehen oft an den Ohren der Zuhörer vorbei. Verlieren Sie sich nicht in Details oder fachchinesischen Begriffen.

Formulieren Sie so, dass die Journalisten reichlich Futter bekommen. Erzählen Sie anschaulich, verpacken Sie Ihre Inhalte in kleine Geschichten; personalisieren und emotionalisieren Sie, bringen Sie konkrete Beispiele und Vergleiche. Überfordern Sie das Publikum nicht.

Je eher Sie Ihr Publikum packen – in diesem Fall Journalisten, die für Sie wichtige Multiplikatoren sind – und je eher der Funke überspringt (interessante Informationen, unterhaltsam präsentiert, mitreißend erzählt), desto größer die Wahrscheinlichkeit, dass Sie eine »positive Presse« bekommen.

Das Formale einer Pressekonferenz

Professionelle Journalisten lassen sich nicht gerne vereinnahmen, sie wahren die Distanz – und das ist auch gut so. Pressekonferenzen gelten – gerade bei Unternehmen und Konzernen, weniger bei NGOs oder humanitären Organisationen – als reine PR-Veranstaltungen. Andererseits sind sie willkommene Anlässe, um ein Thema aktuell aufgreifen zu können, denn Medien benötigen immer »Aufhänger«, also eine gewisse aktuelle Legitimation, ein Thema aufzugreifen. Und hierfür bieten sich Pressekonferenzen immer wieder an.

Laden Sie rechtzeitig ein (ca. drei Wochen vorher) und beschreiben Sie, worum es geht. Lassen Sie die Relevanz des Themas und den Mehrwert für die Leser, Zuhörer, Zuschauer erkennen. Auch der Wochentag und die Uhrzeit entscheiden mit über den Erfolg einer Pressekonferenz. Vormittags ist besser als nachmittags, Dienstag und Donnerstag sind besser als Montag und Freitag.

TIPP

Visualisieren Sie Ihr Thema

Finden Sie eine akustisch und visuell gute Location – möglicherweise mit Bezug zu dem, was Sie in der Pressekonferenz thematisieren. Schaffen Sie Bilderwelten. Wie ist Ihr Thema zu visualisieren? Das ist besonders wichtig für Fotografen und die Fernseh-Teams. Bereiten Sie möglicherweise ein Setting vor, das wiederum die »Abdruckquote«, also generell die Intensität der Berichterstattung, erhöht. »Setting gestalten« heißt: Machen Sie das, worüber Sie berichten, anfassbar, ausprobierbar, erlebbar. Zugegeben, dies geht nicht immer, aber wesentlich häufiger als Sie denken.

Die Pressekonferenz im Nachgang

Presseauswertung am Tag danach: Was hat die Presse geschrieben? Um es vorwegzunehmen: Selten wird die Resonanz über den Erwartungen liegen. Dass eher die Enttäuschung überwiegen wird, liegt weniger daran, dass die Journalisten »unwillig« sind, sondern daran, dass Ihre Erwartungen zu hoch geschraubt waren. Je spezifischer die Branche, desto komplexer die Themen und geringer das Interesse des Mainstream. Selbst für Fachmagazine ist möglicherweise Ihr spezielles Thema für die Lesergruppe nicht relevant genug. Daraus den Schluss zu ziehen, gar nicht erst zu Pressekonferenzen einzuladen, wäre die falsche Folgerung. Auch zum Beispiel als Mittelständler, Produzent eines technischen Produkts und Zulieferers für die Automobilindustrie haben Sie eine Chance, in den Fokus der Medien zu kommen. Es liegt einzig und allein daran, wie Sie Ihre Inhalte aufbereiten und transportieren.

Bleiben Sie also realistisch. Wer genau hinguckt, merkt, dass das vermeintliche Nichts an Echo eine ganze Menge sein kann. Redaktionelle Inhalte über Ihr Unternehmen haben eine ungleich höhere Wertigkeit als Anzeigen und Werbemaßnahmen. Warum sind Sie enttäuscht? Weil zu wenige Medien reagieren. Vielleicht inhaltlich sogar nicht ganz korrekt berichten. Wenn dies der Fall ist, waren Sie vielleicht nicht klar genug in Ihrer Aussage. Gehen Sie nicht davon aus, dass Journalisten verfälschen wollen. Sie müssen aber die Zusammenhänge für ihre Klientel verständlich formulieren und oft verkürzt darstellen. Diese verkürzte Darstellung mag auf Sie unpräzise wirken. Sie kennen sich bis ins kleinste Detail in Ihrem Bereich aus. Der Sache als solcher dient es dennoch, denn es geht um die Kernbotschaft, nicht um die technische oder juristische Feinheit. Sollten sie allerdings sinnverfälschend zitiert oder sollten Fakten über die journalistisch zulässige Vereinfachung hinaus falsch dargestellt worden sein, dann haben Sie ein Recht auf Gegendarstellung. Wenn dies der Fall ist, nehmen Sie dieses Recht in Anspruch.

Erwarten Sie nicht, dass Ihnen der Beitrag – Printartikel, Hörfunk- oder Fernsehbeitrag – quasi zur Abnahme vorgelegt wird. Faktencheck ja, Abnahme nein – Journalisten arbeiten ohne Zensur. Wenn Sie es vorher vereinbart haben, gibt es bei manchen Publikationen die Möglichkeit, die eigenen Zitate zu autorisieren. Siehe dazu *Kapitel 34 – Das habe ich so nicht gesagt!* Ansonsten aber ist der Journalist frei in seiner Darstellung.

VIDEO

Zu diesem Kapitel finden Sie auch ein Video im Online-Bereich. Folgen Sie einfach dem QR-Code am Anfang dieses Buches.

Die Meute – Dokumentation (Ausschnitte) von Herlinde Koelbl

Der Ausschnitt der Dokumentation aus dem Jahr 2001 zeigt mit dichten, teils bedrohlichen Bildern die Arbeit der Hauptstadtjournalisten. Wer sich hier vor die Kameras und Mikrofone wagt, braucht starke Nerven.

49 Fit für den Auftritt?

In diesem Kapitel erfahren Sie, wie Medientrainer Sie bei öffentlichen Auftritten unterstützen.

Mit fünf Fragen an die Autoren hat dieses Buch begonnen. Mit fünf Fragen (und Antworten!) zum Thema Medientraining endet es. Bis hierher haben wir den Bogen von den allgemeinen Spielregeln guter, medialer Kommunikation über den Aufbau von Kernbotschaften, den Umgang mit Fragen und die verschiedenen Varianten eines Medienauftritts gespannt. Nach diesen mehr als 250 Seiten könnten Sie also schon einen Großteil der Vorarbeit für einen gelungenen Medienauftritt geleistet haben. Jetzt soll es also losgehen. Wie wäre es also mit einem kurzen TV-Interview für den Lokalsender nächsten Dienstag um 11 Uhr?

Ich habe jetzt dieses Buch gelesen, die Übungen gemacht und fühle mich gut gerüstet für einen Medienauftritt. Brauche ich unbedingt vor einem solchen Interview noch ein Medientraining?

Nicht unbedingt. Es kommt darauf an, wie wichtig Ihnen das Interview oder ein geplantes Hintergrundgespräch ist, ob es kritische Themen gibt, auf die die Journalisten anspringen könnten und was auf dem Spiel steht, wenn das Interview misslingt. Viele Unternehmen bauen ihre »Sprecher« langsam auf. Sie sorgen dafür, dass diese Kollegen zunächst zu Themen sprechen, die sich inhaltlich eingrenzen lassen. Und dass die ersten Gehversuche in Sachen Medienkommunikation mit eher wohlwollenden Journalisten stattfinden. Viele Unternehmen wissen auch, dass es Sicherheit gibt, einen Mediendialog schon mal durchgespielt zu haben oder sich der Stärken und Schwächen seines persönlichen Auftritts bewusst zu sein. Dazu nutzen sie meist ein Basis-Medientraining.

Ein gutes Medientraining bietet eine Fülle von Praxisübungen vor Kamera und Mikrofon. Das ist für viele unserer Kunden eine echte Prüfungssituation, die sich am Schreibtisch nicht simulieren lässt. Gute Trainer werden sich zudem über eine journalistische Recherche auf Sie, Ihr Unternehmen oder Ihre Institution vorbereiten. Das heißt, Sie werden nicht nur mit den Fragen konfrontiert, die Sie im besten Fall bereits vorgedacht haben, sondern es wird auch viele unerwartete Fragen geben.

Was kann ein Medientrainer denn besser als meine Kommunikationsabteilung?

Ein guter Trainer kann auf eine journalistische Ausbildung zurückgreifen und weiß, wie Journalisten im »echten Leben« arbeiten und wie die Welt der Medien tatsächlich funktioniert. Er legt als externer Sparringspartner den Finger in die Wunde: Er findet Schwächen im Aufbau der Botschaften, er »kauft« nicht alles, was intern in vielen Abstimmungsschleifen vorbereitet wurde. Selbst wenn es für Ihre Ohren schlüssig und verständlich klingt, heißt das nicht automatisch, dass es in der externen Kommunikation funktioniert.

Stimmt. Irgendwann ist jeder mal betriebsblind. Was kann so ein Trainer sonst noch?

Ein guter Medientrainer hat, wenn er mit Ihnen arbeitet, das große Ganze im Blick – alle Ebenen Ihrer Kommunikation: die Mimik, die Gestik, die Ideomotorik, die Kleidung, den Blickkontakt, die Körperhaltung und natürlich den Inhalt, also Ihre Botschaften. Er wird Ihnen Feedback geben zu Ihren Stärken – und Ihren Schwächen. Und gerade Letzteres ist ein heikler Punkt: Welcher Ihrer Mitarbeiter würde sich schon trauen, Ihnen offen und ehrlich Feedback zu geben? Aus unserer Erfahrung ist das eher die Ausnahme. Manche Kunden sind stolz darauf, dass sie Präsentationen oder Reden innerhalb der Familie oder bei Freunden ausprobieren. Das ist eine gute Idee und sicher in vielen Fällen hilfreich, eben weil die Menschen in der privaten Umgebung oft schonungslos sind und somit wertvolle Informationen liefern. Allerdings haben wir in diesem Buch ja schon aufgezeigt, dass der Medienkontakt in Teilen doch anderen Regeln folgt als eine Präsentation. Insofern lohnt sich die Arbeit mit einem professionellen Medientrainer.

»Guter Medientrainer, professioneller Medientrainer« – woran erkenne ich den?

Eine wichtige Frage, denn Medientrainer kann sich jeder nennen, auch wenn er nur morgens regelmäßig die Zeitung liest. Ein guter Medientrainer hat – davon sind wir überzeugt – selbst langjährige journalistische Erfahrung. Im besten Fall hat er für Radio und Fernsehen gearbeitet. Er kennt die Herangehensweise von Journalisten also aus erster Hand, kann sich entsprechend auf Trainings und Inhalte vorbereiten und wird auch mit unbequemen Fragen um die Ecke kommen.

Seit 2008 gibt es den Bundesverband der Medientrainer in Deutschland (BMTD). Hier kann nur Mitglied werden, wer entsprechende journalistische Erfahrung, eine entsprechende Ausbildung oder Studium sowie didaktische Kompetenz nachweist. Darüber hinaus bietet der Verband seinen Mitgliedern laufend Fortbildungen zu wichtigen Trainingsthemen an.

Neu und für Kunden besonders interessant ist darüber hinaus das Gütesiegel »Certified Media Trainer (SHB)«. Hier hat die Steinbeis Hochschule Berlin einen Lehrgang konzipiert, in dem Medientrainer in punkto Didaktik, Methodik und Analytik geschult und geprüft werden. Der Lehrgang geht über sechs Monate und umfasst schriftliche und mündliche Prüfungen.

Und was kostet so ein Medientraining?

Gegenfrage: Was kostet ein Auto? Beim Auto kommt es auf das Modell, die Größe des Motors und die Ausstattung an. Beim Medientraining stellt sich z. B. die Frage, ob es ein Einzeltraining oder ein Gruppentraining sein soll, ob ein Kameramann die Übungen begleitet oder zusätzlich zum Trainer ein Interviewer gewünscht wird. Kostenrelevant ist auch, in welcher Sprache ein Training geleitet werden soll, ob das Training als In-House-Workshop geplant ist oder in einem TV-Studio usw.

Misstrauisch sollten Sie sein, wenn Ihnen ein kompletter Tag »Medientraining« für einen niedrigen dreistelligen Betrag oder sogar unter 100 Euro angeboten wird. Die Erfahrung zeigt, dass dies meist Werbeveranstaltungen für den Trainer sind. Sie selbst dürfen dieser Veranstaltung mit vielen anderen »Zuschauern« beiwohnen. Kurz gesagt: Zeitverschwendung.

Es ist auf jeden Fall empfehlenswert, sich mit einem professionellen Medientrainer fit für den öffentlichen Auftritt zu machen. Mit dem richtigen Sparringspartner an Ihrer Seite lernen Sie nämlich nicht nur die Welt der Medien und die Arbeit der Journalisten kennen. Sie erfahren auch viel über sich selbst und werden dabei eine ganze Menge Spaß haben. Und schließlich werden Sie spätestens nach einem Medientraining die Zeitung mit anderen Augen lesen, Radio mit anderen Ohren hören und durch die Fernsehkanäle mit einem anderen Blick zappen. Ihr Blickwinkel und Ihr Verständnis für Kommunikation werden sich verändert haben.

Lösungsvorschläge

Übung Seite 37

1. das Wichtigste
2. Dauerregen
3. Stuhl/Hocker/Sessel/Bank
4. Laune
5. Wetter
6. Briefmarke
7. Ampel
8. Falschfahrer

Übung Seite 38

1. über alle Geschäftsbereiche hinweg
2. Programm zum Kosten sparen
3. Steigerung der Energieeffizienz
4. Analyse der Kundenzufriedenheit
5. Möglichkeiten Emissionen zu verringern

Übung Seite 46

»Der Vorstandsvorsitzende hat betont, dass möglichst schnell eine Lösung gefunden werden soll, um die Stückzahlen zu erhöhen. In einem internen Gespräch hat er die Vertriebsmitarbeiter bereits darüber informiert. Ziel ist es, die Kunden mit neuen Funktionen zu überzeugen. Die neuen Produkte sollen noch in diesem Jahr auf den Markt kommen. Die Personalabteilung steht dieser Strategie kritisch gegenüber.«

Übung Seite 58

Sie spüren: Der Speichel fließt verstärkt, es zieht in der oberen Wangengegend, es »bizzelt« im hinteren Kieferbereich etc.

Übung Seite 61

Es war einmal ein Mann, der saß auf einem Hocker und aß einen Hühnerschlegel. Da kam ein Hund vorbei und nahm dem Mann auf dem Hocker seinen Hühnerschlegel weg und rannte davon.

Literatur

Anderson, Chris: TED Talks. Die Kunst der öffentlichen Rede. Das offizielle Handbuch, Frankfurt am Main 2017.

Baum, Thilo: Komm zum Punkt! Das Rhetorik-Buch mit der Anti-Laber-Formel, Frankfurt am Main 2009.

Bilandzic, Helena/Schramm, Holger/Matthes, Jörg: Medienrezeptionsforschung, Konstanz 2015.

BMTD-Wirkungsstudie »Erfolgfaktoren beim Auftreten vor der Kamera« in Zusammenarbeit mit der Hochschule Offenburg, Juli 2016. Pressemitteilung und PDF hier: http://www.bmtd.de/bmtd-wirkungsstudie-erfolgsfaktoren.html

Chang, Dong-Seon: Mein Hirn hat seinen eigenen Kopf. Wie wir andere und uns selbst wahrnehmen, Reinbek 2016.

Coblenzer, Horst: Erfolgreich sprechen: Fehler und wie man sie vermeidet, Wien, 2008.

Friedrichs, Jürgen/Schwinges, Ulrich: Das journalistische Interview, Wiesbaden 2016.

Häusel, Hans-Georg: Think Limbic! Die Macht des Unbewussten nutzen für Management und Verkauf, 5. Aufl., München 2014.

Jacob, Cersten: Von Prüfungsangst zu Prüfungsmut, von Lampenfieber zu Auftrittslust, Stuttgart 2015.

Kahneman, Daniel: Schnelles Denken, langsames Denken, 22. Aufl., München 2012.

Kepplinger, Hans, Mathias: Medieneffekte, Wiesbaden 2010.

Kinsey Goman, Carol: Erfolg ohne Worte. Körpersprache verstehen und anwenden. Zürich 2014.

Kühne de Haan, Lelia: Ja, aber. Die heimliche Kraft alltäglicher Worte und wie man durch bewusstes Sprechen selbstbewusster wird. München 2001.

Lauff, Werner: Perfekt schreiben, reden, moderieren, präsentieren, Stuttgart 2016.

Pawlowski, Klaus: »Du hast gut reden! Ein Spiel- und Trainingsbuch zur praktischen Rhetorik«, München 2015.

Schaffer-Suchomel, Joachim/Pletsch-Betancourt, Martina: Entdecke die Macht der Sprache, München 2012.

Schneider, Wolff: Deutsch für junge Profis, Reinbek Verlag 2011 / 2016.

Skipwith, Thomas/Reto, B. Rüegger: Der Wurm muss dem Fisch schmecken, Zürich 2012.

Storch, Maja/Tschacher, Wolfgang: Embodied Communication – Kommunikation beginnt im Körper, nicht im Kopf, Bern 2014.

Stichwortverzeichnis

Die Autoren

Kathrin Adamski Adamski ist Medieningenieurin und diplomierte Journalistin und arbeitet seit 2003 als MediaCoach, Medienberaterin und Moderatorin. Sie war viele Jahre für die Agenturgruppe fischerAppelt als Führungskraft im Bereich Unternehmenskommunikation tätig und etablierte dort unter anderem den Bereich MediaCoaching. Als Spezialistin für Corporate Communication greift sie auf einen reichen Erfahrungsschatz im Umgang mit Medien- und Medienvertretern zurück, aber auch auf das Wissen, was Medienkommunikation im Unternehmen sowohl intern als auch extern bedeutet. Neben ihrer Tätigkeit als Medientrainerin und Moderatorin produziert sie für mittelständische Unternehmen und Großkonzerne Corporate-Media-Formate und ist an der Hochschule Neu-Ulm im Studiengang Unternehmenskommunikation als Lehrbeauftragte tätig.

Dr. Katrin Prüfig arbeitet seit 2002 als Kommunikations- und Medientrainerin – und das in drei Sprachen: Deutsch, Englisch und Französisch. In ihre Trainings fließt die Erfahrung aus fast drei Jahrzehnten als Journalistin, Reporterin und TV-Moderatorin ein (Tagesschau, Tagesschau24, Plusminus, Made in Germany). Sie moderiert hochkarätige Veranstaltungen und Kongresse im Auftrag von Bundesministerien und Unternehmen. Darüber hinaus lehrt sie TV-Journalismus an der University of Applied Science Europe (UE) in Hamburg.

Durch ihre Ausbildung an der Henri-Nannen-Journalistenschule sowie die Tätigkeit in verschiedenen Redaktionen (TV, Radio und Print) hat Katrin Prüfig einen fundierten Einblick in die Medienwelt und die Anforderungen an moderne Unternehmenskommunikation.

Stefan Klager M.A. ist »Der KommunikationsCoach«. In individuell ausgerichteten Medien- und Kommunikationsseminaren trainiert er Vorstände, Manager und Führungskräfte der deutschen Wirtschaft und macht sie fit für den kommunikativen Alltag.

Klager ist auch Inhaber einer Filmproduktionsfirma, die sich auf BusinessTV spezialisiert hat und bundesweit produziert. Mit dem journalistischen Arbeiten begonnen hat er bereits während des Studiums (Publizistikwissenschaft, Deutsche Philologie und Psychologie in Mainz und Münster); er schrieb für Zeitungen, »baute« Hörfunkbeiträge und drehte seine ersten Filme fürs Fernsehen. Mitte der 80er Jahre wechselt Klager zum WDR-Fernsehen nach Köln, Anfang der 90er Jahre wirkt er daran mit, VOX on air zu bringen. 1994 übernimmt er die Redaktionsleitung einer Fernsehproduktionsfirma mit neun Studios im In- und Ausland.

Dr. *Katrin Prüfig* und *Stefan Klager* sind Mitgründer des Bundesverbandes der Medientrainer in Deutschland (BMTD); zusammen mit *Kathrin Adamski* haben sie viele Jahre als Vorstand den Aufbau des BMTD gestaltet und geprägt.

Alle drei Autoren gehören zu den wenigen Trainern mit Zertifikat, dem Certified Media Trainer der Steinbeis Hochschule Berlin.

SCHÄFFER
POESCHEL

Ihr Feedback ist uns wichtig!
Bitte nehmen Sie sich eine Minute Zeit

www.schaeffer-poeschel.de/feedback-buch

PI1378857 1
9826790